Nouvelles drôles d'histoires de médicaments d'origine naturelle

Du même auteur chez **BoD**

Drôles d'histoires de médicaments d'origine naturelle (2019)

Guy Lewin

Nouvelles drôles d'histoires de médicaments d'origine naturelle

Édition : BoD – Books on Demand
12/14 rond-point des Champs-Élysées, 75008 Paris
Impression : BoD - Books on Demand, Norderstedt, Allemagne
ISBN : 9782322174386
Dépôt légal : Mai 2021

À Iris,

Cette si jolie fleur éclose en début d'année.

PRÉFACE

En publiant il y a un an et demi mon livre *Drôles d'histoires de médicaments d'origine naturelle*, projet mené à terme dont je m'étonne encore aujourd'hui, j'étais certain d'avoir écrit mon premier et dernier livre sur ce sujet. Mais il ne faut jurer de rien. L'accueil sympathique reçu par ce livre et surtout le confinement du printemps 2020, avec le temps qu'il me laissait en dehors de ma sortie quotidienne d'une heure, ont eu raison de mes certitudes. Je me suis donc remis à la tâche en cherchant de nouvelles histoires à raconter, toujours sérieuses sur le fond, toujours légères et décalées ou essayant de l'être sur la forme. J'ai continué à privilégier l'histoire de substances d'origine naturelle traitant des pathologies graves, même si je ne méprise nullement les flatulences, la mauvaise haleine ou la transpiration excessive dont je ne nie pas les conséquences fâcheuses sur la vie sociale de ceux qui en sont atteints. L'autre critère absolu dans le choix des substances retenues restait la possibilité de raconter leur histoire, par le texte et par l'image, avec humour (ou plutôt, restons modeste, en essayant d'être drôle).

Par rapport au premier livre, les histoires sont cette fois moins nombreuses (huit chapitres *versus* dix-huit dans le livre précédent), mais elles sont bien plus détaillées et reposent également sur une bibliographie beaucoup plus fournie (plus de 220 références [1], en plus de celles, plus générales, figurant pages 289-290). Cet ouvrage, qui s'adresse à des lecteurs intéressés par le domaine du médicament, comporte comme le précédent des chapitres scindés en deux parties, la première (la principale) étant complétée, pour celui ou celle qui le souhaite, par les approfondissements de chimie, de pharmacologie et de thérapeutique donnés dans la seconde.

---

[1] Ces références sont rassemblées à la fin de chaque chapitre. N'ayant pas retenu l'appel numéroté de référence dans le texte (il y a déjà beaucoup d'appels de notes de bas de page), j'ai choisi, en raison de la nature historique des récits présentés, un classement par ordre chronologique (et non alphabétique, comme c'est l'usage) qui devrait grandement aider les lecteurs dans la consultation de la bibliographie.

Les pathologies abordées au fil des sept premiers chapitres sont les maladies infectieuses avec la classe des antibiotiques macrolides en général et l'azithromycine en particulier, les maladies inflammatoires avec la colchicine, la sclérose en plaques avec le fingolimod, la kératose actinique avec le mébutate d'ingénol, la douleur, la toux, la toxicomanie avec la morphine et ses dérivés, les rejets de greffe avec les dérivés de l'acide mycophénolique et enfin les cancers avec les dérivés de la podophyllotoxine.

M'étant rendu compte que les principes actifs présentés dans ces sept chapitres étaient seulement d'origine végétale ou fermentaire, j'ai souhaité consacrer un huitième chapitre aux médicaments d'origine animale. Ce chapitre ne s'intéresse pas comme les sept autres à un principe actif ou une classe de principes actifs, mais il fait le point, de la façon la plus exhaustive possible, sur l'apport actuel du règne animal (animaux terrestres, animaux marins ; vertébrés, invertébrés) à la thérapeutique.

Bien que les médicaments dont il est question dans ce livre m'aient été familiers, pour les avoir enseignés à des générations d'étudiantes et d'étudiants en facultés de pharmacie et de sciences, se (re)plonger dans leur histoire a été une source de grande satisfaction, m'offrant de réjouissantes découvertes (grandes ou petites, parfois juste du domaine de l'anecdote). Mais il a été aussi, à certains moments un casse-tête face à des mécanismes d'action très (trop !) sophistiqués pour le modeste pharmacognoste que je suis. Je ne veux surtout pas non plus oublier le temps passé à rechercher et à concevoir des illustrations collant le plus naturellement possible au texte (à moins que ce ne soit l'inverse), un exercice qui restera dans mes très bons souvenirs. L'écrire aura donc été pour moi un mélange de plaisir et de difficulté. En espérant que ce livre ne procurera majoritairement au lecteur qu'une seule de ces deux sensations, et que ça ne sera pas la seconde !
Quelques mots enfin sur le titre, *Nouvelles drôles d'histoires de médicaments d'origine naturelle*, qui rappelle évidemment le précédent dont il constitue la suite, même si le ton est sans doute plus sérieux. Un autre titre, *D'un confinement à l'autre*, aurait été tout aussi justifié pour intituler cet ouvrage commencé en avril 2020 (premier confinement), terminé en novembre 2020 (deuxième confinement) et envoyé à l'Éditeur, après relecture et corrections, en mars 2021 (troisième confinement).

LES ANTIBIOTIQUES MACROLIDES
(de l'érythromycine à l'azithromycine)
Pathologies concernées : les infections

BONNE PIOCHE ?

Pour commencer...

Toute modestie mise à part, elle aurait des raisons d'être heureuse et même fière, l'azithromycine. Avoir réussi le tour de force, en période de pandémie virale (je parle bien sûr de la Covid-19 et de son responsable, le coronavirus SARS-CoV2), à être le seul antibiotique dont on parla très régulièrement pendant des mois et être ainsi quasiment entrée dans le langage courant. Sauver à elle seule l'honneur de tous les antibiotiques, au chômage pour cause d'inefficacité contre une infection qui n'est pas bactérienne. Naufragés, des fleurons comme les céphalosporines 3G et 4G (on parle même de la 5G, comme pour la téléphonie mobile) ; aux abonnés absents, les armes fatales habituelles comme la vancomycine. Restez confinés dans vos boîtes, les antibiotiques, ici vous ne servez à rien !

Pour en arriver à cette notoriété, l'azithromycine bénéficia de ce qui se faisait de mieux comme responsable en communication : Didier Raoult, un professeur de virologie de Marseille, bardé de publications scientifiques dont certaines prestigieuses, iconoclaste, provocateur, ne laissant personne indifférent, adulé ou détesté et arborant un look (beatnik, druide, biker, etc.) original dans le milieu médical.

Le plan « com » mis au point par son mentor assura très vite à l'azithromycine une exposition maximale sur tous les médias puisque Didier Raoult proposa très tôt en traitement de la Covid-19 une association d'azithromycine et de chloroquine ou plutôt d'hydroxychloroquine (deux aminoquinoléines de synthèse, de structures très proches, utilisées

9

dans certaines maladies auto-immunes, ***Cf. Pour aller plus loin « 1 »***). La répartition des rôles entre les deux associés était clairement définie : à la tête, l'hydroxychloroquine, en Sherlock Holmes traquant le coronavirus (l'ignoble professeur Moriarty) et à ses côtés, l'azithromycine, en fidèle et dévoué Docteur Watson. Et puis progressivement, l'azithromycine s'émancipa de l'hydroxychloroquine estimée par certains trop hasardeuse à utiliser (bénéfice non prouvé, toxicité cardiaque potentielle chez des sujets prédisposés) et, par voie de conséquence, bientôt interdite de prescription en médecine de ville dans la Covid-19. Par la force des choses, l'azithromycine commença à être prescrite sans son partenaire d'origine et une petite musique se fit peu à peu entendre : « *et si dans l'association hydroxychloroquine-azithromycine, le plus intéressant des deux n'était pas celui que l'on croyait ? »*. Voilà où nous en étions au moment où j'ai commencé à écrire ce livre (premier confinement, seconde quinzaine d'avril 2020). Sept mois ont passé et fin novembre (second confinement), l'étoile de l'hydroxychloroquine a singulièrement pâli : en France, la HAS, Haute Autorité de Santé, a estimé (*Cf. Veille sur les médicaments de la COVID-19 du 23 novembre 2020*) que, seule ou associée à l'azithromycine, elle n'avait pas fait la preuve, de son efficacité « *dans des études de phase 3 contrôlées, randomisées »*, tandis que dans le monde, les principaux essais cliniques randomisés qui l'étudiaient sur des patients hospitalisés (Recovery, Discovery, Solidarity) ont été interrompus faute d'effet bénéfique. [1] Si les espoirs suscités au début de l'épidémie par l'hydroxychloroquine sont aujourd'hui bien retombés, l'azithromycine continue, en cet automne 2020, à faire l'objet « en solo » d'études cliniques dans la Covid-19. Dans l'attente de ces résultats (*Cf. page 24*), quels qu'ils soient, j'ai pensé qu'un chapitre consacré aux macrolides antibiotiques dont l'azithromycine est un représentant, avait toute sa place dans ce livre.

Avant d'entrer dans le vif du sujet, je me suis posé une question capitale : fallait-il que je parle de la *famille* ou de la *classe* des macrolides

---

[1] Comme l'hydroxychloroquine, d'autres médicaments, très étudiés au printemps 2020, ont « très mal passé l'été » : ainsi l'association lopinavir-ritonavir a été depuis prouvée inefficace et le remdésivir jugé de service médical rendu très faible, voire inefficace lui aussi (ce qui n'a pas empêché son fabricant, Gilead, de se faire beaucoup d'argent avec [Le Monde, Lise Barnéoud 27/11/2020]).

antibiotiques ? J'avoue qu'en cette période de premier confinement où, les écoles étant fermées, la classe se faisait à la maison... en famille, tout était devenu pour moi très confus ! J'ai en fin de compte retenu le terme *famille* qui m'arrangeait infiniment plus que *classe* pour la simple raison (sans aucun rapport, ni avec la science, ni avec la médecine) du choix d'un jeu d'enfants, le jeu des sept familles, comme fil directeur pour la suite de ce chapitre ! Ce jeu étant certainement revenu en force au printemps 2020 dans les loisirs de nombre de foyers confinés, le faire intervenir dans ce livre m'était apparu tout à fait dans l'air du temps !

Le jeu des sept familles des antibiotiques d'origine naturelle

Les antibiotiques, pris ici dans leur sens « grand public » (les antibiotiques, c'est pas automatique) sont donc des médicaments utilisés, par voies générale et parfois locale, dans le traitement d'infections bactériennes. Ces antibiotiques se rattachent majoritairement à des grandes familles constituées le plus souvent de principes actifs naturels et hémisynthétiques (antibiotiques d'origine naturelle), mais sont aussi parfois issus de la synthèse chimique (fluoroquinolones, sulfamides).

Dans chaque famille d'antibiotiques, les différents constituants partagent toujours un certain nombre de propriétés communes :

- une même structure chimique de base ;

- un même mécanisme d'action contre les bactéries (ce que l'on appelle la cible) : certains agissent au niveau de la paroi bactérienne, d'autres au niveau du ribosome (siège de la synthèse des protéines par la bactérie), etc. ;

- un spectre d'action (= la liste des bactéries pathogènes vis-à-vis desquelles ils sont efficaces) voisin ;

- un même profil de toxicité et d'effets indésirables sur le malade ;

- une même pharmacocinétique, c'est-à-dire un même comportement dans le corps du malade (absorption, diffusion, métabolisme, élimination).

À côté de ce socle commun propre à chaque famille existent bien évidemment des particularités (sur le spectre d'action, la toxicité, la voie d'administration...) entre les différents membres de la famille.

Pour en revenir aux seuls antibiotiques d'origine naturelle actuellement utilisés en thérapeutique, la très grande majorité se range dans les sept familles suivantes [2] :

- les β-lactames (communément appelés β-lactamines) composés essentiellement des pénicillines et des céphalosporines ;

- les aminosides ;

- les macrolides ;

- les tétracyclines (= cyclines) ;

- les glycopeptides ;

- les polypeptides ;

- les rifamycines [3].

L'azithromycine appartenant à la famille des macrolides, c'est cette dernière qui va être maintenant développée. Que les six autres familles du jeu, qui pourraient se sentir écartées, ne se vexent pas ! Elles seront présentées dans la seconde partie (***Cf. Pour aller plus loin « 2 »***).

Dans la famille macrolides...

Le patient :
« Bonjour Docteur.

Le docteur :
Bonjour, alors qu'est-ce qui ne va pas ?

---

[2] Je n'ai pas retenu la famille des phénicolés, réduite au seul thiamphénicol depuis l'arrêt de commercialisation total du chloramphénicol en 2008.

[3] *Cf. Lewin G., Drôles d'histoires de médicaments d'origine naturelle, chapitre Les rifamycines, pages 145-160.*

Le patient :
Je viens vous voir Docteur car j'ai le nez qui est complètement bouché. J'ai aussi très mal à la tête et j'ai de la fièvre.

Le docteur, après le diagnostic, au moment de rédiger son ordonnance :
Vous avez une sinusite. Je vais vous mettre sous antibiotique.

Le patient (soulagé [4]) :
Entendu Docteur, mais je suis allergique aux pénicillines.

Le docteur :
Vous avez bien fait de me le signaler. Dans ce cas, je vais vous prescrire un autre antibiotique qui n'est pas une pénicilline » (précision de l'auteur : ce sera un macrolide).

Ce dialogue imaginaire présente, selon moi, deux avantages :

- faire savoir au lecteur, avant même d'aller plus loin dans ce chapitre, que les antibiotiques macrolides sont une alternative aux bêta-lactames (pénicillines et céphalosporines) chez les personnes allergiques à ces antibiotiques ;

- mettre l'accent, avec *docteur* et *macrolides*, sur la signification parfois ambiguë de certains noms. En effet, de la même façon que le docteur de ce dialogue possède un doctorat en médecine et pas en mathématiques, en physique nucléaire ou en ethnologie (sauf si ce médecin est à bac +20 !), le macrolide qu'il va lui prescrire est bien évidemment un antibiotique et pas un antiparasitaire ou un immunosuppresseur. Ce qui m'amène tout naturellement à commencer par définir le terme macrolide.

En chimie organique, le nom macrolide est une contraction du préfixe grec *macro-* grand et du suffixe *–olide*, qui désigne une fonction lactone, c'est-à-dire une fonction ester carboxylique cyclique. Le terme

---

[4] Soulagé de repartir avec la prescription d'un « vrai » médicament même si, quand il est bien portant, il peste certainement contre les antibiotiques qu'il estime prescrits pour un oui ou pour un non. Et puis il craignait tellement de repartir juste avec des inhalations et des lavages de nez au sérum physiologique !

macrolide (synonymes macrocycle lactonique, lactone macrocyclique ou encore macrolactone) définit donc un composé chimique possédant une fonction lactone incluse dans un cycle comportant au moins 8 chaînons [5]. Dans le domaine des substances naturelles, il existe, outre les macrolides antibiotiques antibactériens, de nombreux autres macrolides possédant des propriétés pharmacologiques variées, par exemple :

- l'amphotéricine B et la nystatine, antibiotiques antifongiques indiquées dans les mycoses ;

- l'ivermectine, dérivé hémisynthétique des avermectines, utilisée comme antiparasitaire ;

- le sirolimus (= rapamycine) et le tacrolimus, immunosuppresseurs utilisés dans le domaine des transplantations d'organes et, pour le second, également dans le traitement de certaines maladies auto-immunes. [6]

En médecine, et plus généralement dans le domaine de la santé, le nom macrolide désigne spécifiquement la seule catégorie des macrolides antibiotiques antibactériens. Comme si, en quelque sorte, cette famille d'antibiotiques avait « privatisé » le terme macrolide comme les médecins celui de docteur. Cette précision sémantique étant faite, il est temps de présenter cette famille d'antibiotiques.

Bien que le tout premier macrolide, la pikromycine, ait été isolé en 1950 du jus de fermentation d'une bactérie du genre *Streptomyces*, c'est avec l'érythromycine, produite par *Streptomyces erythraeus* (aujourd'hui *Saccharopolyspora erythraea*) que commença en 1952 l'aventure thérapeutique des macrolides antibiotiques. De nombreux autres macrolides naturels seront isolés par la suite dont la spiramycine (de *Streptomyces ambofaciens*) commercialisée en 1955, la josamycine (de *Streptomyces narbonensis* var. *josamyceticus* var. *nova*) en 1967 et la midécamycine (de *Streptomyces mycarofaciens*) en 1971.

------

[5] Selon Steven A. Hardinger, Department of Chemistry & Biochemistry, UCLA dans : *Illustrated Glossary of Organic Chemistry.*

[6] *Cf. Lewin G., Drôles d'histoires de médicaments d'origine naturelle, chapitres L'ivermectine, pages 131-144 et Le sirolimus (= la rapamycine), pages 161-174.*

Érythromycine, spiramycine et josamycine sont aujourd'hui les trois macrolides naturels toujours commercialisés en médecine humaine en France (la commercialisation de la midécamycine a été arrêtée en 2018). Un quatrième, la tylosine (de *Streptomyces fradiae*), est aussi largement utilisé, mais seulement en médecine vétérinaire. Il fallut ensuite attendre 1987 pour que la famille des macrolides antibiotiques s'agrandisse avec l'apparition de la roxithromycine, le premier des macrolides hémisynthétiques obtenus à partir de l'érythromycine. Arrivèrent ensuite sur le marché la clarithromycine en 1994, l'azithromycine en 1995, la dirithromycine en 1997 (arrêtée en 2009) et enfin la télithromycine en 2001 (retirée du marché en 2018).

Sur le plan chimique, ces macrolides sont des hétérosides, c'est-à-dire des composés possédant une partie glucidique (= sucrée) constituée d'un ou plusieurs oses (= sucres) dont au moins l'un est aminé et une partie non glucidique, appelée aglycone ou génine, de structure macrolactonique. Dans les macrolides naturels, la lactone macrocyclique est à 14 chaînons dans l'érythromycine et à 16 chaînons dans la spiramycine, la josamycine et la midécamycine [7] (*Cf. Pour aller plus loin « 3 »*). Dans les macrolides hémisynthétiques, toujours préparés à partir de l'érythromycine, elle est à 14 chaînons sauf chez l'azithromycine où elle présente 15 chaînons par incorporation d'un atome supplémentaire d'azote.

L'action des macrolides, bactériostatique ou bactéricide [8] selon notamment la dose et l'espèce bactérienne, s'explique par une perturbation de la synthèse protéique au niveau du ribosome bactérien.

Le spectre d'action antibactérien et donc les indications thérapeutiques qui en découlent sont à peu près les mêmes pour tous les macrolides, hormis certaines indications particulières à tel ou tel macrolide, qui seront précisées plus loin. De façon générale, tous les macrolides ont un spectre d'action assez large orienté vers les bactéries

---

[7] 14 ou 16 chaînons (ou atomes) signifient donc respectivement 13 ou 15 atomes de carbone plus l'atome d'oxygène de la fonction lactone.

[8] Bactériostatique : inhibe la division et donc le développement de la bactérie ; bactéricide : détruit la bactérie.

(cocci et bacilles) à Gram [9] positif, mais aussi des espèces atypiques et quelques bacilles à Gram négatif, la plupart de ces derniers étant naturellement résistants À côté de cette résistance naturelle est apparue une résistance dite acquise (c'est-à-dire concernant des bactéries autrefois sensibles et devenues résistantes) qui limite le spectre d'action (pour une présentation plus détaillée de ce spectre, *Cf. Pour aller plus loin « 4 »*).

Leur utilisation thérapeutique se fait le plus souvent par voie orale, avec des indications dans le traitement de nombreuses infections (ORL, broncho-pulmonaires, stomatologiques, cutanées, génitales...). S'ils sont en général relativement peu toxiques (à l'exception du plus récent d'entre eux, la télithromycine) et assez bien tolérés (effets indésirables les plus fréquents d'ordre digestif), ils exposent plus ou moins à un risque d'interactions médicamenteuses avec de nombreuses autres classes thérapeutiques. Le médecin qui prescrit doit toujours avoir à l'esprit ce problème d'autant que tous les macrolides ne sont pas également concernés par ce risque (le plus élevé avec l'érythromycine et, à l'opposé, très faible avec la spiramycine) (*Cf. Pour aller plus loin « 5 »*).

Comme je l'ai signalé précédemment, l'érythromycine a été le seul des quatre macrolides naturels utilisés à « faire souche », puisqu'elle sert de matière première à la préparation de tous les macrolides hémisynthétiques actuellement sur le marché. Examiner l'aïeule et sa descendance sera l'occasion de revenir à notre jeu des sept familles !

... Je demande la grand-mère. Pioche ! L'érythromycine, bonne pioche !

L'érythromycine, d'abord dénommée ilotycine, fut commercialisée sous le nom d'Ilosone® en 1952 mais c'est trois ans plus tôt que l'histoire avait commencé. En 1949 en effet, le laboratoire pharmaceutique américain Eli Lilly avait reçu des échantillons de terre prélevés aux Philippines dans la région d'Iloilo et à partir desquels James McGuire et son équipe identifieront *Streptomyces erythreus* puis isoleront

---

[9] Pour la présentation de la coloration de Gram : *Cf. Lewin G., Drôles d'histoires de médicaments d'origine naturelle,, chapitre Les rifamycines, pages 155-156.*

l'érythromycine. Lorsque le responsable et expéditeur de ces prélèvements, Abelardo Aguilar, un médecin philippin salarié de Lilly, découvrit ce que contenait ces échantillons et ce que Lilly était en train d'en faire, il réclama à son employeur ce qu'il estimait être son dû, mais sans succès. Deux points de vue s'affrontèrent alors : celui du laboratoire rappelant que le contrat d'Abelardo Aguilar lui assurait un salaire et rien d'autre, en tout cas pas de royalties, et celui d'Abelardo Aguilar qui ne pouvait que constater les retombées financières considérables de cette découverte dont il était totalement exclu. Vers la fin de sa vie (il mourra en 1993), Abelardo Aguilar réclamera encore « sa part » à Lilly dans le but de monter une fondation au service des plus pauvres, mais en vain.

D'après Edmund Blair Leighton (1852-1922) : Abelard and his pupil Heloise

Si Abelardo Aguilar estima toute sa vie avoir beaucoup perdu dans son histoire avec Eli Lilly, peut-être se consola-t-il en se disant qu'un autre Abélard, avec Héloïse, avait autrefois perdu bien davantage !

L'érythromycine élaborée par le micro-organisme n'est pas une molécule pure mais un mélange de plusieurs composés de structures voisines dont le très majoritaire, l'érythromycine A, est celui utilisé en thérapeutique. L'érythromycine ne se démarquant pas beaucoup des autres macrolides par le spectre d'action, les indications thérapeutiques et les interactions médicamenteuses (même si, encore une fois, celles-ci sont maximales chez elle), je soulignerai juste certaines de ses caractéristiques plus spécifiques :

- une toxicité hépatique (mais qui reste rare) ; un risque plus élevé de troubles du rythme cardiaque (torsades de pointes) quand elle est associée à certains médicaments les favorisant, mais aussi par elle-même, par voie IV (salifiée à l'état de lactobionate) ;

- une assez faible biodisponibilité par voie orale en raison de sa dégradation dans l'estomac liée à son instabilité en milieu acide.

Ce caractère instable s'explique pour partie par la réactivité de la fonction cétone en 10 avec les fonctions alcool secondaire en 7 et en 13, conduisant à des composés biologiquement inactifs (*Cf. **Pour aller plus loin « 6 »***). Pour contrer cette instabilité, plusieurs réponses ont été apportées pour améliorer l'administration par voie orale :

- libérer l'érythromycine seulement au niveau intestinal par l'utilisation d'une forme gastro-résistante (Egery[®]) ;

- préparer des prodrogues d'érythromycine (éthylsuccinate et propionate qui sont des esters) plus stables que l'érythromycine au niveau de l'estomac et s'hydrolysant ultérieurement (au niveau intestinal voire tissulaire) pour libérer l'érythromycine (Ery[®] et Erythrocine[®]) ;

- supprimer la fonction cétone en 10 (roxithromycine) ou la fonction alcool secondaire en 7 (clarithromycine) par hémisynthèse.

Dans l'utilisation par voie cutanée, pour le traitement de l'acné, l'érythromycine ne pose par contre pas de problème de stabilité (Eryfluid lotion[®], Erythrogel[®]..).

... Je demande la mère. Pioche ! La roxithromycine, bonne pioche !

Comme pour la recherche de nouvelles pénicillines hémisynthétiques, celle de nouveaux dérivés de l'érythromycine fut surtout motivée par un élargissement de son spectre d'action mais aussi par la mise au point de nouveaux principes actifs plus stables et de meilleure biodisponibilité par voie orale. Puisque l'étude du comportement de l'érythromycine en milieu acide avait démontré la formation de produits de réaction entre la fonction cétone en 10 et l'une ou/et l'autre des fonctions alcool secondaire en 7 et 13, c'est très rationnellement qu'il fut décidé de supprimer la fonction cétone. Parmi les réactions tout à fait classiques de la fonction cétone, l'équipe de Jean-François Chantot du laboratoire français Roussel-Uclaf [10] décida d'approfondir celle de la formation de composés dénommés oximes. Une oxime est le produit de réaction d'une fonction carbonyle (aldéhyde ou cétone) avec un réactif appelé hydroxylamine (NH_2OH). Dans le cas de l'érythromycine, cette réaction était facile à mettre en œuvre et sélective de la fonction cétone (c'est-à-dire respectant le reste de la molécule d'érythromycine) [11]. Plusieurs dizaines d'oximes diversement substituées sur l'atome d'oxygène de l'hydroxylamine furent synthétisées par Roussel-UCLAF, parmi lesquelles la molécule qui allait devenir la roxithromycine (*Cf. Pour aller plus loin* « 7 »). Commercialisée en 1987 sous le nom de Rulid®, la roxithromycine présente, comme prévu, l'avantage d'une bonne stabilité en milieu acide (une forme galénique gastro-résistante n'est pas nécessaire), d'une meilleure résorption intestinale et d'une demi-vie plus longue que l'érythromycine, ce qui se traduit par des posologies plus faibles et moins de prises quotidiennes. Un autre avantage réside aussi dans des interactions médicamenteuses un peu

---

[10] Ce laboratoire, l'un des fleurons de l'industrie pharmaceutique française de l'époque, n'existe plus sous ce nom. À l'issue d'une trentaine d'années de fusions-acquisitions successives, les anciens sites de Roussel-UCLAF et notamment celui de Romainville ont été intégrés depuis 2004 dans la recherche et développment du laboratoire Sanofi.

[11] La formation de l'oxime de l'érythromycine avait été décrite pour la première fois en 1967 par des chercheurs du laboratoire pharmaceutique yougoslave PLIVA (*Tetrahedron Lett.*, 1967, 1645-1647).

moins nombreuses. Par contre, le spectre d'action et les indications thérapeutiques restent identiques à celles de l'érythromycine.

L'autre approche pour supprimer l'instabilité en milieu acide fut étudiée par le laboratoire japonais Taisho et elle consista à méthyler la fonction alcool secondaire en 7 pour empêcher sa réaction avec la fonction cétone. Ce travail se concrétisa par la découverte de la clarithromycine qui est l'éther méthylique en 7 de l'érithromycine. Bien que la différence entre l'érythromycine et la clarithromycine se résume juste au remplacement du groupe hydroxyle (OH) en 7 par un groupe méthoxyle (OCH_3) à l'aide d'une réaction de méthylation, cette réaction ne peut pas être effectuée proprement en une seule étape car plusieurs autres sites de méthylation existent sur la molécule d'érythromycine. Toute une stratégie multi-étapes de protections-déprotections des autres sites réactifs potentiels fut donc nécessaire pour préparer la clarithromycine (***Cf. Pour aller plus loin « 8 »***). Cette dernière fut mise sur le marché français en 1994 (Naxy®, Zeclar®) avec les indications thérapeutiques des autre macrolides mais aussi, comme cela a déjà été précisé (***Cf. Pour aller plus loin « 5 »***), avec deux indications supplémentaires qui lui sont propres : d'une part le traitement curatif des infections opportunistes à *Mycobacterium avium* chez les patients infectés par le HIV, et d'autre part l'éradication de la bactérie *Helicobacter pylori* en cas d'ulcère gastroduodénal, en association à un autre antibiotique (amoxicilline ou un imidazolé). Sa bonne stabilité dans l'estomac améliore sa tolérance gastrique et augmente également sa biodisponibilité par voie orale. Il faut noter par contre un profil d'interactions médicamenteuses intermédiaire entre celui de la roxithromycine et celui de l'érythromycine.

... *Je demande la fille. Pioche ! L'azithromycine, bonne pioche !*

Le Chœur Des Lecteurs Tatillons, abrégé LCDLT :
« On avait bien compris que l'on changeait de génération en passant de l'érythromycine à la roxithromycine, mais ça recommence avec l'azithromycine et cette fois, nous demandons une explication : en quoi l'azithromycine descend-elle de la roxithromycine ?

L'auteur :
Votre interrogation est parfaitement justifiée et voici la réponse : sans la roxithromycine, ou plus précisément, sans la préparation antérieure d'oximes de l'érythromycine, l'azithromycine n'existerait pas.

LCDLT :
Admettons que la roxithromycine soit la mère, mais alors on aimerait bien savoir qui est le père. D'ailleurs, nous avons remarqué que votre jeu des sept familles a complètement éliminé le sexe masculin. Nous n'osons pas imaginer que vous cherchiez de façon bassement démagogique à récupérer les lectrices du mouvement #MeToo.

L'auteur :
Rassurez-vous, ni #MeToo, ni Balance Ton Porc, mais il se trouve, c'est comme ça, que l'écrasante majorité des antibiotiques d'origine naturelle est du genre féminin. Pour répondre précisément à votre question sur l'identité du père, il s'appelle Ernst Otto Beckmann, chimiste allemand (1853-1923). Sans lui en effet, pas d'azithromycine.

LCDLT :
Qui c'est ce Beckmann que vous nous sortez tout à coup ? Juste, semble-t-il, parce que ça vous arrange.

L'auteur :
Beckmann n'est pas là pour m'arranger. Par contre, pour réarranger les oximes, c'est un as ! Le réarrangement de Beckmann est, comme tous les réarrangements, une des très belles réactions de la chimie organique. Désirant le présenter à tous les lecteurs et pas seulement aux LCDLT, je quitte donc les italiques pour retrouver les caractères ordinaires ».

En chimie organique, un réarrangement (on dit plutôt en français une transposition) définit une réaction qui se fait avec une modification du squelette de la molécule réactive. Dans ces conditions, c'est l'enchaînement même des atomes du squelette, les uns par rapport aux autres, qui est modifié.

Dans le cas de l'oxime de l'érythromycine, le macrocycle à 14 chaînons porte sur son carbone 10 un atome d'azote. La modification du squelette résultant de cette transposition de Beckmann consiste à remplacer la liaison C10-C11 qui se trouve au pied de la fonction oxime par une liaison entre C11 et l'azote de l'oxime. Concrètement l'enchaînement initial des atomes C9-C10-C11 du macrocycle de l'érythromycine et de son oxime est remplacé par un nouvel enchaînement C9-C10-N-C11. Le nouveau macrocycle, qui compte désormais 15 chaînons puisque l'atome d'azote de la fonction oxime a été incorporé au cycle, fut appelé azalide. Pour une approche plus chimique de cette transposition de Beckmann et de l'hémisynthèse de l'azithromycine, *Cf. **Pour aller plus loin « 9 »***.

Deux étapes supplémentaires transformeront ce composé issu de la transposition de Beckmann en une molécule que le laboratoire pharmaceutique croate (yougoslave jusqu'en 1991) PLIVA, à l'origine de la découverte, breveta sous le nom d'azithromycine. Cette dernière fut commercialisée en France en 1995 par le laboratoire Pfizer sous le nom de Zithromax®, et prescrite dans le traitement des angines, bronchites aiguës, surinfections de bronchite chronique, infections stomatologiques et infections génitales à *Chlamydia trachomatis* (son action contre cette bactérie atypique la fera également utiliser, à partir de 2009, en collyre dans le traitement des conjonctivites bactériennes dont celles dues à *C. trachomatis*). Comme cela a déjà été précisé (*Cf. **Pour aller plus loin « 5 »***), l'azithromycine est également indiquée dans la prophylaxie des infections opportunistes à *Mycobacterium avium* chez les patients infectés par le HIV.

De spectre d'action voisin de celui des autres macrolides (même s'il est un peu élargi vers certaines bactéries à Gram négatif) et de bonne stabilité gastrique, comme la roxithromycine et la clarithromycine, l'azithromycine se caractérise par une demi-vie d'élimination plasmatique très prolongée (2 à 4 jours) [12] et une très bonne diffusion dans les tissus et à l'intérieur des cellules. Possédant les effets indésirables généraux des macrolides (digestifs et pouvant, dans certains cas, favoriser la survenue de troubles du rythme cardiaque), elle est relativement peu impliquée dans les interactions médicamenteuses.

---

[12] Temps au bout duquel la concentration plasmatique diminue de moitié.

Arrivé à ce stade de la présentation de l'azithromycine, le lecteur se demande sans doute pourquoi c'est à cette molécule que revint le grand honneur de représenter quasiment à elle seule la classe thérapeutique des antibiotiques dans les tentatives de traitement de la Covid-19. N'y avait-il pas d'autres antibiotiques à proposer ? À partir du moment où l'on estime qu'un traitement antibiotique a sa place, même dans une infection virale, ne serait-ce que pour prévenir les surinfections bactériennes, deux questions se posent :

- pourquoi utiliser UN macrolide ?

- pourquoi utiliser CE macrolide ?

À la première question, l'on peut répondre que le macrolide, à la différence d'un autre antibiotique (en particulier une céphalosporine) apporte dans le traitement des infections bronchopulmonaires, en plus de l'action antibactérienne, des effets anti-inflammatoires et immunomodulateurs (par diminution de la sécrétion de certains médiateurs de l'inflammation, les fameuses cytokines). Une action antivirale des macrolides vis-à-vis de différents virus respiratoires a également été décrite, qui s'accompagne là encore d'une diminution de la production de cytokines. Ces données, rapportées depuis plusieurs années dans la littérature, donc bien avant l'émergence de la Covid-19, concernaient précisément les macrolides et peuvent tout à fait expliquer le choix de faire appel à cette famille d'antibiotiques pour un traitement.

La réponse à la seconde question est plus délicate : pourquoi l'azithromycine ? Les résultats bénéfiques dans les domaines anti-inflammatoire, immunomodulateur et antiviral ont en effet été observés avec différents macrolides, en particulier l'érythromycine, la clarithromycine et l'azithromycine. Le choix de cette dernière par rapport aux deux autres peut s'expliquer par un profil pharmacocinétique plus favorable (longue durée d'action, très bonne pénétration intracellulaire) et des interactions médicamenteuses moins nombreuses. Mais pourquoi l'azithromycine et pas la roxithromycine ou, mieux encore, la spiramycine beaucoup moins susceptible d'interférences avec d'autres médicaments et donc plus sûre d'utilisation ?

Il y a évidemment une troisième question, la plus importante, déjà évoquée dans l'introduction de ce chapitre et à laquelle je me garderai bien d'essayer de répondre : l'azithromycine (ou un autre macrolide) a-t-elle en fait sa place, dans certains cas, selon le stade de la maladie et le contexte de la prescription, dans le traitement de la Covid-19 ? Si les essais réalisés jusqu'à présent montrent que son administration n'apporte aucun bénéfice à des patients déjà hospitalisés avec des formes sévères de Covid-19 (*Cf. bibliographie, essai RECOVERY, 14/12/2020*), son intérêt éventuel, aux premiers stades de la maladie, reste encore à démontrer.

... *Je demande... le palindrome.*[13] Pioche ! Ketek® (DCI télithromycine), bonne pioche !

En 1995, l'azithromycine est arrivée sur le marché français comme étant le premier représentant d'une nouvelle génération de macrolides, celle des azalides. Vingt-cinq ans ont passé et, malgré le succès de l'azithromycine, le second azalide se fait toujours attendre...

En 2001, la télithromycine est arrivée sur le marché français comme étant le premier représentant d'une nouvelle génération de macrolides, celle des kétolides. Vingt ans ont passé, la télithromycine a été retirée en 2018 et le second kétolide se fait toujours attendre... L'histoire de la télithromycine, longtemps désignée par son code HMR-3647 [14], peut en effet se résumer à beaucoup d'espoirs suivis de beaucoup de désillusions.

Le terme kétolide (contraction de *ketone* et *olide*) désigne, dans la famille des macrolides à 14 chaînons, des molécules ne possédant plus en position 4 le sucre neutre (le cladinose) présent dans l'érythromycine et dans tous ses dérivés hémisynthétiques, mais, à la place, une fonction cétone (*ketone* en anglais). Cette substitution permet de supprimer au niveau du ribosome (cible des macrolides) le déclenchement d'un type de mécanisme de résistance de la bactérie contre le macrolide.

Dans la télithromycine, les deux autres différences structurales avec l'érythromycine sont :

---

[13] Dont je ne ferai pas l'injure à mes lecteurs de rappeler la définition !

[14] Car développé par Hoechst Marion Roussel, devenu Aventis et aujourd'hui Sanofi.

- l'addition d'un substituant supplémentaire azoté assez volumineux au niveau des carbones 12 et 13 augmentant, comme cela a été démontré *in vitro*, l'affinité (= la force) de la liaison du macrolide sur le ribosome ;

- la méthylation de l'hydroxyle en 7, comme dans la clarithromycine, favorisant la stabilité en milieu gastrique (*Cf. **Pour aller plus loin « 10 »***).

L'ensemble de ces modifications positionna la télithromycine, lors de sa commercialisation sous le nom de Ketek®, comme un antibiotique se démarquant des autres macrolides par une puissante activité (démontrée *in vitro*) sur le pneumocoque (*Streptomyces pneumoniae*), y compris sur des souches résistantes aux pénicillines et à l'érythromycine. Dotée d'une pharmacocinétique favorable (bonne stabilité gastrique, bonne résorption intestinale, forte pénétration tissulaire), la télithromycine arriva sur le marché, indiquée par voie orale, chez l'adulte et l'enfant au-dessus de 12 ans, dans le traitement des infections respiratoires basses (pneumonies, exacerbations aiguës de bronchite chronique) et hautes (angines, sinusites).

La suite de la carrière de la télithromycine ressembla malheureusement à un chemin de croix ponctué par l'apparition successive de toxicités (atteintes hépatiques, troubles visuels, pertes de connaissance transitoires, aggravation de myasthénies...) qui lui sont propres et qui s'additionnèrent aux effets indésirables et précautions d'emploi de l'ensemble des macrolides. Après des restrictions d'indications imposées par les autorités sanitaires, Sanofi arrêta la commercialisation du Ketek® en 2018.

Quel que soit l'avenir des kétolides (d'autres kétolides, la céthromycine, la modithromycine, la solithromycine sont actuellement en développement clinique pour le traitement, notamment, de pneumonies communautaires), la télithromycine restera au moins dans l'histoire comme ayant été le seul antibiotique commercialisé avec un nom de palindrome. Il serait d'ailleurs intéressant de savoir si le retrait du Ketek® a été bien vécu à Laval, à Noyon, à Eze, chez les adeptes du kayak, les fans d'ABBA, les voyageurs du RER et les porteurs de bob en été. Si tel n'était pas le cas, plutôt que ressasser, dans son coin ou serrés en coloc, en lançant des SOS par SMS devant la TNT, prenez du Xanax® (LOL) !

Pour conclure

Avec le retrait de la télithromycine, l'azithromycine demeure, trente ans après sa première mise sur le marché, le plus récent des macrolides antibiotiques actuellement utilisés. Sans vouloir occulter les trois kétolides déjà cités et toujours en développement, on peut se demander si les déconvenues de la télithromycine n'ont pas signé la fin de la recherche de nouveaux macrolides hémisynthétiques préparés à partir de l'érythromycine. En effet, si des progrès marquants ont pu être observés dans le domaine de la pharmacocinétique (stabilité en milieu gastrique, amélioration de la biodisponibilité), les spectres d'action antibactérienne de l'érythromycine et de ses analogues montrent assez peu de différences.

Au bout d'une quarantaine d'années, la stratégie hémisynthétique en partant de l'érythromycine aura ainsi montré ses avantages et ses limites :

- ses avantages, puisque les chimistes ont pu travailler et modifier la structure d'une molécule déjà très complexe, comprenant de nombreux centres d'asymétrie, et que la fermentation d'un micro-organisme leur fournissait facilement « clefs en main » ;

- ses inconvénients, puisque le chimiste ne peut moduler que ce qui est modulable, prisonnier en quelque sorte des contraintes structurales de la molécule sur laquelle il travaille.

Deux autres pistes pour la découverte de nouveaux macrolides, de structure se démarquant bien de celle de l'érythromycine, sont à l'étude :

- le génie génétique, qui s'appuie sur la manipulation des gènes des enzymes impliquées dans la construction du macrolide par le micro-organisme (les *macrolide polyketide synthases*). Cette piste, explorée depuis une bonne vingtaine d'années, n'a cependant pas encore donné de résultats probants ;

- la synthèse totale, qui semble plus prometteuse, puisque selon des résultats très récents (2021), il a déjà été possible d'accéder à plus de 2500 nouveaux composés dont certains possèdent une activité importante vis-à-vis de bactéries à Gram négatif multirésistantes, ce qui est tout à fait inédit chez les macrolides.

LES ANTIBIOTIQUES MACROLIDES
(de l'érythromycine à l'azithromycine)
Pour aller plus loin

Pour aller plus loin « 1 »

L'hydroxychloroquine est une molécule de structure quinoléique, dérivé hydroxylé de la chloroquine, antipaludique de synthèse créé dans les années 1930 en prenant modèle sur la structure chimique de la quinine. Celle-ci, principal alcaloïde antipaludique de l'écorce des quinquinas (genre *Cinchona*, Rubiacées), arbres originaires du versant oriental de la Cordillère des Andes (Pérou, Bolivie, Équateur), fut isolée en 1820 par les deux pharmaciens français, Pierre Joseph Pelletier et Joseph Bienaimé Caventou. Ce sont la quinine et ses trois analogues naturels (quinidine, cinchonine, cinchonidine) qui confèrent à la poudre d'écorce de quinquina des propriétés fébrifuges remarquables qui furent mises à profit dès le 17e siècle en Amérique du Sud puis en Europe (sous les noms de poudre des jésuites ou poudre de la Comtesse).[1]

Hormis une indication propre à la chloroquine dans le traitement curatif et préventif du paludisme (nombreuses souches résistantes), chloroquine (Nivaquine®) et hydroxychloroquine (Plaquénil®) sont aujourd'hui toutes les deux officiellement indiquées dans le traitement symptomatique de la polyarthrite rhumatoïde, dans le lupus érythémateux et dans la prévention des lucites (dermatoses dues aux UV A du soleil), avec dans le cas de l'hydroxychloroquine, une action anti-inflammatoire et antalgique nommément mentionnée.

---

[1] L'origine purement synthétique de la chloroquine n'a pas empêché un soi-disant expert en tout (véritable Pic de la Mirandole des temps modernes), comme il en fleurit sur les plateaux télé, en particulier depuis l'épidémie de Covid-19, d'affirmer que la chloroquine était bien connue puisqu'elle était déjà utilisée il y a trois siècles par les habitants du Pérou...

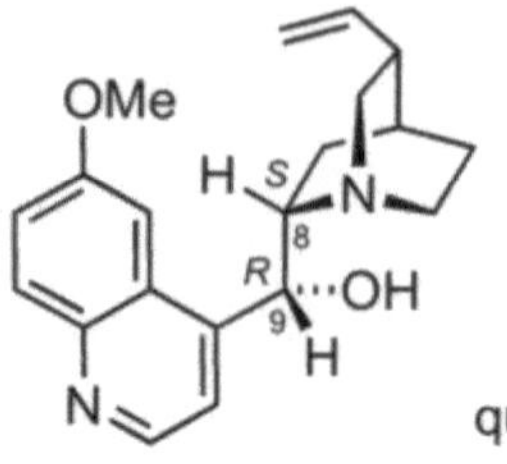

quinine

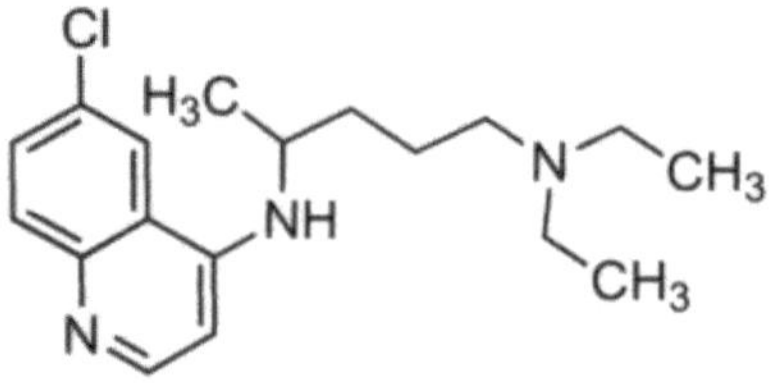

chloroquine

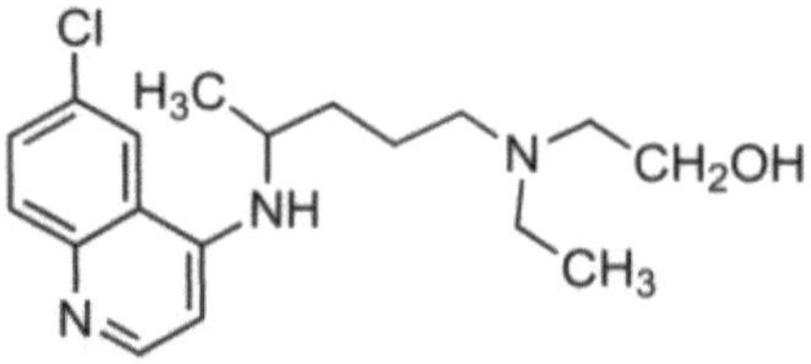

hydroxychloroquine

Polyarthrite rhumatoïde et lupus érythémateux sont deux exemples de maladies auto-immunes, c'est-à-dire de maladies résultant d'un dysfonctionnement du système immunitaire conduisant ce dernier à s'attaquer aux constituants normaux de l'organisme. Parmi les autres maladies auto-immunes les plus connues, on peut citer par exemple la sclérose en plaques, le diabète de type 1, la maladie de Crohn. L'origine exacte des maladies auto-immunes est le plus souvent inconnue même si on pense qu'elle est, dans la grande majorité, multifactorielle (facteurs génétiques, endogènes et exogènes et/ou environnementaux).

Pour aller plus loin « 2 »

Les antibiotiques d'origine naturelle actuellement utilisés sont très majoritairement obtenus :

- soit directement par isolement à partir du milieu de fermentation d'un micro-organisme (bactérie ou champignon) ;

- soit indirectement par isolement du milieu de fermentation d'un composé puis modification hémisynthétique de ce dernier.

Très rarement, l'antibiotique [2], bien que naturellement présent dans le milieu de fermentation, est préparé par synthèse chimique totale [3].

Les sept familles d'antibiotiques d'origine naturelle utilisés en thérapeutique sont [4] :

1) Les **bêta-lactames** (communément appelés bêta-lactamines) qui comprennent très majoritairement deux grandes catégories :

- les pénicillines naturelles (issues de la fermentation de champignons du genre *Penicillium, P. notatum* et *P. chrysogenum*) et, beaucoup plus nombreuses, les pénicillines hémisynthétiques (*Cf. plus loin, pages 184-185*) ;

- les céphalosporines, préparées par hémisynthèse, presque toujours à partir d'un précurseur produit par fermentation d'un champignon, *Cephalosporium acremonium*.

La cible sur laquelle s'exerce l'action des bêta-lactames est la paroi bactérienne dont ils empêchent la biosynthèse.

En 2017 en France, l'amoxicilline, une pénicilline hémisynthétique s'attribuait seule 41% (en ville = V) et 20% (en établissement de santé =

---

[2] Ainsi qu'il a été précisé dans la première partie, antibiotique (AB) est pris ici dans son sens courant, c'est-à-dire antibactérien. Il faut savoir que dans un sens plus large, il désigne parfois toute substance issue de la fermentation d'un micro-organisme, que son action s'exerce contre des bactéries (AB antibactériens), des champignons (AB antifongiques : par exemple l'amphotéricine B) et même vis-à-vis de cellules tumorales (AB antitumoraux : par exemple les anthracyclines).

[3] *Cf. Lewin G., Drôles d'histoires de médicaments d'origine naturelle, chapitre La fosfomycine, pages 101-111.*

[4] Dans cette courte présentation, je n'aborderai ni le détail des spectres d'action de chaque famille, ni celui des différentes infections auxquelles elles s'adressent.

ES) de la consommation des antibiotiques. Associée à l'acide clavulanique [5], une molécule dénuée d'activité antibiotique mais qui élargit le spectre d'action de l'amoxicilline (Augmentin®), elle représentait 24% (V) et 31% (ES) de cette consommation.

Loin derrière l'amoxicilline, les céphalosporines dites de 3e et 4e génération [6], par exemple la cefpodoxime (Orelox®, 3G), la ceftriaxone (Rocéphine®, 3G) et la céfépime (Axepim®, 4G) couvraient 4% (V) et 9% (ES) de la consommation antibiotique française.

Les bêta-lactames, utilisés en thérapeutique par voie orale ou par voie injectable, selon les représentants et les indications, constituent donc et de loin, la famille d'antibiotiques la plus prescrite.

2) Les **macrolides**, qui ont été détaillés dans la première partie de ce chapitre, sont surtout utilisés en médecine de ville où ils constituent avec un peu plus de 10% de la consommation, la seconde famille d'antibiotiques la plus prescrite.

3) Les **tétracyclines** (ou simplement cyclines) forment une famille d'antibiotiques obtenus par fermentation de bactéries du genre *Streptomyces*, ainsi que par hémisynthèse pour les représentants non naturels. Le spectre d'action de cette famille était à l'origine très large, mais il s'est progressivement réduit par suite d'une utilisation trop importante en thérapeutique et dans l'alimentation animale, entraînant la sélection de bactéries résistantes.

La cible des tétracyclines est, comme pour les macrolides, le ribosome bactérien où elles bloquent la synthèse des protéines.

Avec environ 10% (V) de la consommation, les tétracyclines représentaient en 2017, la troisième famille d'antibiotiques la plus prescrite en ville (administration par voie orale, pour une action

---

[5] L'acide clavulanique est un inhibiteur d'enzyme (de bêta-lactamase plus précisément). Pas antibiotique par lui-même, il protège l'amoxicilline de sa destruction par certaines bactéries, qui deviennent à leur tour sensibles.

[6] Très sommairement, les céphalosporines sont classées en 4 (voire 5) générations en fonction de la nature et de l'étendue de leur spectre antibactérien.

générale ; voie locale également), tout juste derrière les macrolides. Son chef de file est aujourd'hui la doxycycline.

4) Les **rifamycines** ne seront pas présentées ici puisqu'elles ont déjà fait l'objet d'un chapitre dans mon livre précédent.

Les antibiotiques des trois dernières familles ne s'administrent que par voie injectable (lorsqu'on recherche une action générale) et parfois aussi par voie locale. Présentant par voie injectable une toxicité notable, ils sont alors prescrits dans des infections généralement sévères et sont pour cette raison souvent réservés à des malades hospitalisés.

5) Les **aminosides** (ou aminoglycosides) sont une famille constituée d'antibiotiques naturels obtenus par fermentation de bactéries des genres *Streptomyces* (le plus souvent), *Micromonospora* et *Streptoalloteichus* ainsi que de dérivés hémisynthétiques. La double toxicité de cette famille (au niveau de l'oreille et du rein) réserve son utilisation par voie générale au seul traitement d'infections généralement sévères, en ville et à l'hôpital. Si la streptomycine, le chef de file historique, est aujourd'hui quasiment abandonnée, les aminosides les plus utilisés par voie générale sont la gentamicine, la tobramycine et l'amikacine. Certains aminosides, trop toxiques par voie injectable, sont réservés en ville à la voie locale (néomycine, framycétine).

La cible des aminosides est là encore le ribosome bactérien où la synthèse des protéines est bloquée.

6) Les antibiotiques **glycopeptides** forment une famille d'antibiotiques naturels et hémisynthétiques utilisés surtout en traitement curatif d'infections sévères (notamment à *Staphylococcus* et à *Clostridioides*). Leur toxicité multiple et marquée ainsi que la gravité des infections à traiter les réservent uniquement aux malades hospitalisés. Bien que cette famille soit en train de s'étoffer de nouveaux représentants, son chef de file reste incontestablement la vancomycine, un antibiotique naturel issu de la fermentation d'une bactérie du genre *Amycolatopsis*.

Comme pour les bêta-lactames, la cible de cette famille est la paroi bactérienne dont ils empêchent la biosynthèse, mais selon un mécanisme distinct de celui des bêta-lactames.

7) La famille des antibiotiques **polypeptides** provient de la fermentation de bactéries de divers genres (*Bacillus, Brevibacillus, Paenibacillus*). Deux représentants, appartenant au sous-groupe des polymyxines, restent aujourd'hui utilisés en thérapeutique : la polymyxine B indiquée en France exclusivement par voie locale et la polymyxine E dénommée également colistine. Cette dernière est surtout utilisée sous forme d'une prodrogue, le colistiméthate sodique, par voie injectable comme antibiotique de recours contre des germes multi-résistants aux autres antibiotiques et aussi en inhalation contre des infections liées à la mucoviscidose. La colistine est un excellent exemple de retour en grâce d'un ancien antibiotique progressivement délaissé et dont la renaissance ces vingt dernières années repose sur la spécificité de son activité vis-à-vis de bactéries pathogènes mal combattues par les autres antibiotiques.

La cible de cette famille est la membrane cytoplasmique de la bactérie dont ils augmentent la perméabilité en provoquant la fuite du contenu intracellulaire.

Pour en terminer avec les antibiotiques d'origine naturelle, je souhaite préciser :
- qu'une nouvelle famille, celle des pleuromutilines, issue d'un champignon basidiomycète du genre *Clitopilus*, a vu le jour ces dernières années ; aucun de ses représentants n'est cependant actuellement sur le marché en France ;

- qu'il existe quelques antibiotiques naturels de structures diverses et ne pouvant se rattacher à un groupe structural, par exemple, l'acide fusidique, la daptomycine ou encore la mupirocine.

Enfin, je ne peux conclure ce très court survol des antibiotiques sans mentionner deux autres grandes familles, de synthèse cette fois :

- les **sulfamides** qui agissent en bloquant le métabolisme de l'acide folique (vitamine B9), nécessaire à la bactérie (la spécialité la plus connue est sans doute Bactrim® à base de sulfaméthoxazole) ;

- les **fluoroquinolones** qui empêchent la synthèse de l'ADN bactérien par inhibition enzymatique (ADN-gyrase bactérienne). Cette famille d'antibiotiques, d'introduction relativement récente (environ 40 ans) (norfloxacine, ofloxacine, ciprofloxacine, etc.) représentait en 2017 près de 5% (V) et 11% (ES) de la consommation d'antibiotiques en France.

Pour aller plus loin « 3 »

Les hétérosides sont des composés résultant de l'union, par une liaison osidique [7], d'une partie glucidique (constituée d'un ou plusieurs sucres) avec une partie non glucidique appelée aglycone ou génine. Classés selon la nature de l'atome de l'aglycone engagé dans la liaison osidique, les hétérosides se répartissent donc en :

1) **O-hétérosides**, très nombreux dans le règne végétal, dans lesquels la liaison s'établit au niveau de l'oxygène d'une fonction :

- alcool comme dans les hétérosides cardiotoniques de la digitale (digoxine, digitoxine = digitaline...) et les saponosides (les ginsenosides, principes actifs du ginseng ; la glycyrrhizine, responsable du goût sucré de la réglisse...) ;

- ou phénol comme dans la plupart des anthracénosides ou hétérosides hydroxyanthracéniques (principes actifs laxatifs de la bourdaine...) et les flavonoïdes (pigments polyphénoliques très répandus dans le règne végétal) ;

2) **C-hétérosides**, peu nombreux, dans lesquels la liaison s'établit au niveau d'un atome de carbone comme c'est le cas dans certains anthracénosides (principes actifs laxatifs des aloès et du cascara) et dans quelques flavonoïdes ;

3) **S-hétérosides**, également connus sous les noms d'hétérosides soufrés et de glucosinolates, dans lesquels la liaison s'établit au niveau d'un atome de soufre. Ce groupe d'hétérosides est fréquemment rencontré dans la famille botanique des Brassicacées autrefois dénommée Crucifères (brocoli, chou, radis, moutarde) ;

4) **N-hétérosides**, dans lesquels la liaison s'établit au niveau d'un atome d'azote. Ces *N*-hétérosides sont bien sûr universellement répandus dans les êtres vivants puisque représentés par les nucléosides, éléments constitutifs des acides nucléiques (ADN et ARN).

---

[7] La liaison osidique s'établit au niveau du sucre avec le groupe hydroxyle de la fonction hémiacétalique (en C-1 dans les aldoses et en C-2 dans les cétoses).

MACROLIDE NATUREL À 14 CHAÎNONS

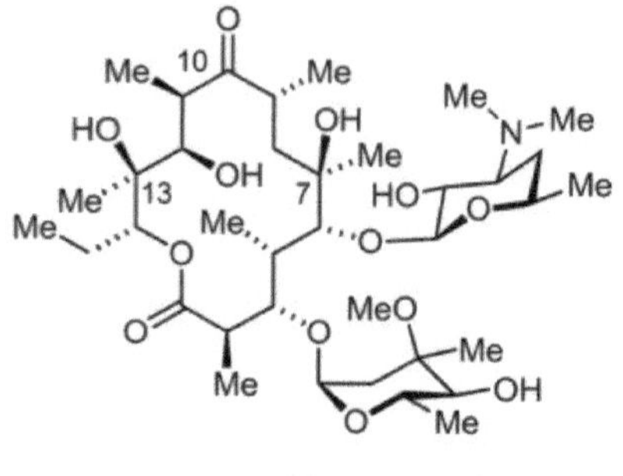

érythromycine A
(constituant très majoritaire de l'érythromycine)

- -

MACROLIDES NATURELS À 16 CHAÎNONS

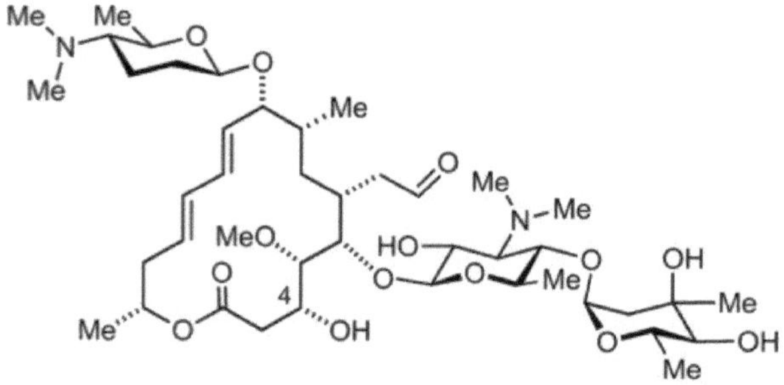

spiramycine I
(constituant très majoritaire de la spiramycine)

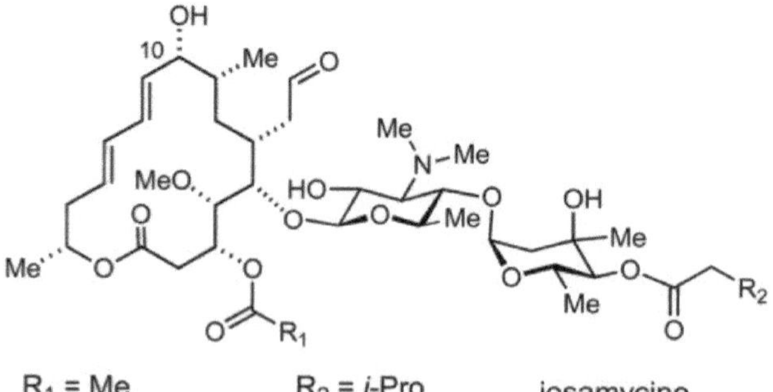

R_1 = Me R_2 = *i*-Pro   josamycine

R_1 = Et R_2 = Me   midécamycine

Pour aller plus loin « 4 »

Le spectre d'action des antibiotiques macrolides est présenté ci-dessous en classant les bactéries selon les critères : de forme (arrondie pour les cocci ; allongée et en bâtonnet pour les bacilles) ; de coloration : de Gram + ou − ; de la nécessité d'une présence d'oxygène (aérobie) ou au contraire de son absence (anaérobie) pour se développer et survivre. Sont rangées à part les bactéries dites atypiques (spiralées ; à développement intracellulaire ; sans paroi).

Bactéries habituellement sensibles et modérément sensibles

Cocci à Gram + aérobies : *Staphylococcus* (staphylocoques), *Streptococcus* (streptocoques dont le pneumocoque), *Enterococcus* (entérocoques) ;

Bacilles à Gram + aérobies : *Corynebacterium diphteriae* (diphtérie), *Listeria monocytogenes* (listériose) ;

Bacilles à Gram + anaérobies : *Propionibacterium acnes* (acné), *Clostridium perfringens* (gangrène gazeuse) ;

Cocci à Gram − aérobies : *Neisseria gonorrhoeae* = gonocoque (blennorragie), *Neissseria meningitidis* = méningocoque (méningites) ;

Bacilles à Gram − aérobies : *Bordetella pertussis* (coqueluche), *Legionella pneumophila* (légionellose), *Campylobacter jejuni* (infections du tube digestif), *Helicobacter pylori* (ulcère gastroduodénal) ;

Bactéries « atypiques » : *Treponema pallidum* (syphilis), *Chlamydia trachomatis* (infections génitales et oculaires), *Mycoplasma pneumoniae* (infections respiratoires), *Ureaplasma urealyticum* (infections génitales), *Borrelia burgdorferi* (maladie de Lyme).

Bactéries résistantes : *Enterobacter* sp., *Pseudomonas* sp.

Il faut noter que de nombreuses espèces de staphylocoques, streptocoques et entérocoques ont développé des résistances aux macrolides (fréquence de résistance pouvant atteindre 50 à 70% avec certaines souches) qui ont limité le spectre d'action.

Pour aller plus loin « 5 »

En plus des indications thérapeutiques générales communes aux macrolides, certains d'entre eux possèdent des indications particulières :

- pour la spiramycine : prophylaxie des méningites à méningocoques en cas de contre-indication de la rifampicine et traitement de la toxoplasmose de la femme enceinte (Rovamycine®) ; traitement des infections en stomatologie (abcès dentaires...), en association avec le métronidazole (Rodogyl®, Birodogyl®) ;

- pour la clarithromycine : traitement curatif des infections à *Mycobacterium avium* chez les patients infectés par le HIV ; éradication de *Helicobacter pylori* dans l'ulcère gastro-duodénal ;

- pour l'azithromycine : prophylaxie des infections à *Mycobacterium avium* chez les patients infectés par le HIV.

Les interactions médicamenteuses liées à l'utilisation des macrolides s'expliquent par leur effet d'inhibition du cytochrome P450, un complexe polyenzymatique hépatique intervenant entre autres dans le métabolisme de certains médicaments. En inhibant les isoenzymes appelées CYP 3A4 et CYP 3A5 de ce cytochrome, les macrolides, sauf la spiramycine, vont diminuer le métabolisme hépatique, augmenter les concentrations plasmatiques, ralentir l'élimination et de ce fait renforcer l'effet de tout médicament métabolisé par ces isoenzymes. Le risque d'interactions médicamenteuses sera d'autant plus important que le médicament concerné sera à marge thérapeutique étroite.

De très nombreuses classes thérapeutiques sont concernées par ces interactions avec les macrolides comme par exemple : les dérivés de l'ergot de seigle antimigraineux et dopaminergiques (ergotamine, bromocriptine...), la théophylline (antiasthmatique), la carbamazépine (antiépileptique), la ciclosporine, le tacrolimus et le sirolimus (immunosuppresseurs), certaines statines (hypocholestérolémiantes), les antivitamines K (anticoagulants). Une interaction existe aussi avec les médicaments pouvant générer de graves troubles du rythme cardiaque (appelés torsades de pointes) car tous les macrolides, y compris la spiramycine, peuvent dans certaines conditions favoriser eux-mêmes ces troubles. De façon simplifiée, l'érythromycine est le macrolide exposant le plus aux risques d'interactions médicamenteuses et la spiramycine celui qui est le plus sûr à utiliser. Parmi les macrolides hémisynthétiques, l'azithromycine semble avoir l'effet inhibiteur enzymatique le plus faible.

Pour aller plus loin « 6 »

En milieu acide, les fonctions alcool secondaire en 7 et en 13 peuvent chacune réagir avec la fonction cétone en 10 de l'érythromycine A pour donner une fonction appelée hémiacétal qui, par déshydratation, peut conduire à une fonction éther d'énol. Quand les deux fonctions alcool secondaire réagissent successivement, le produit formé est un spirocétal, appelé anhydroérythromycine A.

érythromycine A

érythromycine A éther d'énol

anhydroérythromycine A

NB La numérotation du macrocycle est ici celle de la Pharmacopée européenne : elle commence à l'oxygène, et part dans le sens inverse des aiguilles d'une montre. Notons qu'elle est en décalage d'un atome avec la numérotation habituelle de la littérature qui démarre non sur l'oxygène mais sur le carbonyle de la lactone.

Si l'on sait depuis les années 1980 que l'érythromycine A éther d'énol (EAEE) et l'anhydroérythromycine A (AEA), présentées page précédente, se forment dans l'estomac et n'ont pas d'action antibactérienne, on sait depuis seulement 2007 que ces deux composés sont chacun en équilibre avec l'érythromycine A, ce qui signifie qu'ils ne sont pas à proprement parler des produits de dégradation de l'érythromycine A car pouvant, par réaction réversible, la reformer. La seule vraie réaction de dégradation de l'érythromycine A correspond en fait à la rupture de la liaison osidique en 4 et la libération du sucre neutre (le cladinose). Si les composés EAEE et AEA ne sont donc pas les vrais produits de dégradation, le fait qu'ils se forment favorise considérablement la libération du cladinose par hydrolyse de la liaison osidique, raccourcissant ainsi la demi-vie de l'érythromycine A.

Pour aller plus loin « 7 »

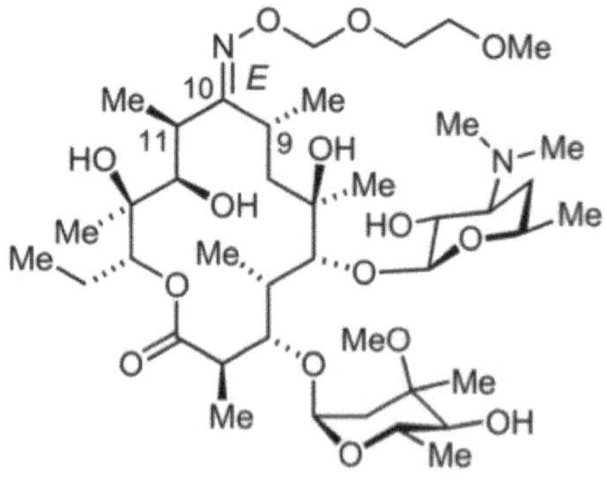

roxithromycine

La fonction éther d'oxime en 10 génère une source d'isomérie géométrique, à l'instar de ce qui existe en série éthylénique. Deux oximes peuvent être obtenues : l'isomère *E* qui est la roxithromycine dans lequel la chaîne éther de l'oxime est du même côté par rapport à la double liaison de l'oxime que le carbone 9 et l'isomère *Z* dans lequel elle est du côté du carbone 11. L'oxime très majoritairement obtenue est l'isomère *E*, ce qui est heureux puisqu'il est plus actif que l'isomère *Z*.

Pour aller plus loin « 8 »

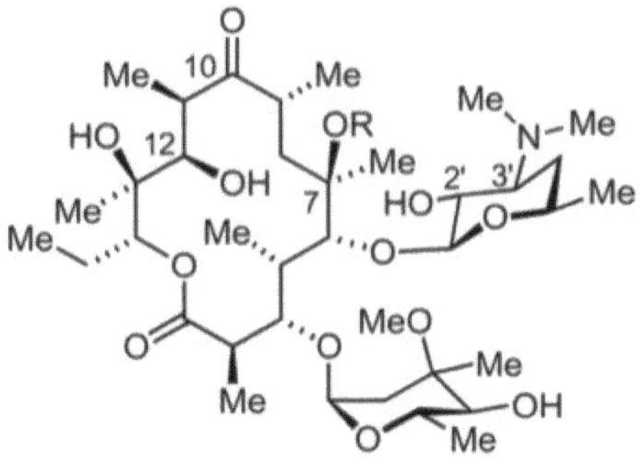

R = H   érythromycine

R = Me   clarithromycine

Sans la détailler, l'hémisynthèse de la clarithromycine à partir de l'érythromycine est un excellent exemple pour montrer qu'en synthèse organique, il peut être parfois nécessaire de multiplier les étapes pour arriver au produit final même lorsque ce dernier ne diffère du produit de départ que par la simple méthylation de la seule fonction alcool secondaire en 7, comme c'est le cas ici. En effet, pour éviter les réactions de méthylation parasites, notamment sur l'hydroxyle en 2' et l'amine tertiaire en 3' du sucre aminé, et surtout sur l'hydroxyle en 12 au niveau du macrocycle, sept étapes sont nécessaires, qui mettent en jeu notamment des stratégies de protection-déprotection au niveau du sucre et un passage provisoire par une oxime substituée de la fonction carbonyle en 10. [8]

---

[8] Le lecteur intéressé trouvera les références dans la partie bibliographique.

Pour aller plus loin « 9 »

érythromycine A oxime

1) Transposition de Beckmann

2) Réduction

3) *N*-Méthylation

azithromycine

En rappelant qu'une liaison simple entre deux atomes est constituée de deux électrons, plusieurs réactions de transposition s'expliquent par la rupture d'une liaison entre deux atomes de carbone (que l'on appellera

C_A et C_B) et la formation d'une nouvelle liaison entre l'un des deux atomes de carbone (celui qui a conservé les deux électrons de la liaison) et un troisième atome (C_C) déficitaire en électrons. D'une façon imagée, on peut dire que les deux atomes de carbone unis par une liaison avant la réaction se séparent, l'un des deux conservant les deux électrons pour s'unir à un troisième atome en manque d'électrons. Le plus souvent, le troisième atome est aussi un carbone et le bilan de la transposition est donc le remplacement de la liaison initiale C_A-C_B par une nouvelle liaison C_A-C_C ou C_B-C_C selon que c'est C_A ou C_B qui avait conservé les deux électrons au moment de la rupture (exemples : les transpositions pinacolique, benzylique, de Demjanov, de Wagner-Meerwein). Parfois l'atome déficient en électrons n'est pas un carbone, mais un oxygène (transposition de Baeyer-Villiger) ou un azote (transpositions de Beckmann, de Curtius ou de Schmidt par exemple).

À partir de l'érythromycine A oxime, le préalable à la transposition de Beckmann est de générer, par une substitution convenable de l'hydroxyle de l'oxime (ici une tosylation) un groupe dit groupe partant qui, en se détachant de l'azote, entraînera un déficit électronique, lequel sera comblé par la migration de la liaison de C11-C10 en C11-N. C'est cette liaison C11-C10, antiparallèle à la liaison N-O (car toutes deux de part et d'autre de la double liaison), qui migre et non pas la liaison C9-C10 (défavorisée par l'encombrement stérique entre groupes partant et arrivant, situés alors tous les deux du même côté de la double liaison).

Une étape de réduction du composé issu de la transposition de Beckmann aboutit à l'amine secondaire qui par une ultime réaction de méthylation fournit l'azithromycine.

Pour aller plus loin « 10 »

télithromycine

La télithromycine a été préparée en sept étapes à partir de la clarithromycine (qui, elle même, est obtenue par une synthèse multi-étapes à partir de l'érythromycine A). Sans entrer dans le détail de la synthèse, les étapes successives sont l'hydrolyse du cladinose en 4, l'oxydation de cette position 4 en cétone, puis la fonctionnalisation des positions 12 et 13. Les références de cette synthèse figurent dans la bibliographie.

BIBLIOGRAPHIE

US patent 2 653 899 Eli Lilly company, 29 septembre **1953**.
Erythromycin, its salts, and method of preparation.

Djokic S. et Tambursaev Z. *Tetrahedron Lett.* **1967**, 1645-1647.
Erythromycin study : 9-amino-3-*O*-cladinosyl-5-*O*-desosaminyl-6,11,12-trihydroxy-2,4,6,8,10,12-hexamethylpentadecane-13-olide.

Morimoto S., Takahashi Y., Watanabe Y. et Omura S. *J. Antibiot.* **1984**, *37*, 187-189.
Chemical modification of erythromycins. I. Synthesis and antibacterial activity of 6-*O*-methylerythromycins A.

US patent 4 517 359 Sour Pliva farmaceutska, 14 mai **1985** (Azithromycine) 11-methyl-11-aza-4-*O*-cladinosyl-6-*O*-desosaminyl-15-ethyl-7,13,14-trihydroxy-3,5,7,9,12,14-hexamethyl oxacyclopentadecane.

Chantot J.-F., Bryskier A. et Gasc J.-C. *J. Antibiot.* **1986**, *39*, 660-668.
Antibacterial activity of roxithromycin. A laboratory evaluation.

Djokic D., Kobrehel G., Lazarevski G., Lopotar N. et Tamburasev Z. *J. Chem. Soc. Perkin Trans. I* **1986**, 1881-1890.
Erythromycin Series. part 11. Ring expansion of erythromycin A oxime by the Beckmann rearrangement.

Gasc J.-C., Gouin D'Ambrières S., Lutz A. et Chantot J.-F. *J. Antibiot.* **1991**, *44*, 313-330.
New ether oxime derivatives of erythromycin A. A structure-activity relationship study.

Peters D.H., Friedel H.A et Mc Tavish D. *Drugs* **1992**, *44*, 750-799.
Azithromycin. A Review of Its Antimicrobial Activity, Pharmacokinetic Properties and Clinical Efficacy.

Watanabe Y., Morimoto S., Adachi T., Kashimura M. et Asaka T. *J. Antibiot.* **1993**, *46*, 647-660.
Chemical modification of erythromycins. IX. Selective methylation at the C-6 hydroxyl group of erythromycin A oxime derivatives and preparation of clarithromycin.

Girault J.P. *La lettre de l'infectiologue* Numéro Hors série, septembre **1995**, 6-9.
Structures des macrolides. Conséquences sur la pharmacocinétique et les interactions médicamenteuses.

Agouridas C., Denis A., Auger J.-M., Benedetti Y., Bonnefoy A., Bretin F., Chantot J.-F., Dussarat A., Fromentin C., Gouin D'Ambrières S., Lachaud S., Laurin P., Le Martret O., Loyau V. et Tessot N. *J. Med. Chem.* **1998**, *41*, 4080-4100.

Synthesis and antibacterial activity of ketolides (6-*O*-methyl-3-oxoerythromycin derivatives) : a new class of antibacterials highly potent against macrolide-resistant and -susceptible respiratory pathogens.

Denis A., Agouridas C., Auger J.-M., Benedetti Y., Bonnefoy A., Bretin F., Chantot J.-F., Dussarat A., Fromentin C., Gouin D'Ambrières S., Lachaud S., Laurin P., Le Martret O., Loyau V., Tessot N., Pejac J.-M. et Perron S. *Bioorg. Med. Chem. Lett.* **1999**, *9,* 3075-3080.
Synthesis and antibacterial activity of HMR 3647 a new ketolide highly potent against erythromycin-resistant and susceptible pathogens.

Douthwaite S. *CMI* **2001**, *7 (Suppl. 3)*, 11-17.
Structure-activity relationships of ketolides vs. macrolides.

Hassanzadeh A., Barber J., Morris G.A. et Gorry P.A. *J. Phys. Chem. A* **2007**, *111*, 10098-10104.
Mechanism for the degradation of erythromycin A and erythromycin A 2'-ethyl succinate in acidic aqueous solution.

Jin-Young Min and Yong Ju Jang *Mediators of Inflammation* **2012**, article ID 649570.
Macrolide Therapy in Respiratory Viral Infections.

Kovaleva A., Remmelts H.H.F., Rijkers Ger T., Hoepelman A.I.M., Biesma D.H. et Oosterheern J.J. *J. Antimicrob. Chemother.* **2012**, *67*, 530-540.
Immunomodulatory effects of macrolides during community-acquired pneumonia : a literature review.

Guillon A., Jouan Y., Petit A. et Gueugnon F. *Réanimation* **2013**, *22*, 24-33.
Effets immunomodulateurs des macrolides au cours des pathologies respiratoires chroniques.

Jelic D. et Antolovic R. *Antibiotics* **2016**, *5*, 29 (13 p.).
From erythromycin to azithromycin and new potential ribosome-binding antimicrobials.

Maugat S. et Berger-Carbonne A. (Santé publique France, Direction des maladies infectieuses, Unité résistance aux antibiotiques et infections associées aux soins), novembre **2016**. Consommation d'antibiotiques et résistance aux antibiotiques en France : une infection évitée, c'est un antibiotique préservé !

Seiple I. B., Zhang Z., Jakubec P., Langlois-Mercier A., Wright P. M., Hog D. T., Yabu K., Allu S. R., Fukuzaki T., Carlsen P. N., Kitamura Y., Zhou X., Condakes M. L., Szczypiński F. T., Green W. D. et Myers A. G. *Nature* **2016**, *533* (7603) 338-345.
A platform for the discovery of new macrolide antibiotics.

Dinos G. P. *Br. J. Pharmacol.* **2017**, *174*, 2967-2983.
The macrolide antibiotic renaissance.

Arsic B., Novak P., Kragol G., Barber J., Rimoli M.G. et Sodano F. Macrolides Properties, Synthesis and Applications **2018**, Editions De Gruyter, Berlin.

Tan, M. L Drugs and rights. 30 août **2019**.
https://opinion.inquirer.net/123626/drugs-and-rights

Dent G., *The Conversation*, 23 octobre **2020**.
https://theconversation.com/ce-que-nous-savons-sur-les-traitements-contre-la-covid-19-148683

Firth A. et Prathapan P. *Eur. J. Med. Chem.* **2020**, *207*, 112739 (9 p.).
Azithromycin : the first broad-spectrum therapeutic.

Oldenburg C.E. et Doan T. *Lancet* **2020**, 3 octobre, 936-937.
Azithromycin for severe COVID-19.

RECOVERY trial (14 décembre **2020**).
https://www.recoverytrial.net/news/recovery-trial-finds-no-benefit-from-azithromycin-in-patients-hospitalised-with-covid-19

Myers A.G. et Clark R.B. *Acc. Chem. Res.* **2021**, *54*, 1635-1645.
Discovery of macrolide antibiotics effective against multi-drug resistant Gram-negative pathogens.

LA COLCHICINE
Principale pathologie concernée : la goutte, mais pas que !

JE NE SUIS PAS COMME LES AUTRES, JE SUIS MOI

Pour commencer...

Élizabeth Taylor, dite Liz Taylor, auteur de cette citation fut une célèbre actrice hollywoodienne d'origine britannique (1932-2011). Cette phrase peut la définir, de même que ses nombreux caprices de célébrité, ses aphorismes, entre autres sur le mariage (neuf à son actif, mais pour huit maris car Richard Burton a « servi » deux fois), sans oublier bien sûr certains de ses plus beaux rôles (*Soudain l'été dernier, Une place au soleil, Qui a peur de Virginia Woolf*, etc.). Si j'ai choisi cet exergue, c'est qu'il s'applique parfaitement à la colchicine qui pourrait dire « *Je ne suis pas un alcaloïde comme les autres, je suis moi* ». En effet, la colchicine ne répond que très partiellement aux critères qui définissent ce vaste groupe de composés naturels. Poussant l'originalité encore plus loin, elle possède sur le plan structural un noyau, dénommé tropolone, que l'on rencontre assez rarement dans la nature. Enfin, de façon déconcertante, mais en apparence seulement, sa propriété pharmacologique majeure, l'action antimitotique, est difficile à corréler avec ses diverses indications thérapeutiques. Avant de présenter plus en détail la colchicine dans la suite de ce chapitre, on peut d'ores et déjà se demander pourquoi cette molécule d'origine végétale présente un caractère aussi atypique ? Sur un mode humoristique, la réponse serait : elle tient de son « papa », une plante herbacée, le colchique (*Colchicum autumnale*, Colchicacées) qui, à sa manière, est lui aussi un modèle de bizarrerie. Voyez plutôt : il fleurit à la fin de l'été, mais quand sa fleur, de couleur rose violacé, apparaît, les feuilles ne sont pas encore là. La fleur aura depuis longtemps disparu lorsqu'au printemps suivant sortiront les feuilles, allongées, linéaires enchâssant le fruit, une capsule, qui aura passé l'automne et tout l'hiver dans la terre (***Cf. Pour aller plus loin « 1 »***).

♫♫♫
Colchiques dans les prés
Fleurissent, fleurissent
Colchiques dans les prés
C'est la fin de l'été. *

* Note de l'auteur à l'attention des lecteurs : Vous ne pensiez tout de même pas échapper à ce refrain ?

Observer ainsi chez le colchique et chez la colchicine un tel même attrait pour l'anticonformisme, *Je ne suis pas comme les autres, je suis moi*, ferait presque penser que, dans le règne végétal aussi, les chiens ne font pas des chats ! Et puisqu'il est question de chiens, entrons maintenant dans le vif du sujet avec une courte présentation de l'histoire du « tue-chien », un des nombreux surnoms donnés au colchique.

Le colchique

Il n'est pas question de revenir ici en détail sur l'histoire de cette plante mais juste d'essayer de la résumer. Le lecteur intéressé trouvera dans la bibliographie des références d'articles développant ce sujet (dont, entre autres, l'un d'André Julien Fabre et l'autre de Jean-Cyr Gaignault, en français et en accès libre sur internet). Par souci de clarté et de simplification, je diviserai l'histoire du colchique en trois époques : la première qui démarre à l'antiquité, avec la description de cette plante toxique, et qui se termine au 6ᵉ siècle avec la découverte de son activité contre la goutte (pour une présentation générale de cette maladie, *Cf. pages 59-61*) ; la deuxième qui démarre alors et qui s'achève au 19ᵉ siècle avec la découverte de la colchicine ; et la troisième qui se poursuit encore aujourd'hui, mais qui est en fait moins celle du colchique que de la colchicine.

La connaissance du colchique, déjà mentionné dans le papyrus d'Ebers, un des plus anciens traités médicaux (ancienne Égypte 16ᵉ siècle avant J.-C.), a longtemps souffert de la confusion faite avec d'autres plantes à bulbe (iris sauvage, crocus), mais aussi des multiples identités qui lui furent données selon les époques et les régions (l'éphémère, l'hermodactyle ou doigt d'Hermès, le suringan, etc.). Le nom qui l'a finalement emporté fait référence à la Colchide ou pays de Colchis, une région située sur la rive orientale de la mer Noire (qui correspond à peu près à l'actuelle Géorgie), où il poussait en abondance [1]. Mentionné très tôt et à plusieurs reprises surtout comme étant un poison [2], il fallut attendre la médecine byzantine et le 6ᵉ siècle de notre ère pour que le

---

[1] Que la Colchide, réputée à l'époque pour ses sorcières et empoisonneuses, ait été dans la mythologie grecque le pays de la Toison d'Or et donc de Jason et des Argonautes, et par conséquent des amours de Jason avec Médée (elle même nièce de Circé, la magicienne qui dans l'Odyssée d'Homère transforme les compagnons d'Ulysse en pourceaux...) n'est certainement pas étranger au mythe qui très vite accompagna le colchique.·

[2] On peut citer notamment Théophraste d'Eresos (372-287 avant J.-C.), souvent considéré comme le père de la botanique, qui rapporte que le colchique est un poison mortel, Nicandre de Colophon (197-170 avant J.-C.), poète et médecin grec, qui le présente comme « le feu destructeur de Médée la magicienne », et enfin Dioscoride (environ 25-90 après J.-C.), médecin et botaniste grec qui, dans son ouvrage célèbre « *De materia medica* », précise qu'il provoque la mort par suffocation, avec des signes rappelant les empoisonnements par champignons.

colchique soit clairement associé au traitement de la goutte. C'est en effet Alexandre de Tralles (525-605), médecin grec qui, dans son ouvrage *Therapeutica*, décrivit à la fois et en même temps l'action bénéfique du colchique contre la crise de goutte et les effets irritants sur l'estomac et l'intestin (nausées, diarrhées) : l'action pharmacologique et les effets indésirables rapportés simultanément, comme sur la notice d'un médicament ! Les conclusions d'Alexandre de Tralles furent prises en compte par des grands noms de la médecine orientale comme les médecins persans Rhazes (860-925 ou 935) et Avicenne (980-1037) qui utilisèrent du colchique provenant des régions de l'Indus.

Si la réputation de l'efficacité du colchique pour traiter les douleurs de la goutte gagna rapidement le monde arabe, il fallut attendre plus longtemps pour que la médecine occidentale s'y intéresse à son tour. En France, Ambroise Paré (1509-1590) fit explicitement mention de son usage contre la goutte, tandis qu'en Angleterre, le médecin Thomas Sydenham (1624-1689) se refusa longtemps, bien que goutteux lui-même, à le recommander en raison de sa toxicité. Et c'est en fait au 18ᵉ siècle que l'intérêt du colchique en médecine fut vraiment reconnu dans ces deux pays et de façon générale en Europe.

En Angleterre, c'est d'abord la publication en 1764 des travaux du baron Anthony Storck (1731-1803), médecin personnel de l'impératrice d'Autriche, décrivant l'usage du colchique, non pas dans la goutte mais dans l'hydropisie (qu'on appellerait aujourd'hui œdème), qui le fit véritablement reconnaître. La promotion du colchique fut ensuite assurée par un goutteux célèbre, le roi Georges IV, qui en fit l'expérience, certainement concluante, puisqu'on dit qu'il aurait persuadé son cousin Louis XVIII, alors émigré en Angleterre, de l'utiliser. En France, c'est un mystérieux personnage, Nicolas Husson, ancien officier d'artillerie, qui commercialisa en 1783 avec grand succès sous le nom d'*Eau Médicinale* ou encore d'*Eau d'Husson*, un remède purgatif contre la goutte. De composition d'abord tenue secrète, cette *Eau Médicinale* s'avéra être une suspension à base de colchique. Il est possible que Benjamin Franklin (1706-1790), premier ambassadeur des États-Unis en France de 1778 à 1785, et par ailleurs autre goutteux célèbre, se soit soigné avec cette *Eau Médicinale* et ait contribué à faire connaître le colchique dans son pays. Et nous en arrivons à la troisième époque, qui débute avec l'isolement de la colchicine.

La colchicine : son isolement et sa structure

C'est avec Pelletier et Caventou, deux pharmaciens français dont les noms restent pour toujours attachés à la découverte de la quinine, que débuta en 1820 l'histoire de la colchicine [3]. Ce sont en effet eux qui signalèrent pour la première fois dans les parties souterraines du colchique la présence d'une substance de nature alcaloïdique, qu'ils assimilèrent à tort à la vératrine, un alcaloïde qu'ils avaient déjà isolé dans le vératre blanc et la cévadille, deux plantes voisines du colchique dans la classification botanique. Les travaux sur la composition chimique du colchique se succédèrent pendant plus de soixante ans jusqu'en 1884 qui marqua l'isolement à l'état cristallisé de la colchicine par un pharmacien français épris de chimie végétale, Alfred Houdé [4].

S'il s'écoula plus de 60 ans entre le tout premier signalement, par Pelletier et Caventou, du composé qui allait être nommé colchicine et son isolement à l'état cristallisé, il en faudra encore autant pour que le

---

[3] Pierre Joseph Pelletier (1788-1842) et Joseph Bienaimé Caventou (1795-1877) sont deux pharmaciens, professeurs à l'École de pharmacie de Paris, dont la collaboration, très fructueuse, a abouti à l'isolement de nombreuses molécules majeures d'origine végétale, en particulier des alcaloïdes. Parmi ceux-ci, il faut bien sûr citer la quinine, antipaludique, dont la découverte en 1820 à partir de quinquinas (arbres du genre *Cinchona*) les fit passer à la postérité mais aussi, entre autres, la strychnine et la brucine isolées à partir d'arbres du genre *Strychnos*. Dans le domaine des produits et remèdes d'origine naturelle, il faudra ensuite attendre plus d'un siècle pour retrouver en France une aussi prestigieuse association entre deux grands hommes : je veux parler bien sûr de celle de René Goscinny (1926-1977) et d'Albert Uderzo (1927-2020), à qui l'on doit la création de la potion magique !

[4] Entre-temps, deux chimistes allemands, P. L. Geiger et L. Hesse, avaient isolé en 1833 un alcaloïde qu'ils avaient baptisé colchicine, mais qui s'avéra n'être qu'un produit de dégradation ; puis d'autres chimistes, le français I.-L. Oberlin en 1857 puis l'allemand M. Hübler en 1865, isolèrent la colchicine, mais sous forme d'un vernis (forme donc amorphe et non cristallisée). La découverte d'Alfred Houdé (1854-1919) fut d'autant plus remarquable que la colchicine était à l'époque réputée incristallisable. Cette prouesse poussa Alfred Houdé à abandonner son officine et à créer un laboratoire pharmaceutique spécialisé dans les médicaments à principes actifs d'origine végétale.

chimiste britannique Michael J.S. Dewar (1918-1997) propose en 1945 la structure correcte du squelette de la colchicine, mais assortie de deux hypothèses possibles de substitution. L'une d'elles fut confirmée en 1951 par l'étude de diffraction des rayons X [5] de Murray V. King *et al.*, puis la configuration absolue fut prouvée en 1955 par Hans R. Corrodi et Emil Hardegger. Cette structure très originale explique la difficulté qui présida à son élucidation ; ainsi le chimiste allemand Adolf Windaus (1876-1959), prix Nobel de chimie 1928, avait émis en 1924 une hypothèse de structure qui avait longtemps prévalu avant d'être réfutée.

Avant de présenter sa structure et d'expliquer pourquoi la colchicine n'est pas un alcaloïde comme les autres, il est nécessaire de rappeler au préalable ce qu'est un alcaloïde et quelles sont ses principales caractéristiques.

Les alcaloïdes sont des composés organiques d'origine naturelle (le plus souvent végétale), azotés, plus ou moins basiques (= alcalins) par la présence d'une ou plusieurs fonctions amine, de distribution restreinte dans la nature et pouvant posséder des propriétés pharmacologiques marquées à faible dose. Sous forme de bases, ils sont en général insolubles dans l'eau et solubles dans les solvants organiques lipophiles ; sous forme de sels, les solubilités sont inverses ; ils cristallisent enfin souvent à l'état solide. Les alcaloïdes donnent des réactions de précipitation avec plusieurs réactifs relativement spécifiques dits « réactifs généraux des alcaloïdes » : réactifs de Valser-Mayer, de Dragendorff. Ces réactions font partie des tests chimiques très simples mis en œuvre au tout début de l'étude d'une plante pour avoir une première idée de sa composition chimique. L'atome ou les atomes d'azote des alcaloïdes étant le plus souvent incorporés dans des cycles (= intracycliques), l'un des critères de classification des alcaloïdes repose sur la nature du cycle azoté : on parle ainsi des alcaloïdes indoliques, isoquinoléiques, quinoléiques, etc.

---

[5] Encore appelée diffractométrie des RX ou cristallographie aux RX, c'est véritablement l'arme absolue dans la détermination structurale des molécules dont elle réalise une véritable photographie en 3D. Ne nécessitant pas forcément de grandes quantités de composé (quelques mg peuvent suffire), cette technique est limitée par l'obtention indispensable de cristaux de qualité suffisante.

La colchicine dont la formule est présentée et commentée plus en détail dans la seconde partie de ce chapitre (***Cf. Pour aller plus loin « 2 »***) ne possède pas les caractéristiques chimiques des alcaloïdes pour plusieurs raisons, dont une majeure : la colchicine n'est pas un composé basique. L'explication tient à la nature de la fonction azotée qui n'est pas une amine, comme dans tous les alcaloïdes, mais un amide, fonction chimique non basique. La colchicine n'étant pas une base, même très faible, elle ne peut pas être salifiée par un acide. Les expressions utilisées pour définir l'état chimique d'un alcaloïde (par exemple morphine base, sulfate de quinine, chlorhydrate de cocaïne) n'ont avec la colchicine aucun sens : il n'y a, ni colchicine base, ni colchicine sel, mais uniquement la colchicine. Alors que sous une forme donnée (alcaloïde base ou alcaloïde sel), un alcaloïde ne sera soluble que dans l'eau (pour le sel) OU dans un solvant organique lipophile comme le chloroforme (pour la base), la colchicine sera soluble à la fois dans l'eau ET dans le chloroforme. Enfin, si la colchicine répond aux réactifs généraux des alcaloïdes (Dragendorff, Valser-Mayer), c'est de façon moins sensible que la plupart des alcaloïdes.

L'autre particularité de la colchicine est la présence d'un atome d'azote extracyclique. On ne peut donc, comme c'est le cas le plus souvent, rattacher structuralement la colchicine à un squelette cyclique azoté puisqu'elle n'en possède pas. L'une des singularités structurales de la colchicine étant la présence d'un cycle appelé tropolone, cycle carboné heptagonal assez rarement rencontré dans les molécules naturelles, c'est donc par ce cycle, même pas azoté, qu'elle est généralement définie (*la colchicine est un alcaloïde à cycle tropolone*).

Puisque la colchicine est à ce point chimiquement atypique, le lecteur peut raisonnablement se demander ce qui rattache la colchicine à la classe des alcaloïdes. Et bien, tout le reste de la définition donnée plus haut :

- sa distribution restreinte dans la nature : hormis le colchique, source de colchicine par ses graines et ses parties souterraines, peu d'espèces végétales renferment ce composé (il faut d'ailleurs noter que ce sont toutes des Colchicacées [6], comme *Gloriosa superba*, plante d'origine indienne dont les graines sont aujourd'hui la principale source industrielle de colchicine) ;

- ses propriétés pharmacologiques marquées à faible dose (et même à très faibles doses comme nous le verrons).

Enfin, comme pour la très grande majorité des alcaloïdes, la biogenèse de la colchicine débute par l'incorporation de précurseurs acides aminés (ici la phénylalanine et la tyrosine).

La colchicine : son action pharmacologique et sa toxicité

Si le colchique a été recommandé dans le traitement de la goutte depuis 1500 ans environ, il faut bien constater que les seules explications à cette indication se sont longtemps appuyées soit sur la théorie des signatures soit sur celle des « humeurs ». La première ne manquait pas d'observer que l'aspect du bulbe de colchique pouvait faire penser (avec un peu d'imagination !) à un gros orteil atteint par la goutte (à moins qu'il ne s'agisse de la forme digitée des tépales de la fleur évoquant un effet bénéfique sur les articulations des doigts)[7] ; la seconde reliait l'amélioration constatée à une évacuation des « humeurs » nocives responsables de la douleur sous l'effet de l'action laxative, voire purgative du colchique [8].

---

[6] Que les différentes espèces renfermant de la colchicine appartiennent toutes à la famille des Colchicacées (genres *Colchicum, Merendera, Androcymbium, Gloriosa, Littonia, Iphigenia*) est une excellente illustration de la notion de chimiotaxonomie, qui établit les rapports existant entre la place d'une espèce naturelle dans la classification des êtres vivants et sa composition chimique. Cette notion de chimiotaxonomie a longtemps constitué une aide à la recherche de nouvelles sources de substances pharmacologiquement intéressantes.

[7] Apparue dès l'Antiquité, puis développée par Paracelse, médecin et alchimiste suisse (1493-1541), la théorie des signatures postule que l'apparence extérieure d'une plante est en rapport avec son action thérapeutique.

[8] Selon cette théorie remontant là encore à l'Antiquité, le corps humain est constitué de quatre humeurs (sang, pituite = lymphe, bile jaune et bile noire) en

Tout restait donc à découvrir sur la pharmacologie du colchique et c'est à un médecin sicilien, Biaggio Pernice (1854-1906), anatomo-pathologiste à l'hôpital de Palerme, que l'on doit en 1889 la mise en évidence chez deux chiens ayant reçu de fortes doses de teinture de bulbe de colchique, d'anomalies majeures de la mitose. Cette observation absolument fondamentale, rapportée dans une revue sicilienne *Sicilia Medica*, restera longtemps méconnue. La parution en 1934 de deux articles décrivant les effets antimitotiques de la colchicine [9], marquera le début d'une intense recherche sur la colchicine concrétisée par la sortie d'environ un millier d'articles dans les quinze années qui suivront ! Ces articles ignoreront les travaux du médecin sicilien et, pour plusieurs d'entre eux, attribueront même à tort la paternité de la découverte (1906-1908) à deux chercheurs de Cambridge, W.E. Dixon et W.J. Malden.

Comme dans une *happy end* de cinéma, la vérité historique sera heureusement rétablie et le rôle de pionnier de Biaggio Pernice reconnu par la prestigieuse revue *Science* dans un « Comments and Communications » de 1949, dont le titre : *On the discovery of the action of colchicine on mitosis in 1889* et la dernière phrase : *The year 1949 marks the 60th anniversary of the discovery of colchicine mitosis* sont on ne peut plus clairs.

Pour comprendre l'action de la colchicine sur la mitose, rappelons juste que ce terme de mitose définit la division cellulaire d'une cellule mère en deux cellules filles strictement identiques, sur le plan génétique, à la cellule mère. La mitose comporte quatre phases successives (pro-phase, métaphase, anaphase et télophase). À la métaphase, les chromo-somes sont rassemblés au milieu de la cellule (à « l'équateur ») pour for-

---

équilibre harmonieux. Qu'un déséquilibre s'installe (manque ou excès de l'une des humeurs) et la maladie apparaît. Le traitement passe alors par une évacuation des humeurs (saignées, ventouses, sangsues pour le sang ; vomitifs, purgatifs pour les autres humeurs).

[9] Dans respectivement le *Bulletin de l'académie royale de médecine de Belgique* et les *Comptes rendus des séances de la société de biologie* (France), deux journaux beaucoup plus prestigieux que la revue sicilienne.

mer la plaque métaphasique. Perpendiculairement à cette plaque s'est formé le fuseau mitotique, ensemble de « rails » le long desquels se déplaceront en quelque sorte lors de l'anaphase les chromatides (chaque chromosome s'est divisé en deux chromatides, chacune migrant vers un pôle opposé de la cellule pour reconstituer un chromosome).

Le fuseau mitotique est essentiellement composé de microtubules qui jouent un rôle essentiel dans la mitose. Les microtubules sont des microfilaments protéiques constitués par l'assemblage (on dit souvent, bien que le terme soit impropre, la « polymérisation ») d'une protéine appelée tubuline. La tubuline et les microtubules sont en équilibre dit dynamique car se déplaçant constamment, selon les besoins de la cellule, vers la formation de microtubules (par assemblage donc) ou de tubuline (par désassemblage ou « dépolymérisation »).

L'action antimitotique de la colchicine s'explique par une inhibition de l'assemblage de la tubuline en microtubules, empêchant donc la formation des microtubules et bloquant ainsi la mitose au stade de la métaphase [10]. Une telle cytotoxicité par inhibition de la division cellulaire fait tout de suite penser à des indications thérapeutiques en cancérologie. Si la colchicine n'est cependant pas utilisée dans ce domaine, c'est en raison de sa trop forte toxicité aux doses qui seraient nécessaires à une action anticancéreuse [11]. Plusieurs autres antimitotiques sont par contre des médicaments anticancéreux majeurs toujours utilisés.

Pour plus de détails sur la tubuline, la mitose et les antimitotiques (encore appelés poisons du fuseau) utilisés en cancérologie, *Cf. **Pour aller plus loin « 3 »***.

La colchicine étant un cytotoxique dont l'action résulte de sa fixation sur une protéine, la tubuline, qui est présente dans toutes les cellules du corps humain et dont le fonctionnement physiologique se

---

[10] C'est d'ailleurs la colchicine, dont la fixation sur la tubuline fut découverte en 1967, qui permit d'isoler pour la première fois cette protéine.

[11] La colchicine reste par contre un réactif pharmacologique de référence pour la recherche et l'étude de nouveaux anticancéreux potentiels, inhibiteurs comme elle de l'assemblage de la tubuline (par exemple les combretastatines et leurs analogues, en essais cliniques depuis plusieurs années).

trouve alors perturbé, il est facile de comprendre pourquoi elle est un médicament de maniement très délicat. Toxique à très faibles doses (à partir de 5 mg environ chez l'adulte), la colchicine fait partie des médicaments à marge thérapeutique étroite, ce qui signifie que l'on peut passer vite de la dose thérapeutique à la dose toxique. La posologie ne doit pas dépasser 1 mg par prise et ne doit jamais excéder 3 mg par jour (et encore cette posologie n'est réservée qu'au seul premier jour d'un traitement d'accès aigu de goutte et doit être réduite dès le lendemain et les jours suivants à 2 puis 1 mg). Les effets indésirables les plus fréquents sont la diarrhée, des nausées et des vomissements et ce seront toujours les premiers signes d'un surdosage (tout malade qui présente des effets de ce type n'est pas forcément en surdosage, mais tout malade en surdosage manifeste ces troubles [12]).

Hormis les intoxications volontaires (tentatives de suicide), les surdosages accidentels sont favorisés par l'âge (> 75 ans), les insuffisances rénale et hépatique et la prise concomitante de certains médicaments (en particulier les macrolides et la pristinamycine, antibiotique apparenté aux macrolides). L'intoxication est toujours grave et se manifeste, outre les signes digestifs déjà mentionnés, par des troubles cardiorespiratoires, rénaux, hématologiques (avec une pancytopénie, c'est-à-dire une chute des hématies, des leucocytes ainsi que des plaquettes, par toxicité au niveau de la moelle osseuse). À partir d'une dose de 0,8 mg/kg (soit quelques dizaines de mg), l'atteinte est multi-viscérale (insuffisance rénale, cytolyse hépatique, syndrome de détresse respiratoire, défaillance cardiaque précoce) et généralement mortelle. En l'absence d'antidote spécifique, le protocole de prise en charge consiste, au début en une élimination du toxique (lavage gastrique, charbon activé), puis en une surveillance clinique et biologique constante en milieu hospitalier avec traitement symptomatique adapté.

---

[12] Une des deux spécialités françaises à base de colchicine (Colchimax®) l'associe à de la poudre d'opium et à un antispasmodique intestinal (tiémonium) pour limiter l'apparition de diarrhées. Le bien-fondé de cette association, risquant de masquer et donc de retarder la prise en charge d'un surdosage, est depuis longtemps contesté par la revue *Prescrire*.

Souhaitant conclure cette partie *action pharmacologique et toxicité de la colchicine* sur une note légère et élégante, je me suis permis, poussé par un sens aigu de la pédagogie et un amour immodéré de la poésie, de commettre ci-dessous le quatrain et son illustration. Que l'on reste insensible à la beauté de mes vers, je l'accepte évidemment. Mais que l'on en conteste l'intérêt mnémotechnique pour retenir le principal effet indésirable de ce médicament, non ! Qui en effet, parmi les lecteurs de ce livre, pourra encore ignorer que la première conséquence économique d'un traitement par la colchicine risque d'être pour le malade une augmentation de son budget papier-toilette ?

♫♫♫
Colchicine comprimés
Coliques, coliques
Colchicine comprimés
Annonce la diarrhée.

La colchicine : ses indications thérapeutiques

Dans les différentes pathologies où elle a une indication officielle (figurant donc sur l'AMM [13]), la colchicine est toujours utilisée pour son effet anti-inflammatoire. *Mais quel rapport y a t-il entre l'action antimitotique et cet effet anti-inflammatoire*, doivent se demander nombre de lecteurs qui sont perdus et n'y voient goutte !). Qu'ils se rassurent, l'explication existe car le point commun entre ces deux actions de la colchicine, c'est sa cible pharmacologique, la tubuline, dont le rôle physiologique ne se résume pas à la seule constitution du fuseau mitotique par assemblage en microtubules.

Le système tubuline-microtubules appartient en effet, avec d'autres filaments protéiques (l'actine par exemple) à ce que l'on appelle le cytosquelette. Ce dernier assure :
- d'une part, la forme et donc la déformabilité, ainsi que la mobilité des cellules ;
- d'autre part, le trafic intracellulaire, qui permet la prise en charge et le transport de molécules (dont des protéines pro-inflammatoires par exemple) à l'intérieur de la cellule, puis éventuellement leur sécrétion hors de la cellule.

C'est donc au final par perturbation de ces phénomènes liés au fonctionnement normal du cytosquelette que la colchicine exerce, au moins en grande partie, son action anti-inflammatoire dans les diverses pathologies que allons présenter maintenant.

La goutte

La goutte résulte d'un excès d'acide urique dans le sang (= hyperuricémie), qui peut entraîner la formation de cristaux d'acide urique (sous forme de son sel de sodium, l'urate monosodique) dans une articulation, provoquant douleur et inflammation. Dans la crise aiguë de goutte, c'est le plus souvent l'articulation du gros orteil (première métatarsophalangienne, pour faire plus savant) qui est touchée, devenant très douloureuse, chaude, rouge et gonflée. Sans traitement, la crise disparaîtra spontanément en 3 à 10 jours. Parfois, c'est une autre articulation que celle du gros orteil qui est concernée, le plus souvent

---

[13] Autorisation de Mise sur le Marché.

située sur les membres inférieurs (chevilles, genoux...). En l'absence d'un traitement de fond (médicaments, mesures diététiques), la goutte se manifestera par des crises aiguës successives de plus en plus fréquentes, longues et touchant alors plusieurs articulations. Elle pourra évoluer ensuite en goutte chronique dite tophacée (du nom « tophi » désignant les nodules dont le cœur est constitué de cristaux d'urate de sodium et qui peuvent se déposer partout dans le corps, et non exclusivement dans une articulation).

La colchicine est indiquée par voie orale dans l'accès aigu de goutte, selon un schéma d'administration très précis pour un patient sans facteur de risque de toxicité : 1 à 2 mg par jour (1 mg par prise) les trois premiers jours, puis 1 mg les jours suivants (une posologie de 3 mg en trois prises juste le premier jour est autorisée mais doit rester exceptionnelle et ne jamais être dépassée) [14]. Son autre indication dans la goutte est la prophylaxie des accès aigus chez le goutteux chronique notamment lors de l'instauration du traitement hypo-uricémiant.

Il est important de comprendre que la colchicine ne modifie pas le taux d'acide urique, n'intervenant pas du tout dans son métabolisme. Son action, strictement anti-inflammatoire, repose sur des mécanismes d'action multiples :

- selon la partie pharmacologique du RCP [15] des deux spécialités pharmaceutiques françaises à base de colchicine (Colchicine Opocalcium® et Colchimax®), la colchicine diminue l'afflux leucocytaire (constitué surtout de polynucléaires neutrophiles), inhibe la phagocytose [16] des microcristaux d'urate et freine donc la production d'acide lactique en maintenant le pH local normal

---

[14] L'ANSM a publié en décembre 2013 ce schéma posologique, accompagné des règles strictes du bon usage des médicaments à base de colchicine.

[15] Le RCP ou Résumé des Caractéristiques du Produit est le document destiné aux professionnels de santé. Il est fixé par les autorités lors de l'octroi de l'autorisation de mise sur le marché (AMM) d'un médicament.

[16] Processus par lequel une cellule ingère une particule étrangère solide (ici les cristaux d'urate de sodium) pour l'éliminer.

(l'acidité favorisant la précipitation des cristaux d'urate qui est le *primum movens* [17] de la goutte) ;

- depuis de nombreuses années, l'accent est aussi mis sur l'inhibition par la colchicine de la sécrétion de facteurs pro-inflammatoires dont font partie des cytokines comme l'Il-1β (Interleukine-1β) et le TNFα (*Tumor Necrosis Factor Alpha*).

L'image classiquement utilisée pour illustrer l'action de la colchicine sur la crise aiguë de goutte est la rupture du cercle vicieux de l'inflammation qu'engendre la présence des cristaux d'urate de sodium. Ce cercle vicieux peut en effet se résumer ainsi : (a) la présence de cristaux d'urate de sodium provoque l'afflux de leucocytes qui (b) les phagocytent, ce qui (c) acidifie l'articulation et (d) favorise le dépôt de nouveaux cristaux d'urate de sodium.

Le système tubuline-microtubules intervenant, comme il a été vu précédemment, sur la mobilité (nécessaire ici à l'afflux des leucocytes) et sur la déformabilité cellulaire (nécessaire à la phagocytose des cristaux), on comprend bien comment l'action de la colchicine sur cette cible moléculaire peut expliquer, au moins en partie, son effet anti-inflammatoire dans la crise de goutte.

Le lecteur intéressé trouvera des compléments d'information sur la goutte et ses traitements (la colchicine n'étant souvent utilisée qu'en recours dans cette pathologie) dans la seconde partie de ce chapitre (***Cf. Pour aller plus loin « 4 »***).

La chondrocalcinose (ou pseudo-goutte) et le rhumatisme à hydroxyapatite

La chondrocalcinose est une arthrite microcristalline parfois appelée pseudo-goutte, qui est définie par la présence de dépôts de cristaux de pyrophosphate de calcium dihydraté [18] dans les articulations. Elle reste

---

[17] Cette expression latine (traduite généralement par : première impulsion), qui figure dans le RCP des médicaments à base de colchicine, signifie simplement que la crise de goutte est étroitement liée à la précipitation de cristaux d'urate qui en constitue le point de départ.

[18] De formule brute $Ca_2P_2O_7, 2\ H_2O$.

très souvent asymptomatique mais peut revêtir des formes inflammatoires aiguës et chroniques. Pouvant toucher une ou plusieurs articulations (genou, poignet, hanche, épaule, colonne vertébrale, etc.), son diagnostic est établi par l'identification des cristaux dans le liquide synovial ou à défaut par imagerie médicale (rayons X, échographie).

Le rhumatisme à hydroxyapatite, également appelé périarthrite calcifiante ou tendinite calcifiante, est dû à la présence de microcristaux d'un phosphate de calcium [19], l'hydroxyapatite, dans l'articulation (épaule, genou) ou au voisinage. Cette pathologie se manifeste elle aussi par des crises aiguës et une arthropathie chronique ; son diagnostic fait surtout appel à l'imagerie médicale (rayons X).

Dans ces deux pathologies d'origine microcristalline, l'inflammation résulte d'un processus physiopathologique voisin de celui décrit pour la goutte. C'est pour cette raison que la colchicine y est indiquée à une posologie quotidienne de 1 mg (0,5 mg au-dessus de 75 ans). Les autres traitements possibles sont les anti-inflammatoires non stéroïdiens (AINS) ou la corticothérapie en injection intra-articulaire.

Maladie périodique (ou fièvre méditerranéenne familiale)

Cette maladie héréditaire, à mode de transmission autosomique récessif [20], concerne en France 5 000 à 10 000 personnes originaires du pourtour méditerranéen (juifs sépharades, sujets arméniens, turcs, arabes). Se manifestant dès l'enfance ou l'adolescence, elle se caractérise par des crises fébriles brèves (moins de 3 jours) récurrentes et des accès inflammatoires provoquant des douleurs abdominales et thoraciques [21], mais aussi articulaires et musculaires. Sa complication la plus grave est, à long terme, l'apparition d'une amylose au niveau des reins (c'est-à-dire le

---

[19] De formule brute $Ca_{10}(PO_4)_6(OH)_2$.

[20] Ce qui signifie que l'anomalie génétique se situe sur un chromosome non sexuel et qu'elle doit être présente chez les deux parents pour que la maladie apparaisse chez l'enfant.

[21] Dues à une sérite, c'est-à-dire une inflammation des séreuses (membranes constituées de deux feuillets, recouvrant certains organes, ici respectivement la cavité abdominale et les poumons).

dépôt d'une substance protéique appelée substance amyloïde) entraînant une détérioration de la fonction rénale. Cette maladie périodique est le prototype des fièvres récurrentes auto-inflammatoires, un groupe de pathologies qui ont comme point commun une activation anormale du système immunitaire inné [22], en bonne partie liée à des mutations dans les gènes régulateurs des cascades inflammatoires.

La colchicine est utilisée avec succès dans la prise en charge de cette maladie depuis environ 50 ans (c'est-à-dire bien avant d'avoir découvert la physiopathologie de la maladie et les mécanismes précis de l'action anti-inflammatoire de la colchicine, ***Cf. Pour aller plus loin « 5 »***). À la posologie quotidienne de 1 à 2 mg, elle est aujourd'hui le traitement de première ligne de la maladie périodique dont elle réduit la fréquence des crises et prévient le risque d'amylose rénale.

La maladie de Behçet

Cette maladie fait partie du groupe des vascularites, caractérisées par une inflammation des parois des vaisseaux sanguins, résultant, semble-t-il, d'une activation, un afflux et une attaque par des leucocytes. Décrite en 1937 par un médecin dermatologue turc, Hulusi Behçet (1889-1948), cette maladie, d'origine inconnue, est rare en Europe, mais plus fréquente à la fois sur le pourtour méditerranéen et en Extrême-Orient. Chronique, mais évoluant par poussées, la maladie de Behçet (on parle aussi de syndrome de Behçet) associe des aphtes buccaux et génitaux récidivants, des lésions cutanées, des problèmes oculaires (uvéite), des douleurs articulaires, etc. Le traitement de la maladie de Behçet dépend des manifestations cliniques et il fait appel à des corticoïdes, des immunosuppresseurs (azathioprine, ciclosporine, anti-TNFα) ainsi qu'à la colchicine. Cette dernière, dont l'effet semble s'expliquer par son action sur la migration des leucocytes, réduit surtout les ulcérations bucco-génitales ainsi que certaines manifestations cutanées. Elle est prescrite à une posologie quotidienne de 1 mg (0,5 mg à partir de 75 ans).

---

[22] Celui mis en œuvre lors de la première phase de la réponse immunitaire non spécifique (macrophages dans les tissus, leucocytes = globules blancs dans le sang).

La péricardite aiguë

Cette dernière indication a rejoint en 2018 les précédentes dans l'AMM des médicaments à base de colchicine. La péricardite aiguë est une inflammation du péricarde séreux, cette membrane à double feuillet qui contient le cœur et les racines des gros vaisseaux sanguins. Souvent supposée d'origine virale, sans cause identifiée (= idiopathique), elle se manifeste par une douleur thoracique généralement violente, d'apparition brusque, soulagée par la position penchée en avant. Le traitement classique, qui associe une limitation des efforts physiques et un AINS, notamment l'ibuprofène, n'évite cependant pas toujours une nouvelle crise (on parle de récurrence) dans les 18 mois suivants. Plusieurs essais en double aveugle ont montré que l'ajout de la colchicine (0,5 à 1 mg par jour pendant 3 mois) à l'AINS soulageait plus efficacement le malade pendant l'épisode aigu, et diminuait de façon significative la fréquence des récurrences. Ces résultats positifs sont bien en accord avec l'action de la colchicine sur l'interleukine-1β dont on connaît le pouvoir inflammatoire important dans la péricardite.

Pour conclure : les pistes en cours d'exploration... et un peu de météo

La colchicine est étudiée dans de nombreuses pathologies relevant notamment de la rhumatologie et de la dermatologie (je ne les développerai pas ici), mais aussi, et de façon importante, en cardiologie.

Partant de la constatation que l'inflammation est aussi une composante importante de l'infarctus du myocarde, de nombreuses études cliniques (donc sur l'Homme) étudient depuis plusieurs années sur cette pathologie l'effet préventif d'un traitement au long cours de la colchicine. Une analyse de ces études, par l'organisme Cochrane[23], a

---

[23] Organisation internationale indépendante et à but non-lucratif. Sa mission est « de favoriser la prise de décisions de santé éclairées par les données probantes, grâce à des revues systématiques pertinentes, accessibles et de bonne qualité et à d'autres synthèses de données de recherche. Ces publications sont destinées à tous : professionnels de santé, chercheurs, patients et aidants ».

conclu en 2016 avec beaucoup de prudence que *la colchicine pourrait avoir des effets bénéfiques importants sur la réduction de l'infarctus du myocarde dans certaines populations à risque élevé, mais que l'incertitude quant à l'ampleur de l'effet sur la survie et les autres critères de jugement cardiovasculaires est grande, surtout dans la population générale.* Plus récemment, fin 2019, une étude (essai COLCOT), pilotée par l'Institut de Cardiologie de Montréal, a montré qu'une dose quotidienne de 0,5 mg de colchicine réduisait significativement le risque d'événements ischémiques après un infarctus du myocarde récent.

Il ne saurait être question de terminer ce chapitre sans parler de la Covid-19. En raison des différents mécanismes supportant son action anti-inflammatoire (en particulier ceux s'opposant à la production de cytokines pro-inflammatoires), c'est en effet très logiquement que la colchicine a fait l'objet de plusieurs essais cliniques, tout comme cela a été le cas pour d'autres inhibiteurs d'interleukines (l'anakinra contre l'Il-1 ou le tocilizumab contre l'Il-6). Des 27 études lancées jusqu'à présent dans le monde, les deux plus importantes sont l'essai canadien COLCORONA démarré en mai 2020 sous l'égide de l'Institut de Cardiologie de Montréal déjà mentionné, et l'essai britannique RECOVERY, piloté par l'Université d'Oxford qui, en novembre 2020, a ajouté la colchicine aux autres traitements déjà évalués ou encore en cours d'étude. Précisons d'emblée que ces deux essais ne cherchaient pas à mesurer l'intérêt potentiel de la colchicine au même stade de l'infection.

L'essai clinique COLCORONA, randomisé et en double aveugle contre placebo, qui portait sur presque 4500 patients de plus de 40 ans, diagnostiqués positifs à la Covid-19 et <u>non hospitalisées,</u> visait à déterminer si la colchicine, administrée pendant un mois, avait un effet de prévention sur le phénomène de « tempête inflammatoire majeure » des poumons, observée chez les adultes souffrant de complications graves liées à la Covid-19. Les résultats, jugés très positifs par le responsable de l'étude, le professeur Jean-Claude Tardif, furent annoncés avec une certaine emphase par ce dernier [24], fin janvier 2021, provoquant un grand

---

[24] Déclarant notamment (23 janvier 2021) : *Nous sommes heureux d'offrir le premier médicament oral au monde dont l'utilisation pourrait avoir une incidence importante sur la santé publique et potentiellement prévenir les complications de la COVID-19 chez des millions de patients.*

battage médiatique. L'accueil de ces résultats par le monde médical fut au mieux réservé et au pire sévère, pour au moins deux raisons :

- l'absence, au moment de la divulgation de ces résultats, d'une publication acceptée dans une revue médicale à comité de lecture (notons qu'à l'heure actuelle, mi-avril 2021, cette publication n'est pas encore parue) ;

- la forte toxicité de la colchicine et sa marge thérapeutique très étroite rendant l'utilisation de ce médicament (heureusement exclusivement délivré sur ordonnance) délicat.

L'essai clinique RECOVERY, randomisé et en double aveugle contre placebo, fut initié fin novembre 2020 exclusivement sur des patients <u>hospitalisés</u> avec une forme sévère de la maladie, et il mesurait l'effet de l'ajout de colchicine aux protocoles de soins classiques (comportant presque toujours de la dexaméthasone) sur trois critères : le taux de mortalité à 28 jours, la durée d'hospitalisation et le recours à la ventilation. Des résultats préliminaires obtenus sur plus de 11 000 malades ne montrant aucun effet bénéfique lié à l'ajout de colchicine sur la mortalité à 28 jours, les responsables de l'essai décidèrent, début mars 2021, l'arrêt du recrutement de nouveaux patients. Là encore, la publication des résultats complets de cet essai est en attente.

S'il semble acquis que la colchicine n'apporte aucun bénéfice à des malades déjà hospitalisés avec une forme sévère de Covid-19, il n'est pas encore possible de statuer sur l'intérêt ou pas de cette substance chez des personnes contaminées mais dont l'état ne nécessite pas d'hospitalisation.

Quelles que soient les conclusions finales de ces essais, imaginer que l'on puisse espérer prévenir ou atténuer une tempête ou un orage (fût-elle ou fût-il de cytokines) avec un médicament connu pour arrêter les gouttes (la vraie comme la pseudo) est une idée absolument géniale... et aussi un bel hommage à Pierre Dac (1893-1975), « roi des loufoques » autoproclamé et inoubliable créateur de l'*Os à moelle* (tiens, revoilà les leucocytes !). À tous les admirateurs de Pierre Dac (dont je fais partie), l'existence même de ces essais a évidemment beaucoup plu [25].

---

[25] Participe passé du verbe plaire, mais aussi du verbe pleuvoir (à petites ou grosses gouttes !).

LA COLCHICINE
Pour aller plus loin

Pour aller plus loin « 1 »

Le colchique, *Colchicum autumnale*, appartient depuis une dizaine d'années à la famille des Colchicacées après avoir été longtemps rangé dans celle des Liliacées. C'est une plante herbacée poussant dans les prairies humides des régions tempérées. Également dénommé safran des prés, safran bâtard ou encore « tue-chien » en raison de sa toxicité, il est caractérisé par un cycle biologique très particulier. Sa fleur qui apparaît vers la fin de l'été ou au début de l'automne comporte, pour sa partie visible, six tépales (c'est-à-dire trois pétales et trois sépales semblables) colorés en rose violacé et se prolongeant en s'enfonçant dans le sol par un tube étroit et fragile d'environ 10 à 15 cm de long. À l'extrémité inférieure de ce tube se trouve l'ovaire, protégé par le bulbe [1], organe de réserve qui produira au printemps suivant les feuilles. Ces dernières sortiront, protégeant le fruit, une capsule, issu de la fécondation de l'ovaire, et dont l'aspect rappelle vaguement une noix. À l'intérieur de ce fruit se trouvent les graines, petites (environ 2 mm de diamètre), très dures, de couleur brun foncé et qui ont longtemps été, avec le bulbe, la principale source d'extraction de la colchicine.

Pour aller plus loin « 2 »

La colchicine est une molécule tricyclique se composant d'un noyau aromatique A trisubstitué par des groupes méthoxyle, un premier cycle heptagonal B portant sur le carbone 7 un groupe acétamido (fonction

---

[1] Qui, en toute rigueur, n'est pas dans ce cas un vrai bulbe, mais un organe de réserve appelé corme. Pour les différences entre ces deux organes, le lecteur se reportera à son encyclopédie botanique préférée.

amide secondaire) et un second cycle heptagonal C complètement insaturé dérivé de l'α-tropolone (communément appelée tropolone). Les deux caractéristiques chimiques importantes de la colchicine sont l'absence de basicité d'une part et l'asymétrie d'autre part.

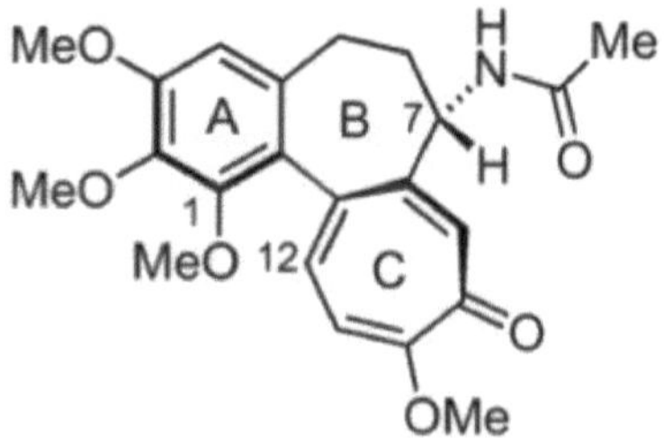

(-)-colchicine (naturelle) 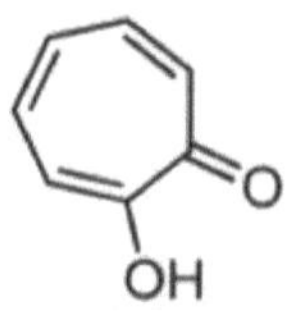   tropolone

Absence de basicité : elle s'explique par le fait que l'azote est ici celui d'une fonction amide. Le doublet de l'atome d'azote n'est donc pas disponible [2], comme il le serait dans une fonction amine, et ne peut réagir avec le proton d'un acide pour former un sel.

Asymétrie : la colchicine présente deux sources d'asymétrie :

- d'une part un carbone asymétrique en 7 ;

- d'autre part une asymétrie de type atropoisomérie au niveau des cycles A et C. Ce phénomène d'atropoisomérie correspond au fait que les deux cycles A et C, bien qu'étant chacun à peu près plans, ne sont pas coplanaires et vont former entre eux un angle de torsion, c'est-à-dire un angle dièdre, ici de 53°. Cette torsion, qui permet d'éviter un encombrement stérique entre le groupe méthoxyle en 1 et le proton en 12, est sous la dépendance de la stéréochimie au niveau du carbone 7 porteur du groupe acétamido. Dans la colchicine naturelle, la (-)-colchicine, la configuration 7*S* du carbone asymétrique favorise une configuration également *S* de l'angle de torsion (hélicité dans le sens inverse des aiguilles d'une montre). À l'inverse, la (+)-colchicine, obtenue par synthèse totale (*Cf. ci-dessous*), sera l'exacte image de la colchicine

---

[2] Car engagé par résonance avec le carbonyle de la fonction amide.

naturelle, le carbone $7R$ favorisant l'atropoisomère R (angle de torsion de 53°, mais avec une hélicité dans le sens des aiguilles d'une montre).

(-)-($S,7S$)-colchicine
naturelle

(+)-($R,7R$)-colchicine
synthétique

Les liaisons dessinées en gras étant par convention en avant du plan de l'image, ces représentations montrent plus clairement le sens de l'angle de torsion dans chaque énantiomère de la colchicine.

Depuis les premières synthèses totales de la colchicine décrites en 1959 par le groupe de l'américain Eugene Earle van Tamelen et par celui du suisse Albert Eschenmoser, de nombreux autres procédés ont été publiés. L'accès aux deux énantiomères a donc été possible, ce qui a permis de prouver que seul l'énantiomère naturel, la (-)-colchicine, était actif sur le plan pharmacologique. Si ces procédés représentent à la fois un beau défi chimique et la possibilité d'accès à de nouveaux analogues potentiellement intéressants, ils ne sont pas utilisés pour l'obtention industrielle de la colchicine. Celle-ci reste obtenue par extraction à partir des graines (et du bulbe) de colchique et surtout des graines d'une autre Colchicacée d'origine indienne, *Gloriosa superba*.

La colchicine et son dérivé hémisynthétique, le thiocolchicoside [3], sont actuellement les seuls principes actifs de médicaments possédant un

---

[3] Analogue soufré d'un alcaloïde glucosidique du colchique, le colchicoside ; obtenu par hémisynthèse à partir de celui-ci ou à partir de la colchicine. Myorelaxant à action centrale indiqué par voie orale ou IM, en traitement d'appoint des contractures musculaires douloureuses en cas de pathologies rachidiennes aiguës, chez les adultes et les adolescents à partir de 16 ans. Nombreuses précautions d'emploi en raison de sa toxicité.

cycle de type tropolone. Ce dernier, bien qu'assez rarement présent à l'état naturel, est trouvé dans différentes molécules d'origine bactérienne, fongique et végétale. Certaines d'entre elles ont révélé des activités antibactériennes, antivirales et cytotoxiques dignes d'intérêt (une revue récente de 2019 fait le point sur ce sujet, *Cf. bibliographie*).

Pour aller plus loin « 3 »

La tubuline est une protéine de masse moléculaire d'environ 110 kDa (kilodaltons) composée de deux sous-unités différentes, la tubuline α et la tubuline β. Présente dans toutes les cellules eucaryotes [4], elle existe sous forme d'hétérodimère αβ, mais aussi sous une forme filamenteuse appelée microtubule, ces deux formes étant en équilibre dynamique permanent. Ainsi :
- par assemblage (on dit parfois improprement polymérisation), des molécules de tubuline αβ engendrent des protofilaments qui s'associent alors latéralement pour former le microtubule ;
- par désassemblage, un microtubule libère des molécules de tubuline αβ.

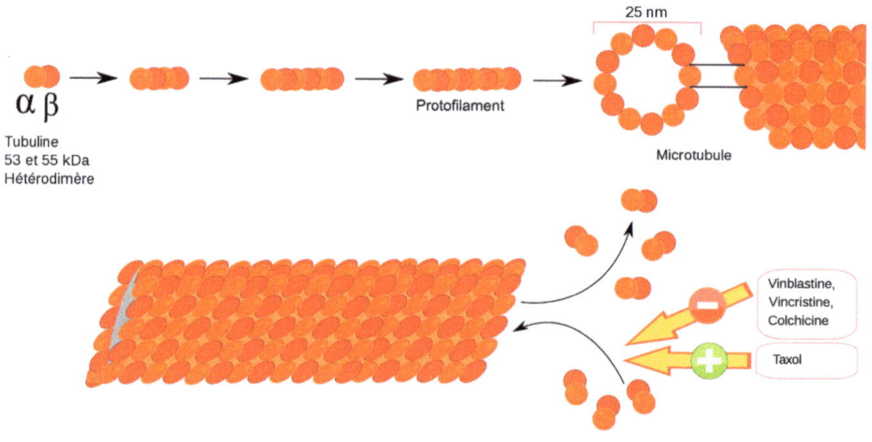

---

[4] Cellule possédant un noyau et des organites cellulaires (mitochondries, etc.) biens individualisés. Les procaryotes (bactéries) n'en possèdent pas.

Lors de la mitose, la forme microtubule est indispensable car elle constitue la matière première du fuseau mitotique qui se forme à la métaphase et le long duquel migreront les chromatides (issues de la division du chromosome) au cours de l'anaphase. À l'issue de la mitose, le fuseau a disparu par désassemblage des microtubules.

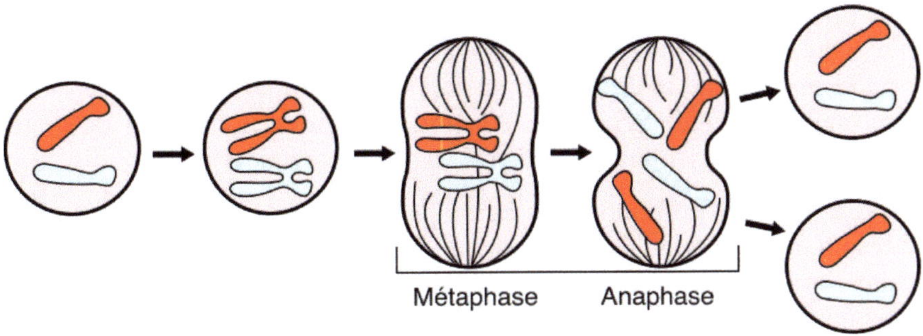

Les antimitotiques, appelés encore poisons du fuseau, se fixent sur la tubuline (sur un site propre à chacune des classes de ces composés). Ils se répartissent en deux classes principales qui agissent par deux mécanismes opposés de perturbation de l'équilibre du système tubuline-microtubules :

- les inhibiteurs de l'assemblage de la tubuline en microtubules (même mécanisme que la colchicine) comme les vinca alcaloïdes (vinblastine, vincristine, vindésine, vinorelbine et vinflunine), premiers antimitotiques utilisés en cancérologie (avec la vinblastine et la vincristine au milieu des années 1960) ;

- les promoteurs de l'assemblage de la tubuline en microtubules et inhibiteurs du désassemblage des microtubules en tubuline comme les taxanes (paclitaxel, docétaxel, cabazitaxel), apparus plus tard en thérapeutique (dans les années 1990).

Ces deux classes thérapeutiques ont chacune fait l'objet de chapitres dans mon ouvrage précédent [5].

---

[5] *Cf. Lewin G., Drôles d'histoires de médicaments d'origine naturelle, chapitres Les taxanes, pages 175-197 et Les vinca alcaloïdes, pages 199-225.*

Pour aller plus loin « 4 »

L'acide urique est le produit final du catabolisme des purines car l'Homme ne possède pas l'enzyme (uricase) permettant de le dégrader. Son taux sanguin est donc le résultat de l'équilibre existant entre sa production [6] et son élimination par voie urinaire. Une hyperuricémie peut donc provenir soit d'un excès d'apport en purines (dû à une alimentation trop riche ou à diverses pathologies), soit d'une trop faible élimination d'acide urique par insuffisance de la fonction rénale. En dessous d'un taux sanguin d'acide urique de 70 mg/L, l'incidence annuelle de goutte est de 0,1% ; à partir de 90 mg/L, elle passe à presque 5%.

La réaction inflammatoire conduisant à l'accès aigu de goutte peut se résumer (très sommairement) de la façon suivante : les cristaux d'urate monosodique activent certaines cellules (macrophages et fibroblastes) de la membrane synoviale de l'articulation, qui relâchent des facteurs pro-inflammatoires (Il-1β, Il-18 [7] et TNFα par exemple). Ces derniers activent alors les cellules endothéliales (paroi des capillaires) qui sécrètent alors des molécules dites d'adhésion (sélectines) qui favorisent le recrutement, l'afflux puis l'intervention des leucocytes (polynucléaires neutrophiles) contre les cristaux d'urate. La colchicine intervient en s'opposant aux différentes étapes de ce processus.

En raison de ses effets indésirables digestifs très fréquents, de certaines de ses complications rares mais très sévères, parfois mortelles (atteinte de toutes les cellules sanguines) et de sa marge thérapeutique étroite, la colchicine est considérée, pour certains, plutôt comme un médicament de la crise de goutte à utiliser en recours lorsque d'autres

---

[6] Les trois sources de production d'acide urique sont : a) la dégradation des acides nucléiques d'origine alimentaire ; b) la dégradation des acides nucléiques provenant de la lyse de cellules de l'organisme ; c) la synthèse des purines qui se fait au niveau du foie.

[7] Ces deux interleukines pro-inflammatoires sont produites par activation d'un complexe multiprotéique, l'inflammasome NLRP3 (*Nucleotide-binding oligomerization domain Like Receptor family Pyrin 3*), découvert en 2002 et présent dans diverses cellules du système immunitaire inné (macrophages, leucocytes...).

traitements (paracétamol, AINS) sont insuffisamment efficaces ou contre-indiqués. La prévention de nouvelles crises passe selon les cas par des mesures diététiques (diminution de la surcharge pondérale, de l'apport alimentaire en purines [abats, sardines, anchois, harengs], et de la prise d'alcool ; augmentation de la diurèse) ainsi que par la prise de médicaments hypo-uricémiants (allopurinol qui diminue la formation de l'acide urique, probénécide qui en augmente l'élimination urinaire).

Pour aller plus loin « 5 »

L'on sait aujourd'hui que la fièvre méditerranéenne familiale est due à la mutation du gène MEFV qui code pour la pyrine, cette protéine qui participe à la régulation de l'inflammasome (*Cf. Note de bas de page* [7]). Cette mutation entraîne notamment un abaissement du seuil d'activation de l'inflammasome et donc une production accrue d'Il-1β pro-inflammatoire. Bien que le stimulus initial déclenchant la réponse inflammatoire ne soit pas ici la présence de cristaux, comme dans la goutte, la nature de la réponse immunitaire est très voisine, en particulier au niveau de l'implication de l'inflammasome. C'est donc très rationnellement que la colchicine est utilisée dans la maladie périodique et qu'elle y donne de bons résultats.

Depuis 2017, le canakinumab, un anticorps monoclonal dirigé contre l'interleukine-1β, est indiqué par voie injectable (voie SC), en association éventuellement avec la colchicine, dans la maladie périodique ainsi que dans d'autres fièvres récurrentes héréditaires (Ilaris®).

BIBLIOGRAPHIE

Pernice B. *Sicilia Med.* **1889**, *1*, 265-279.
Sulla cariocinesis delle cellule epiteliali e dell'endotelio dei vasi della mucosa dello stomaco e dell'intestino, nelle studio della gastroenterite sperimentale (nell'avvelena- mento per colchico).

Dewar M.J.S. *Nature* **1945**, *155*, 141-142.
Structure of colchicine.

Eigsti O.J., Dustin Jr P. et Gay-Winn N. *Science* **1949**, *110*, 692.
On the discovery of the action of colchicine on mitosis in1889.

Delépine M. *J. Chem. Educ.* **1951**, *28*, 454-461.
Joseph Pelletier and Joseph Caventou.

King M.V., De Vries J.L. et Pepinsky R. *Acta Cryst.* **1952**, *5*, 437-440.
An X-Ray diffraction determination of the chemical structure of colchicine.

Corrodi H. et Hardegger E. *Helv. Chim. Acta* **1955**, *38*, 2030-2033.
Die Konfiguration des colchicins und verwandter verbindungen.

Borisby G.G. et Taylor E.W. *J. Cell Biol.* **1967**, *34*, 525-533.
Mechanisme of action of colchicine. Binding of colchicine ^{3}H to cellular protein.

Borisby G.G. et Taylor E.W. *J. Cell Biol.* **1967**, *34*, 535-548.
Mechanisme of action of colchicine. Colchicine binding to sea urchin eggs and mitotic apparatus.

Rodnan G.P. et Benedek T.G. *Arthritis Rheum.* **1970**, *13*, 145-165.
The early history of antirheumatic drugs.

Gaignault J.-C. *L'Actualité chimique* **1981**, *84*, 13-23.
Actualisation chimique d'une médication plus que millénaire : histoire de l'utilisation des plantes à colchicine.

Brossi A., Yeh H.J.C ., Chrzanowska M, Wolff J, Hamel E., Lin C.M., Quin F., Suffness M. et Silverton J. *Med. Res. Rev.* **1988**, *8*, 77-94.
Colchicine and its analogues : recent findings.

Leclercq P. et Malaise M.G. *Rev. Med. Liège* **2004**, *59*, 274-280.
La goutte.

Fabre A.J.. *Histoire des sciences médicales* **2005**, *37*, 143-154.
Le colchique. Deux millénaires d'actualité.

Martinon F., Pétrilli V., Mayor A., Tardivel A. et Tschopp J. *Nature* **2006**, *440*, 4516, 237-241.
Gout-associated uric acid crystals activate the NALP3 inflammasome.

So A. *Rev. Med. Suiss* **2007**, *103*, volume 3, 32128.
Avancées récentes dans la physiopathologie de l'hyperuricémie et de la goutte.

Nertekar N., Beale A. et Harper R.W. *Med. J. Aust.* **2014**, *201*, 687-688.
Colchicine- a short story of an ancient drug.

Slobodnick A., Shah B., Pillinger M.H. et Krasnokutsky S. *Am. J. Med.* **2015**, *128*, 461-470.
Colchicine : old and new.

Hemkens L.G., Ewald H., Gloy V.L., Arpagaus A., Olu K.K., Nidorf M., Glinz D., Nordmann A.J. et Briel M. *Cochrane database of systematic reviews* **2016**, *Issue 1*, Art n° CD011047.
Colchicine for prevention of cardiovascular events (Review).

Buckley L.F., Viscusi M.M., Van Tassell B.W. et Abbate A. *Eur. Heart J. Cardiovascular Pharmacotherapy* **2018**, *4*, 46-53.
Interleukin-1 blockade for the treatment of pericarditis.

Carlomagno R. et Hentgen V. *Rev. Med. Suiss* **2018**, *594*, 378-383.
Fièvres récurrentes auto-inflammatoires : la bonne démarche diagnostique.

Dasgeb B., Kornreich D., McGuinn K., Okon L., Brownell I. et Sackett D.L. *Br. J. Dermatol.* **2018**, *178*, 350-356.
Colchicine : an ancient drug with novel applications.

Slobodnick A., Shah B., Krasnokutsky S. et Pillinger M.H. *Rheumatology.* **2018**, *57*, i4-i11.
Update on colchicine, 2017.

Guo H., Roman D. et Beemelmanns C. *Nat. Prod. Rep.* **2019**, *36*, 1137-1155.
Tropolone natural products.

Tardif J.-C., Kouz S., Waters D.D., Bertrand O.F., Diaz R., Maggioni A.P., Pinto F.J., Ibrahim R., Gamra H., Kiwan G.S., Berry C., López-Sendón J., Ostadal P., Koenig W., Angoulvant D., Grégoire J.C., Lavoie M.-A., Dubé M.-P., Rhainds D., Provencher M., Blondeau L., Orfanos A., L'Allier P.L., Guertin M.-C. et Roubille F. *N. Engl. J. Med.* **2019**, *381*, 2497-2505.
Efficacy and safety of low-dose colchicine after myocardial infarction.

Institut de Cardiologie de Montréal : L'étude clinique Colcorona reçoit la reconnaissance du National Institutes of Health (NIH), 5 mai **2020**.
https://www.icm-mhi.org/fr/letude-clinique-colcorona-recoit-reconnaissance-national-institutes-health-nih

RECOVERY trial (27 novembre **2020**).
https://www.recoverytrial.net/news/colchicine-to-be-investigated-as-a-possible-treatment-for-covid-19-in-the-recovery-trial

RECOVERY trial (5 mars **2021**).
https://www.recoverytrial.net/news/recovery-trial-closes-recruitment-to-colchicine-treatment-for-patients-hospitalised-with-covid-19

LE FINGOLIMOD
Pathologie concernée : la sclérose en plaques

LA CIGALE NE CHANTERA PAS CET ÉTÉ

Pour commencer...

Exception dans ce livre, le fingolimod n'est pas une molécule d'origine naturelle. Jamais isolé jusqu'à présent d'un quelconque organisme, il n'a pas davantage été obtenu par transformation hémisynthétique d'un précurseur naturel. Si j'ai choisi néanmoins d'y consacrer un chapitre, c'est qu'il a été conçu par synthèse chimique dans la foulée de la découverte des propriétés immunosuppressives d'une molécule naturelle, la myriocine, isolée, comme nous le verrons, d'un étrange champignon. *Dans la foulée* est l'expression exacte puisque les découvertes des intéressantes propriétés biologiques de la myriocine puis du fingolimod, publiées respectivement en 1994 et 1995 par l'équipe mixte (universitaires et industriels) du Pr. Tetsuro Fujita de la Faculté de Pharmacie de Kyoto, sont indissociables. Sans la mise à jour du pouvoir immunosuppresseur de la myriocine, le fingolimod n'existerait pas. Son histoire représente donc un très bon exemple de l'apport des substances naturelles à la découverte de nouveaux médicaments.

Espèce d'entomopathogène !

Ne cherchez pas cette expression dans les injures favorites du capitaine Haddock, elle n'y figure pas, même si je trouve qu'elle ferait bonne figure entre bachi-bouzouk et anthropopithèque ! Entomopathogène est un terme qui s'applique le plus souvent à des champignons qui parasitent un insecte, en finissant par le tuer, et qui se développent à partir de l'intérieur du corps « momifié » de cet insecte dont ils gardent la forme ! Vous trouvez que ce que je vous raconte est terrifiant ? Absolument, d'ailleurs ça me fait penser à un film d'horreur (*Invasion of the Body snatchers*, l'Invasion des profanateurs) dans lequel une plante prend le contrôle des humains pendant leur sommeil, devenant leur double en conservant leur apparence et en tuant l'original. Ce n'est pourtant pas l'effroi mais au contraire une grande vénération que ces champignons entomopathogènes, très répandus en Asie, suscitent en médecine chinoise où ils sont parés de toutes les vertus et où ils constituent une véritable industrie. Ils y sont désignés d'un nom très général qui signifie *insecte en hiver-plante en été* puisque c'est en hiver que le champignon attaque la larve de l'insecte pour finir par le tuer, ce dernier faisant à peu près office l'été suivant de pot de fleur pour le champignon qui s'est développé et qui fructifie. Le plus connu d'entre eux, « *Cordyceps sinensis* » (dénomination officielle actuelle : *Ophiocordyceps sinensis*), se développe sur des larves de chenilles et est considéré, en médecines traditionnelles chinoise et tibétaine, comme une véritable panacée (sauf pour les chenilles qui ne sont pas du tout de cet avis !). Il vous suffira de faire une rapide recherche sur internet en utilisant les mots *Cordyceps sinensis* pour vous apercevoir que la réputation de ce champignon asiatique a largement gagné le reste du monde. Ces étranges créatures ne se contentent pas d'avoir une double apparence, mi-fongique, mi-animale selon la saison, car elles possèdent aussi deux morphologies différentes selon leur mode de reproduction, asexuée (forme anamorphe) ou sexuée (forme téléomorphe). Les mycologues s'y sont longtemps laissé prendre, considérant que ces deux morphologies d'un même champignon correspondaient à deux espèces distinctes, auxquelles ont donc été attribués des noms latins différents (**Cf. Pour aller plus loin « 1 »**).

La myriocine

La découverte de la myriocine puis celle de ses propriétés immunosuppressives (en réalité plutôt immunodépressives) ne se sont pas du tout faites en même temps puisque dix-sept ans s'écoulèrent entre les deux événements. C'est en effet en 1972, à quelques mois d'intervalle, que deux équipes différentes travaillant sur deux espèces fongiques distinctes isolèrent la même molécule qu'ils baptisèrent... de noms différents (décidément ce chapitre collectionne les identités doubles !) :

- d'une part, une équipe du laboratoire pharmaceutique canadien Ayerst (celle-là même qui allait décrire trois ans plus tard la rapamycine [1]) qui, l'isolant d'un champignon ascomycète *Myriococcum albomyces*, proposa le nom myriocine ;

- d'autre part, une équipe italienne qui, l'extrayant du jus de fermentation de *Mycelia sterilia*, un champignon thermophile et à activité polyenzymatique (amylolytique, lipolytique, protéolytique), la dénomma thermozymocidine.

Les deux équipes détectèrent une puissante activité antifongique *in vitro*, mais accompagnée, selon l'équipe canadienne, d'une toxicité importante, compromettant fortement une éventuelle utilisation thérapeutique (ce qui n'empêcha pas le laboratoire Ayerst de breveter la myriocine comme antifongique). Différents articles sur la myriocine/thermozymocidine parurent dans les années 70 et 80, la qualifiant toujours d'antifongique, jusqu'à ce que Fujita et coll. la présentent, dans un brevet japonais de 1989, comme un immunosuppresseur produit à partir d'un champignon *Isaria sinclairii*. Pourquoi avoir étudié cette espèce et recherché cette activité immunosuppressive ? Parce que, comme l'expliqua Fujita dans une publication de 1994, il avait relevé une analogie de composition chimique (présence d'un même métabolite) entre le milieu de culture d'une espèce d'*Isaria* et celui d'une souche de *Trichoderma polysporum*. Comme ce nom d'espèce avait été attribué dans un premier temps au champignon producteur de la cyclosporine A (*Tolypocladium inflatum*, synonymes *T. niveum, Beauveria nivea*)), rechercher une activité immunosuppressive dans le genre *Isoria* lui avait du coup semblé très logique.

Avant de poursuivre sur les travaux de Fujita, je pense utile d'ouvrir une parenthèse pour rappeler que ce pouvoir immunosuppresseur de la cyclosporine A fut découvert par des chercheurs du laboratoire pharmaceutique suisse Sandoz (aujourd'hui Novartis) en... 1972, c'est-à-dire l'année même de l'isolement de la myriocine ! La structure de la cyclosporine A n'avait pas encore été établie (elle le sera en 1976) que

---

[1] *Cf. Lewin G., Drôles d'histoires de médicaments d'origine naturelle, chapitre Le sirolimus (= la rapamycine) et ses dérivés, pages 161-174.*

son action immunosuppressive était déjà détectée. Et pourquoi fut-elle découverte ? Tout simplement parce qu'elle avait été recherchée, Sandoz ayant eu dès 1966 la très bonne idée d'ajouter au classique screening antibactérien et antifongique celui d'une action immunosuppressive dénuée d'activité cytostatique importante [2]. On sait à quel point la cyclosporine A (DCI ciclosporine) révolutionna le domaine des transplantations d'organes en diminuant considérablement les rejets de greffon ; on sait moins combien elle stimula indirectement la découverte de nouveaux immunosuppresseurs d'origine fermentaire : la myriocine comme déjà signalé, mais aussi, en rapport avec le domaine des greffes, le tacrolimus et la rapamycine [3] (DCI sirolimus). La parenthèse étant refermée, revenons aux travaux de Fujita en commençant par une courte présentation d'*Isaria sinclairii*, l'espèce du genre *Isaria* qui lui apparut la plus intéressante et à partir de laquelle il isola la myriocine (qu'il n'identifia pas d'emblée et qui porta d'abord le nom de code ISP-1, sans doute comme Isaria Sinclairii Product-1).

Isaria sinclairii, forme anamorphe de *Cordyceps sinclairii*, est un champignon présent en Chine, au Japon, en Corée ainsi qu'en Nouvelle-Zélande. Il parasite divers insectes, mais particulièrement des larves souterraines de cigales [4], dans lesquelles il s'introduit et se développe en les « momifiant » littéralement. À l'été, le champignon « fleurit » sous

---

[2] Sur la découverte de la cyclosporine A, lire *The controversial early history of cyclosporin* parue en 2001 (*Cf. bibliographie*). Vous y apprendrez que cette découverte majeure n'a pas été qu'une belle histoire.

[3] Notons que Suren Sehgal, le scientifique sans qui la rapamycine aurait peut-être fini dans un placard sans jamais devenir le sirolimus, avait participé à la découverte de la myriocine par Ayerst en 1972 (on peut se demander si le fait qu'il soit passé une première fois à côté d'un effet immunosuppresseur avec la myriocine n'a pas joué un rôle dans son obstination à faire reprendre les recherches sur la rapamycine à la fin des années 80 !).

[4] Selon une revue de 2019 (*Cf. bibliographie*) citant un journal chinois de mycologie, *Isaria sinclairii* et *Isaria cicadae* seraient une même espèce. Mes très nombreux lecteurs qui déchiffrent Virgile et Cicéron dans le texte trouveront cette synonymie tout à fait logique, eux qui savent depuis toujours que *cicada* est le nom latin de la cigale !

forme de touffes de spores blanches qui apparaissent au-dessus du sol et qui correspondent à l'appareil reproducteur. En médecine chinoise traditionnelle, *Isaria sinclairii* est réputé pour apporter à celui qui le consomme la jeunesse éternelle !

La cigale s'étant momifiée
Pour l'été,
Se trouva fort dépourvue
Quand l'heure de chanter fut venue.
Elle n'alla rien demander
À la fourmi sa voisine
Qui la voyant si prostrée
Lui trouva fort mauvaise mine.
La fourmi est très bigleuse
C'est là son moindre défaut :
« Bouge-toi la paresseuse
C'est l'été et il fait beau
Ces touffes blanches sur la tête
Est-ce pour aller au bal
T'étourdir, faire la fête
Et chanter, fa, sol, la, mi ?
- Oh que non dit la cigale
Vraiment plus du tout à l'aise
Je suis morte, la fourmi
C'est comme ça, ne t'en déplaise.

La cigale ne chante plus quand l'amie cause.

(Proverbe sino-tibétain)

Après cet émouvant hommage à la cigale, reprenons la présentation de la myriocine que l'équipe de Fujita identifia comme responsable de l'activité immunosuppressive du jus de fermentation d'*Isaria sinclairii*. La myriocine est un acide aminé lipophile non protéinogène [5], de structure linéaire monoinsaturée, qui présente une assez forte analogie structurale avec la sphingosine. Ce dernier, précurseur de lipides complexes, les sphingolipides [6], conduit par phosphorylation à la sphingosine-1-phosphate (S1P), connue pour réguler la circulation des lymphocytes et donc pour jouer un rôle important dans le fonctionnement du système immunitaire (*Cf. Pour aller plus loin « 2 »*).

L'activité immunosuppressive de la myriocine fut démontrée grâce à différents essais réalisés *in vitro* et *in vivo* sur la Souris, et elle s'avéra, selon les essais, 10 à 100 fois plus puissante que celle de la ciclosporine. La suite de l'étude prouva que le mécanisme de cette action reposait sur une puissante inhibition de la sérine palmitoyltransférase, une enzyme clé dans la biosynthèse des sphingolipides, c'est-à-dire un mécanisme sans aucun rapport avec celui de la ciclosporine (et du tacrolimus) (*Cf. Pour aller plus loin « 3 »*).

La toxicité de la myriocine, déjà mentionnée par les chercheurs d'Ayerst en 1972, et sa synthèse difficile furent les principales raisons qui conduisirent Fujita et son équipe à l'important travail de pharmacomodulation qui devait rapidement aboutir à la découverte du fingolimod, longtemps étudié sous le nom de code FTY720, les trois lettres retenues symbolisant le partenariat université-industrie pharmaceutique qui présida à cette découverte (F comme le Professeur Fujita, T et Y comme les deux partenaires industriels, respectivement Taito Company et Yoshitomi Pharmaceutical Industries).

---

[5] C'est-à-dire non incorporable dans les protéines au moment de leur synthèse par les ribosomes.

[6] Parmi les sphingolipides, les sphingomyélines (phosphosphingolipides) sont des constituants essentiels de la gaine de myéline qui enrobe les axones des neurones.

De la myriocine au fingolimod

La myriocine ne pouvant pas être utilisée elle-même en thérapeutique, comme c'est le cas avec les autres principaux immunosuppresseurs d'origine fermentaire (ciclosporine, tacrolimus, sirolimus, mycophénolate sodique), il fallut « optimiser » sa structure pour améliorer son index thérapeutique (augmenter son pouvoir immunosuppresseur tout en diminuant sa toxicité). Les premières modifications hémisynthétiques effectuées à partir de la myriocine montrèrent en particulier que la réduction de la fonction cétone en méthylène augmentait d'un facteur 10 l'action immunosuppressive. La suite du travail passa par la synthèse totale de nouveaux analogues et aboutit au FTY720 qui se distingue notamment de la myriocine par :

- une chaîne carbonée plus courte ;

- la suppression, bien sûr, de la fonction cétone ;

- la suppression de la double liaison et son remplacement par un noyau aromatique ;

- la disparition de tous les carbones asymétriques (***Cf. Pour aller plus loin « 4 »***).

Il est très important de noter que tout le suivi de ce travail de pharmacomodulation fut effectué en utilisant les deux tests biologiques, *in vitro* (MLR) et *in vivo* (allogreffe de peau de Rat) décrits dans la seconde partie du chapitre (***Cf. Pour aller plus loin « 3 »***) et non pas le test d'inhibition enzymatique de la sérine palmitoyltransférase. Pour quelles raisons Fujita et son équipe ont-ils préféré un essai *in vivo* qui pouvait prendre jusqu'à 50 jours à un test d'inhibition enzymatique, beaucoup plus facile à mettre en œuvre, voire automatisable ? Pour au moins la raison suivante, très facile à comprendre : au commencement du suivi de la pharmacomodulation, le mécanisme d'action de la myriocine, par inhibition de la sérine palmitoyltransférase, n'avait pas encore été découvert ! Le hasard fit bien les choses (ou, comme disait Pasteur, ne favorisa que des esprits préparés), puisqu'il s'avéra par la suite que le mécanisme de l'action immunosuppressive avait changé au cours de la pharmacomodulation et que le FTY720 et d'autres intermédiaires de l'étude, n'inhibaient pas cette enzyme. Si ce test d'inhibition enzymatique avait été retenu comme critère de relations structure-activité, le fingolimod n'aurait peut-être jamais été découvert ! Cette histoire que j'ai volontairement un peu détaillée montre bien qu'en matière de découverte d'un médicament, la connaissance « intime » de son mécanisme d'action (au niveau d'une enzyme, d'un récepteur, etc.), aussi intéressante soit-elle sur le plan théorique mais aussi pour la suite de son étude, ne peut en aucune façon remplacer l'effet pharmacologique concrètement recherché (ici une action immunosuppressive) [7].

La sérine palmitoyltransférase et son inhibition n'étant pas à la base de l'effet immunosuppresseur du FTY720, il restait à découvrir comment ce composé exerçait son action. Cela prendra sept ans puisque ce mécanisme ne sera décrit qu'en 2002 grâce, en particulier, aux travaux de Volker Brinkmann du laboratoire Novartis (entre-temps, un accord de licence pour les USA et l'Europe sur l'hypothétique futur médicament issu du FTY720 avait été signé en 1997 avec le laboratoire suisse Novartis). Ce sont diverses allogreffes (de peau ou de cœur chez le Rat, de rein chez le Chien) réalisées sous traitement au FTY720, et au cours desquelles une forte diminution dans le sang du nombre de lymphocytes circulant (surtout de lymphocytes T) fut toujours observée, qui mettront les chercheurs sur la voie de la découverte de ce mécanisme. Il fut en effet montré que le FTY720 n'empêchait pas la fonction lymphocytaire et particulièrement l'activation des lymphocytes T, mais qu'il provoquait leur séquestration dans les ganglions lymphatiques, diminuant donc leur capacité à infiltrer les organes greffés et à provoquer le rejet. Ce mécanisme ne passe donc pas par une diminution du nombre de lymphocytes, mais par leur redistribution entre le sang et les organes lymphoïdes secondaires (comme les ganglions lymphatiques) ; il est donc totalement différent de celui des inhibiteurs de la calcineurine (ciclosporine, tacrolimus) comme cela fut montré sur différents modèles de transplantation et de maladies auto-immunes. Pour une explication

---

[7] Un même changement de mécanisme au cours de l'optimisation d'une molécule avait ainsi été observé lors de la découverte de dérivés de l'épipodophyllotoxine, anticancéreux par inhibition de la topoisomérase II et non par action antimitotique comme la podophyllotoxine qui sert à les préparer (*Cf. le chapitre La podophyllotoxine et ses dérivés*, dans ce livre, pages 197-227).

plus détaillée de ce mécanisme d'action, tout à fait original, et qui fait intervenir une catégorie de récepteurs dénommés Récepteurs à la Sphingosine-1-Phosphate (S1PR), *Cf. Pour aller plus loin « 5 ».*

Au revoir les greffes, bonjour la sclérose en plaques

Le mécanisme de l'activité immunosuppressive enfin démontré, Novartis continua l'étude du FTY720 dans l'optique d'une indication dans la transplantation rénale, en association avec la ciclosporine, commercialisée par le même laboratoire. Après des premiers résultats enthousiasmants, deux essais cliniques randomisés, comparant le FTY720 au mycophénolate mofétil, un immunosuppresseur déjà utilisé dans cette indication, se révélèrent décevants[8] et entraînèrent l'arrêt du développement du FTY720 pour prévenir et/ou traiter le rejet du greffon après transplantation d'organe.

On sait que l'autre grand domaine d'utilisation des médicaments immunosuppresseurs correspond aux maladies auto-immunes, c'est-à-dire ces maladies causées par une réponse immunitaire excessive et inappropriée consistant en une attaque des propres cellules du malade, considérées comme étrangères et donc à détruire. Parmi ces maladies auto-immunes, le plus souvent graves, évolutives et invalidantes, figure la sclérose en plaques, une maladie du système nerveux central qui touche le cerveau et la moelle épinière et qui est due à une destruction progressive de la myéline, la gaine qui entoure et protège les fibres nerveuses (pour une présentation générale de cette maladie, *Cf. Pour aller plus loin « 6 »*). Des essais avec le FTY720 effectués sur la Souris atteinte d'encéphalopathie auto-immune expérimentale, un modèle animal de sclérose en plaques, ayant montré un effet préventif très encourageant, Novartis décida donc de réorienter le développement du FTY720 vers la sclérose en plaques. Les études sur l'animal montrèrent que le même mécanisme déjà évoqué de séquestration des lymphocytes dans les organes lymphoïdes par le FTY720 diminuait l'infiltration du SNC par des lymphocytes pathogènes, dont certains pro-inflammatoires,

---

[8] Le FTY720 apparut moins sûr d'utilisation que le mycophénolate mofétil et ne permit pas, associé à la ciclosporine, de réduire la posologie de cette dernière.

et donc les lésions du tissu nerveux qui en résultent. D'autres études *in vitro* et *in vivo* indiquèrent que le FTY720 pouvait aussi interagir avec les récepteurs à la Sphingosine-1-Phosphate (S1PR) présents sur différents types de cellules du système nerveux.

Au revoir le FTY720, bonjour le fingolimod...

Le fingolimod vit officiellement le jour début 2005 avec la parution de cette dénomination dans le bulletin de l'OMS (*WHO Drug Information*), liste 53 des Dénominations communes internationales (DCI) recommandées des Substances pharmaceutiques (*Recommended International Nonproprietary Names [INN] for Pharmaceutical Substances*).

Le choix de cette DCI, à peu près concomitant de l'abandon de l'étude du composé dans le domaine des transplantations, m'apparaît aussi évident qu'il me laisse perplexe. En décomposant ce nom, on retrouve en effet :
- FING qui, par approximation phonétique, évoque l'origine fongique indirecte de la molécule conçue à partir du modèle structural de la myriocine, naturellement présente dans un champignon (*FUNG*), à moins qu'il ne rappelle plutôt sa parenté structurale avec la sphingosine (*SPHING*) ;
- OL qui indique la présence d'un groupe hydroxyle (il y en a même deux) ;
- IMOD qui est le segment clé retrouvé à la fin d'une DCI pour désigner, selon l'OMS, des immunomodulateurs exerçant à la fois des effets immunostimulants et immunodépresseurs.

Pourquoi avoir choisi FINGOLIMOD et pas FINGOLIMUS, sachant que le segment clé IMUS désigne, toujours selon l'OMS, des composés immunosuppresseurs, à l'exception de ceux qui sont également anticancéreux (comme le méthotrexate) [9] ? En effet, pendant environ dix ans, toute la littérature autour du FTY720 n'a parlé, études *in vitro* et *in*

---

[9] Même si certains immunosuppresseurs (ciclosporine, azathioprine, acide mycophénolique, mycophénolate mofétil) n'ont pas ce segment-clé.

vivo à l'appui, que d'un effet immunosuppresseur. De plus, le système de classification anatomique, thérapeutique et chimique de l'OMS (ATC), range le fingolimod dans la classe L04A des immunosuppresseurs, sous-classe L04AA des immunosuppresseurs sélectifs aux côtés par exemple de l'acide mycophénolique, du sirolimus et de l'évérolimus, des principes actifs clairement immunosuppresseurs.

En concordance avec le choix de la DCI FINGOLIMOD, Volker Brinkmann, le chercheur de Novartis à qui l'on doit les découvertes majeures sur le mécanisme d'action de ce composé, exposa longuement, dans une publication de 2011, ce qui différenciait le fingolimod de tous les immunosuppresseurs classiques utilisés dans le domaine des greffes. Pour simplifier, il précisa notamment que le fingolimod épargnait les acteurs de l'immunité, cellulaire comme humorale : l'activation, la multiplication et la fonction mémoire des lymphocytes T n'étaient pas affectées, pas plus que la production d'anticorps par les lymphocytes B et de cytokines par les lymphocytes T. Ce profil pharmacologique devait donc permettre au malade sous fingolimod de conserver une bonne surveillance immunitaire vis-à-vis des infections virales. En s'appuyant sur des essais cliniques de phase 3 de l'époque, Brinkmann souligna d'ailleurs qu'il n'avait pas été observé plus d'infections sévères ni de manifestations malignes chez les malades sous fingolimod par rapport à ceux sous placebo.

On est obligé de constater que la mise sur le marché du fingolimod ne lui donna pas raison sur le dernier point puisqu'en 2016, l'EMA (*European Medicines Agency*) publia une mise au point (reprise par l'ANSM) énumérant les risques liés à l'effet immunosuppresseur du fingolimod [10] : carcinome basocellulaire (un cancer cutané), lymphomes, infections opportunistes bactériennes, fongiques et virales, c'est-à-dire un tableau rappelant les risques engendrés par un traitement avec des immunosuppresseurs « vrais ».

---

[10] Fingolimod et risques immunitaires 2015, 27/01/2016, Mise au point ansm-EMA.

Dans le RCP [11] du Gilenya® (nom commercial du fingolimod), la présentation du mécanisme d'action commence par la phrase suivante : *Le fingolimod est un modulateur des récepteurs à la sphingosine 1-phosphate.* Je ne suis pas immunologiste, mais il me semble que modulateur d'un type de récepteurs, même impliqués dans la réponse immunitaire, n'est pas synonyme d'immunomodulateur, comme le définit l'OMS, à l'appui de son segment clé –IMOD.

Je me garderai bien de juger laquelle des deux DCI, celle en -IMOD ou celle en –IMUS, caractériserait le mieux le FTY720, mais je me demande quelle DCI aurait été retenue pour le FTY720 si son développement dans le domaine des transplantations d'organes avait été maintenu, sans réorientation vers le traitement de la sclérose en plaques.

... alias Gilenya®

C'est en effet sous ce nom que le fingolimod, sous forme de chlorhydrate, fut commercialisé en 2010 aux États-Unis, puis en 2011 dans l'Union européenne, devenant alors le premier traitement de fond de la sclérose en plaques administré par voie orale et non par voie injectable. Le but du traitement de fond est de diminuer la fréquence des poussées et de freiner la progression de la maladie. Même s'il existe aujourd'hui plusieurs traitements de fond, c'est l'interféron β, administré par voie SC (le plus souvent) ou IM [12], qui reste le traitement de référence.

En Europe, le chlorhydrate de fingolimod est indiqué en monothérapie comme traitement de fond des formes de sclérose en

---

[11] Résumé des Caractéristiques du Produit, rattaché à l'AMM.

[12] Les interférons (α, β et γ) sont des protéines naturelles appartenant à la famille des cytokines, possédant des activités antivirale, antiproliférative et immunomodulatrice. Pour le traitement de fond de la sclérose en plaques, il existe sur le marché deux interférons β, l'interféron β 1a (Avonex®) et l'interféron β 1b (Betaferon®, Rebif®) de structure et d'activité voisines. Ce sont des molécules produites par génie génétique (molécules recombinantes). Une forme pégylée d'interféron β 1A , le peginterféron β 1a recombinant (Plegridy®) est aussi disponible.

plaques rémittente-récurrente [13] chez les malades (adultes et enfants au dessus de dix ans) présentant :

- une forme très active de la maladie malgré un traitement complet et bien conduit par au moins un traitement de fond de la sclérose en plaques ;

- une sclérose en plaques rémittente-récurrente sévère et d'évolution rapide, définie par deux poussées invalidantes ou plus au cours d'une année, associées à des données d'IRM cérébrale bien précises (révélant une aggravation).

Le fingolimod n'est donc un traitement de première intention que dans les formes particulièrement sévères de la maladie, restant sinon un traitement de seconde ligne mis en œuvre en cas d'échec ou d'efficacité insuffisante de l'interféron β.

Comme cela a déjà été évoqué, le profil d'effets indésirables et de contre-indications du fingolimod est assez chargé. Hormis les complications infectieuses et malignes déjà signalées et qui résultent de son activité immunosuppressive, le fingolimod entraîne notamment un ralentissement du rythme cardiaque (bradycardie) nécessitant des précautions d'emploi et le contre-indiquant dans un certain nombre d'affections cardiovasculaires. Un risque d'atteinte hépatique aiguë vient aussi d'être notifié (novembre 2020) par l'ANSM. Enfin, en raison de son effet tératogène, il n'est pas utilisable pendant la grossesse et nécessite une contraception efficace chez les femmes en âge de concevoir.

Pour conclure

Après une dizaine d'années de mise sur le marché, le profil de sécurité d'emploi du fingolimod s'est assombri puisque la liste de ses effets indésirables n'a fait que croître au fil des ans. Pour autant son mécanisme d'action tout à fait inédit reposant sur son affinité pour le récepteur à la sphingosine-1-phosphate (ou plutôt sa modulation...) a représenté une avancée de traitement originale qui peut laisser espérer

---

[13] *Cf. Pour aller plus loin « 6 ».*

des composés de seconde génération plus sûrs d'emploi (en particulier au niveau cardiaque), par modification des sélectivités d'affinité pour les différents sous-types du récepteur (***Cf. Pour aller plus loin « 5 »***) ; on peut citer le siponimod (Mayzent®), l'ozanimod (Zeposia®) ainsi que le ponesimod (Ponvory®), déjà sur le marché aux États-Unis mais pas encore en Europe.

Pour terminer ce chapitre par ce qui apparaîtra à première vue comme une digression, mais qui n'en est pas du tout une, je dirai que le terme d'immunomodulateur dans le sens de l'OMS (à la fois immunostimulant et immunosuppresseur) me fait penser au merveilleux adjectif *amphocholérétique*, employé autrefois en phytothérapie pour désigner des plantes régulant la vésicule biliaire en augmentant ou diminuant, selon les circonstances, la production de bile. Parmi les plantes médicinales concernées par cette propriété, la plus emblématique était la fumeterre, *Fumaria officinalis*, herbacée annuelle renfermant des alcaloïdes, des polyphénols, mais aussi des acides organiques dont l'acide fumarique qui lui doit son nom. L'acide fumarique, c'est une toute petite molécule très simple à 4 atomes de carbone (diacide carboxylique insaturé, de configuration E [14]) dont le diester méthylique, le fumarate de diméthyle (= diméthyle fumarate), a fait parler de lui en 2008 : ce composé anti-moisissures allergisant qui imprégnait notamment des fauteuils et canapés exportés de Chine a fait en Europe et au Canada de nombreuses victimes (plus d'une centaine en France) développant des brûlures, de l'eczéma, des problèmes respiratoires, etc. Vous ne voyez toujours pas le rapport avec ce chapitre ? Et bien, sachez que le diméthyle fumarate est depuis 2014 le principe actif d'un médicament (Tecfidera®), indiqué dans le traitement des patients adultes atteints de sclérose en plaques de forme rémittente-récurrente ! Passer de la protection de canapés, fauteuils, chaussures et autres produits industriels au traitement de la sclérose en plaques, quelle drôle d'histoire à raconter ça ferait [15], mais ce ne sera pas pour cette fois !

---

[14] HOOC-CH=CH-COOH (configuration E, anciennement *trans*)

[15] Une histoire qui réserve peut-être encore des surprises puisque le fumarate de diméthyle a rejoint en février 2021 la liste des médicaments étudiés dans le traitement de la Covid-19 par l'essai RECOVERY.

LE FINGOLIMOD
Pour aller plus loin

Pour aller plus loin « 1 »

Cordyceps désigne au sens large un groupe de champignons ascomycètes qui parasitent généralement des arthropodes (souvent des insectes) ou parfois vivent en symbiose avec d'autres champignons (comme la fausse truffe genre *Elaphomyces*). On connaît environ 540 espèces désignées comme étant des cordyceps, qui sont en fait réparties en quatre genres : *Cordyceps* proprement dit, *Ophiocordyceps*, *Metacordyceps* et *Elaphocordyceps*. Nombre d'entre eux sont utilisés en médecines traditionnelles chinoise, coréenne et japonaise, en particulier *Ophiocordyceps sinensis* (ex *Cordyceps sinensis*), *Cordyceps militaris*, *Cordyceps guangdongensis* et *Isaria cicadae*. Depuis environ le milieu des années 1990, l'engouement du monde occidental pour le cordyceps de Chine s'est beaucoup accru et les compléments alimentaires vantant ses nombreux mérites sont aujourd'hui légion sur internet. Précisons que le profil général des actions revendiquées par ces compléments alimentaires (tonique, énergisante, aphrodisiaque et stimulante de la libido) ne doit pas être tout à fait étranger au succès de ces champignons... J'écris champignons au pluriel car une certaine confusion règne autour des produits vendus dans la mesure où l'espèce *Cordyceps sinensis* n'existe plus officiellement et que l'expression Cordyceps de Chine peut désigner différentes espèces chinoises de champignons entomopathogènes.

Une autre source de confusion qui entoure ces champignons, plus générale cette fois, tient au fait qu'une même espèce peut se reproduire selon un mode asexué (forme anamorphe) ou sexuée (forme téléomorphe), les deux formes de reproduction offrant des morphologies bien différentes. Des dénominationss binominales latines différentes ont pu être ainsi données aux formes anamorphe et téléomorphe, considérées comme étant deux espèces différentes. Bien que l'analyse génétique ait prouvé par la suite qu'il s'agissait d'une seule et même espèce, ces dénominations ont été conservées (par exemple, *Ophiocordyceps sinensis* désigne la forme téléomorphe et *Hirsutella sinensis* la forme anamorphe).

Pour aller plus loin « 2 »

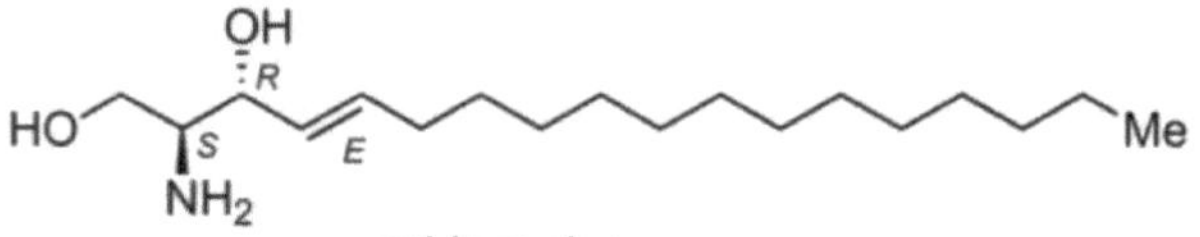

sphingosine

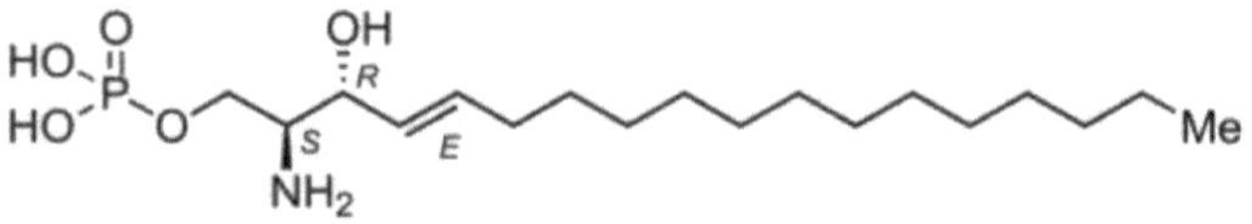

sphingosine-1-phosphate

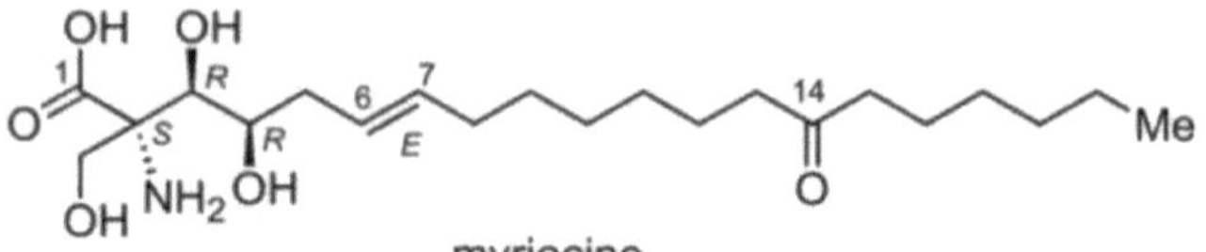

myriocine

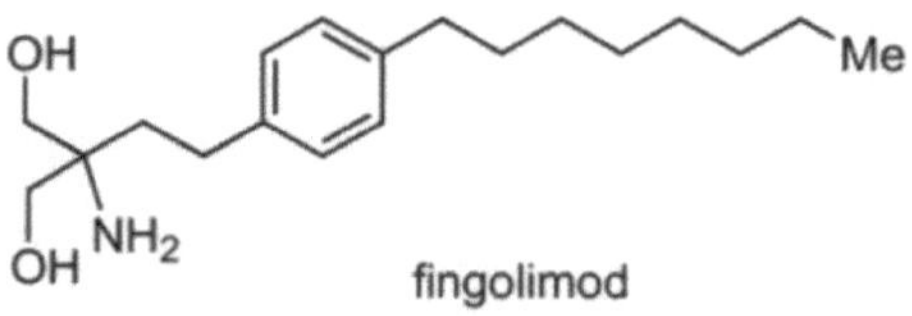

fingolimod

La myriocine est à la fois un acide α-aminé et un aminotriol à longue chaîne carbonée linéaire monoinsaturée (chaîne grasse) et possédant trois carbones asymétriques 2, 3 et 4 de configurations respectives *S*, *R* et *R*. Son mécanisme d'action immunosuppressive (*Cf. Pour aller plus loin « 3 »*) s'explique par son analogie structurale avec la sphingosine et les sphingolipides qui vont être brièvement présentés maintenant.

La sphingosine est un aminodiol à longue chaîne carbonée linéaire (18C) monoinsaturée (chaîne grasse) possédant deux carbones asymétriques (2*S*, 3*R*) et dont le squelette constitue la base de la structure des sphingolipides. La phosphorylation de la sphingosine *in vivo* conduit à la sphingosine-1-phosphate (S1P) qui est un puissant agent de la signalisation lipidique [1]. La S1P joue un rôle très important dans le système immunitaire car elle régule la circulation des lymphocytes B (immunité humorale) et T (immunité cellulaire).

Les sphingolipides sont des lipides complexes, possédant le squelette de la sphingosine substitué seulement sur le reste amino (céramides par amidification), ou, en plus, également sur la fonction alcool primaire (sphingomyélines, cérébrosides, gangliosides). Par leur présence dans la membrane cytoplasmique, ils protègent la surface de la cellule. Certains sphingolipides jouent un rôle dans la reconnaissance et la signalisation cellulaires.

Pour aller plus loin « 3 »

Parmi les essais ayant révélé le pouvoir immunosuppresseur de la myriocine, on peut citer :

- *in vitro*, la Réaction Lymphocytaire Mixte, bien connue en immunologie sous son sigle MLR (*Mixed Lymphocyte Reaction*) et qui évalue la réponse immunitaire cellulaire de la façon suivante : des lymphocytes [2] de deux souches différentes de

---

[1] La signalisation lipidique peut être définie comme l'ensemble des processus de signalisation cellulaire impliquant des lipides qui, en se fixant sur une protéine cible (un récepteur, une enzyme), déclenchent à leur tour d'autres processus au sein de la cellule. Ainsi la sphingosine-1-phosphate se fixe sur un RCPG (Récepteur Couplé aux Protéines G) dont on connaît chez l'Homme cinq sous-types (S1PR$_{1-5}$)

[2] On utilise des cellules spléniques (cellules de la rate).

souris sont mis ensemble en culture. Les deux populations étant allogéniques (de même espèce, mais génétiquement différentes), les cellules T (lymphocytes T) qui reconnaissent les cellules étrangères de l'autre souche deviennent activées et prolifèrent. L'une des deux populations ayant été préalablement traitée par la mitomycine C pour empêcher sa prolifération, seule l'autre population de cellules T prolifère. L'addition au milieu de culture d'une substance immunosuppressive se traduit donc par une diminution de la prolifération de cellules T. Comparant les activités de la ciclosporine et de la myriocine dans cet essai, les auteurs ont mesuré un effet immunosuppresseur environ 10 fois supérieur pour la myriocine ;

- *in vivo*, l'allogreffe de peau réalisée en utilisant deux variétés de rats compatibles au niveau du CMH (Complexe Majeur d'Histocompatibilité). En pratique, les auteurs greffent de la peau de dos du rat donneur sur le thorax du rat accepteur et administrent le composé à tester pendant 10 jours à partir du jour de la greffe. Le pouvoir immunosuppresseur est mesuré par la durée de survie de l'animal : là encore, la myriocine se montre plus puissante que la ciclosporine, une même durée de survie étant constatée pour des doses 10 à 30 fois moindres.

Par ailleurs, Fujita et coll. ont montré que la myriocine inhibait :

- d'une part, la prolifération de lymphocytes T cytotoxiques (CTL) chez la Souris (lignée CTLL-2) ;
- d'autre part, la sérine palmitoyltransférase, enzyme qui catalyse la première étape de la biosynthèse des sphingolipides (par condensation d'une molécule de sérine et d'acide palmitique, ce dernier étant activé sous forme de palmitoyl CoA (coenzyme A).

La prolifération des CTL, inhibée par la myriocine, reprend quand on additionne de la sphingosine ou de la sphingosine-1-phosphate. Cela prouve sans ambiguïté que l'inhibition de la sérine palmitoyltransférase par la myriocine est bien à la base de son action immunosuppressive, laquelle est donc liée à son interférence avec le métabolisme des sphingolipides.

Pour aller plus loin « 4 »

Le travail d'optimisation de la structure de la myriocine consista, avant tout, à diminuer la toxicité et à augmenter l'activité immunosuppressive, mais aussi à trouver un produit facile à préparer par synthèse chimique (ne possédant plus, de préférence, de centres d'asymétrie) et de meilleure solubilité que la myriocine. La réduction de la fonction acide carboxylique en fonction alcool primaire fut un grand pas dans l'optimisation puisqu'elle augmentait la durée de survie des rats dans l'essai d'allogreffe de peau, diminuait d'un facteur environ 30 la toxicité, tout en améliorant la solubilité et en supprimant l'asymétrie du C-2. La simplification de la chaîne linéaire par raccourcissement (de 4C) de cette dernière et suppression des groupes hydroxyle en 3 et 4 ainsi que de la double liaison fut également positive sur le plan de l'activité (accrue) et de la toxicité (diminuée). Enfin, un noyau aromatique fut inséré dans la chaîne linéaire, à la fois pour apporter une certaine restriction conformationnelle (connue en *drug design* pour souvent favoriser l'affinité d'un ligand pour sa cible), mais aussi pour rendre la molécule plus facilement détectable dans les travaux de développement grâce à son absorption dans l'UV. Il est enfin à noter que le choix de la position d'insertion de ce noyau aromatique dans la chaîne linéaire fut important car toutes les positions ne se valaient pas, certaines diminuant fortement l'activité immunosuppressive.

Au final, ce fut donc le composé FTY720, répondant aux différents critères d'amélioration exigés, qui fut retenu pour des études de développement et qui devint le fingolimod.

Pour aller plus loin « 5 »

En constatant l'absence d'inhibition de la sérine palmitoyyltransférase par le FTY720, d'autres protéines interagissant avec ce composé furent recherchées, en s'appuyant sur la forte analogie structurale existant entre le FTY720 et la sphingosine. L'idée fut excellente puisqu'elle permit de découvrir que l'une des deux formes de la sphingosine kinase, l'enzyme qui phosphoryle la sphingosine en sphingosine-1-phosphate (S1P), catalysait également la phosphorylation du FTY720 en FTY720-phosphate. Ce dernier s'avéra (à la différence de son précurseur le FTY720) être un puissant agoniste de quatre des cinq sous-types ($_1$ surtout mais aussi $_{3,4,5}$) du S1PR (déjà cité), le récepteur de la S1P que l'on retrouve dans les tissus lymphoïdes et les cellules endothéliales. Si la S1P et le FTY720-phosphate sont tous les deux des agonistes de ce même récepteur, entraînant son internalisation dans la cellule, la suite de leur effet est totalement opposé puisque la S1P recycle le récepteur et permet à nouveau son expression membranaire quand le FTY720-phosphate le dégrade. La suite de l'étude montra que cette dégradation des récepteurs par le FTY720-phosphate entraîne la séquestration des lymphocytes T dans les tissus lymphoïdes et donc une diminution de leur nombre dans le sang, c'est-à-dire exactement ce qui est observé chez l'animal greffé sous FTY720.

Les deux conclusions fortes de ces études de mécanisme sont donc :

- que le FTY720-phosphate, bien qu'agoniste du récepteur, se comporte en fait comme un antagoniste ;

- et surtout que le véritable responsable de l'activité immunosuppressive est le FTY720-phosphate, métabolite actif du FTY720 qui n'est en fait qu'une prodrogue.

Pour aller plus loin « 6 »

La sclérose en plaques est une maladie chronique du système nerveux central (cerveau et moelle épinière) touchant en France 70 000 à 90 000 personnes (environ deux à trois femmes pour un homme), chez qui elle est diagnostiquée généralement entre 20 et 50 ans. C'est une maladie auto-immune s'expliquant par une attaque, avec réaction inflammatoire, de la myéline, cette gaine qui entoure les axones des neurones, les isole et assure une conduction rapide de l'influx nerveux. Bien que l'on ignore pourquoi le système immunitaire se dérègle, se retournant contre les propres cellules saines du malade, la sclérose en plaques est très certainement d'origine multifactorielle, différentes conditions étant nécessaires au déclenchement de la maladie (prédisposition génétique ; infection virale ou bactérienne ; facteurs environnementaux). Dans l'intitulé de la maladie, le terme *plaques* désigne les lésions observables dans le cerveau et la moelle épinière et qui ne présentent pas entre elles de continuité (sont donc isolées les unes des autres). La région lésée conditionne la nature des troubles qui apparaissent, assez variables, comme par exemple :

- des troubles moteurs (faiblesse musculaire d'un bras ou d'une jambe, pouvant contrarier la marche) ;

- des troubles sensitifs (fourmillements, impression de ruissellement sur une partie du corps, sensations de froid, décharges électriques) ;

- des troubles visuels dans un tiers des cas (baisse de l'acuité visuelle plus ou moins intense, parfois associée à une douleur lors des mouvements oculaires) ;

- plus rarement des troubles de l'équilibre, des vertiges.

Ces différents symptômes, isolés ou associés entre eux, surviennent sans facteur favorisant le plus souvent et s'installent en quelques heures à quelques jours, pour diminuer ensuite progressivement en deux à six semaines. Ils constituent ce que l'on appelle une poussée de la maladie. Pour pouvoir véritablement parler de poussée, les symptômes doivent durer au moins 24 heures et survenir en l'absence de fièvre ou d'effort physique.

Bien que chaque malade soit un cas particulier, l'évolution de la maladie se fait généralement selon trois formes :

- la forme dite « récurrente-rémittente » : la maladie évolue par poussées successives entre lesquelles la maladie ne progresse pas (période de rémission) ; ces formes représentent environ 85 % des cas ;

- la forme dite « secondaire progressive » : elle apparaît, dans 50 % des cas, après 5 à 20 ans de la forme récurrente-rémittente initiale. La maladie progresse alors de façon plus ou moins rapide entre les poussées ;

- la forme dite « progressive primaire » (ou progressive d'emblée) : la maladie évolue d'emblée de façon lente et progressive, avec ou sans poussée surajoutée. Ces formes représentent 15 % des cas et s'observent en général chez des patients débutant la maladie après 40 ans.

BIBLIOGRAPHIE

Aragozzini F., Manachini P.L., Craveri R., Rindone B. et Scolastico C. *Tetrahedron* **1972**, *28*, 5493-5498.
Isolation and structure determination of a new antifungal α-hydroxymethyl-α-amino acid.

Kluepfel D., Bagli J., Baker H., Charest M.-P., Kudelski A., Sehgal S.N. et Vézina C. *J. Antibiot.* **1972**, *25*, 109-115.
Myriocin, a new antifungal antibiotic *from Myriococcum albomyces.*

Bagli J.F., Kluepfel D. et St-Jacques M. *J. Org. Chem.* **1973**, *38*, 1253-1260.
Elucidation of structure and stereochemistry of myriocin. A novel antifungal antibiotic.

US patent 3 928 572 Kluepfel D., Kudelski A. et Bagli J. 23 décembre **1975**.
Myriocin.

Jpn. Kokai Tokkyo Koho JP 01 104 087 Fujita T., Toyama R., Sasaki S., Okumoto T. et Chiba K. 21 avril **1989**.
Myriocin and its manufacture from *Isaria.*

Fujita T., Inoue K., Yamamoto S., Ikumoto T., Sasaki S., Toyama R., Chiba K., Hoshino Y. et Okumoto T. *J. Antibiot.* **1994**, *47*, 208-215.
Fungal metabolites. Part 11. A potent immunosuppressive activity found in *Isaria sinclairii* metabolite.

Fujita T., Inoue K., Yamamoto S., Ikumoto T., Sasaki S., Toyama R., Yoneta M., Chiba K., Hoshino Y. et Okumoto T. *J. Antibiot.* **1994**, *47*, 216-224.
Fungal metabolites. Part 12. Potent immunosuppressant, 14-deoxomyriocin,(2*S*,3*R*,4*R*)-(*E*)-2-amino-3,4-dihydroxy-2-hydroxymethyleicos-6-enoic acid and structure-activity relationships of myriocin derivatives.

Adachi K., Kohara T., Nakao N., Arita M., Chiba K., Mishina T., Sasaki S. et Fujita, T. *Bioorg. Med. Chem. Lett.* **1995**, *5*, 853–856.
Design, synthesis, and structure-activity relationships of 2-substituted-2-amino-1,3-propanediols : discovery of a novel immunosuppressant, FTY720.

Fujita T., Yoneta M., Hirose R., Sasaki S., Inoue K., Kiuchi M., Hirase S., Adachi K., Arita M. et Chiba, K. *Bioorg. Med. Chem. Lett.* **1995**, *5*, 847–852.
Simple compounds, 2-alkyl-2-amino-1,3-propanediols have potent immunosuppressive activity.

Miyake Y., Kozutsumi Y., Nakamura S., Fujita T. et Kawasaki T. *Biochem. Biophys. Res.* **1995**, *211*, 396-403.
Serine plamitoyltransferase is the primary target of a sphingosine-like immunosppressant, ISP/Myriocin.

Heusler K. et Pletscher A. *Swiss Med Wkly* **2001**, *131*, 299-302.
The controversial early history of cyclosporin.

Adachi K. et Chiba K. *Perspectives in medicinal chemistry* **2007**, *1*, 11-23.
FTY720 story. Its discovery and the following accelerated development of sphingosine 1-phosphate receptor agonists as immunomodulators based on reverse pharmacology.

Landers P. *Wall Street Journal* 22 juin **2010**.
Multiple sclerosis drug's epic journey from folklore to lab.

Chun J. et Brinkmann V. *Discov. Med.* **2011**, *12*, 213-228.
A mechanistically novel, first oral therapy for multiple sclerosis : the development of fingolimod (FTY720, Gilenya).

Dong C., Guo S., Wang W. et Liu X. *Mycology.* **2015**, *6*, 121-129.
Cordyceps industry in China.

Gajofatto A., Turatti M., Monaco S. et Benedetti M.D. *Drug, Healthcare and Patient Safety* **2015**, *7*, 157-167.
Clinical efficacy, safety, and tolerability of fingolimod for the treatment of relapsing- remitting multiple sclerosis.

World Health Organization
The use of stems in the selection of International Nonproprietary Names (INN) for pharmaceutical substances **2018** (Stem Book 2018).

Volpi C., Orabona C., Macchiarulo A., Bianchi R., Puccetti P. et Grohmann U. *Expert Opin. Drug Discov.* **2019**, *14*, 1199-1212.

Preclinical discovery and development of fingolimod for the treatment of multiple sclerosis.
Zhang X., Hu Q. et Weng Q. *RSC Adv.* **2019**, *9*, 172-184.
Secondary metabolites (SMs) of *Isaria cicadae* and *Isaria tenuipes*.

Pour la présentation générale de la sclérose en plaques, j'ai consulté les deux sites suivants :
Association française des sclérosés en plaques
https://afsep.fr/la-sclerose-en-plaques/
Eureka santé (Dictionnaire Vidal)
https://eurekasante.vidal.fr/maladies/systeme-nerveux/sclerose-plaques-sep.html

LE MÉBUTATE D'INGÉNOL (Picato®)
Pathologie concernée : la kératose actinique

PICATO, PICATA
QUE SEPT ANS ET PUIS S'EN VA

Pour commencer...

L'enfant :
« Papy, raconte-moi l'histoire de Picato®.

Le grand-père :
Encore, mais je te l'ai déjà racontée la semaine dernière !

L'enfant :
Ça fait rien, j'aime bien cette histoire, et puis j'aime bien son nom à Picato®.

Le grand-père :
Mais le pauvre Picato® n'aura vécu qu'un peu plus de sept ans ; son histoire est bien triste.

L'enfant :
C'est bien connu que les enfants aiment les histoires tristes. Je l'ai lu dans une interview de Daniel Pennac dans Télérama.

Le grand-père (quelque peu décontenancé) :
Tu es en CM1 et tu lis Télérama ?

L'enfant :
Papy, change pas de sujet et raconte-moi encore une fois l'histoire de Picato®. S'il te plait, papy.

101

Le grand-père (vaincu sans doute par la politesse de l'enfant) :
Bon c'est d'accord, mais c'est la dernière fois.

L'enfant (tout excité) :
Ouais, super, Picato®, Picato® !

Le grand-père :
Mais avant de parler de Picato®, je vais surtout parler du mébutate d'ingénol, le principe actif de Picato®.

L'enfant :
D'abord on dit plus principe actif, mais substance active, tu devrais le savoir [1].

Le grand-père (de plus en plus perplexe) :
Ah bon, tu l'as lu aussi dans Télérama ?

L'enfant :
Pas dans Télérama, papy, mais dans le dictionnaire de l'Académie nationale de Pharmacie. Tu devrais le lire, c'est sur Internet, c'est gratuit et y a pas besoin d'identifiant ni de mot de passe pour le consulter.

Le grand-père (qui ne sait plus quoi dire, qui voit tous ses repères voler en éclats et qui commence à manquer d'air) :
Bon alors, j'y vais : il était une fois... ».

... Un médicament qui s'appelait Picato®

et dont les trois dates suivantes résument la triste histoire :

- 15 novembre 2012 : l'AMM européenne est accordée au Picato® (DCI mébutate d'ingénol, laboratoire LEO) dans le traitement cutané des kératoses actiniques non-hyperkératosiques, non-hypertrophiques chez les adultes ;

---

[1] L'enfant a raison et pourtant l'auteur continue dans ce livre à écrire *principe actif*, un terme encore très utilisé dans le langage courant et compris par tous.

- 17 janvier 2020 : l'AMM européenne du Picato® est suspendue en raison du risque potentiel de cancer cutané ;

- 11 février 2020 : l'AMM européenne du Picato® est annulée, sur demande du laboratoire LEO.

Que s'est-il passé entre fin 2012 et début 2020 pour que la carrière de ce médicament prenne l'allure, en quelque sorte, d'un septennat non renouvelable ? La courte carrière qu'aura connue ce médicament était-elle si étonnante que cela ? N'était-elle pas prévisible et inscrite dès le départ dans le profil pharmacologique du mébutate d'ingénol ? C'est à toutes ces questions que cette histoire va essayer de répondre, mais seulement après avoir présenté la kératose actinique (en particulier les risques liés à son évolution et les autres traitements existants) qui était la seule indication de Picato®.

La kératose actinique

Cette maladie de la peau qui s'explique par une prolifération anormale des kératinocytes [2], est induite par la dose totale de soleil reçue de façon continue tout au long de la vie. Elle se manifeste par des lésions qui sont localisées sur les zones les plus exposées au soleil : visage, cuir chevelu pour les personnes chauves, nuque, bras et dos des mains. Résultat d'une exposition solaire chronique importante, elle touche préférentiellement les sujets de plus de 60 ans, à peau claire.

La kératose actinique se traduit par une lésion squameuse ou croûteuse, rugueuse au toucher (évoquant la texture du papier de verre), au début plus facilement reconnaissable à la palpation qu'à la vue. Unique ou au contraire multiple, la lésion devient généralement rouge, mais peut prendre une teinte marron clair ou foncé, rose, voire de la même couleur que la peau ou être multicolore. Parfois, elle peut entraîner des démangeaisons ou des picotements. Selon le degré d'épaississement et de desquamation de la lésion, on parlera de kératose actinique avec, respectivement, hyperkératose et hypertrophie.

---

[2] Cellules très majoritaires (environ 90%) de l'épiderme et des phanères (cheveux, poils, ongles).

En l'absence de traitement, le devenir d'une kératose actinique est variable, de la stabilisation voire la régression à l'évolution vers un carcinome épidermoïde (= carcinome spinocellulaire), un cancer de la peau pouvant (dans environ 4% des cas) métastaser et être mortel. Le risque de transformation en cancer cutané est heureusement faible, de l'ordre de 10% à 10 ans, mais il augmente en cas de lésions multiples. Une surveillance régulière est donc souhaitable pour dépister (par biopsie, si besoin) la ou les lésion(s) devenue(s) cancéreuse(s).

La simple surveillance de la lésion peut un certain temps suffire, mais si un traitement s'avère nécessaire, plusieurs options sont possibles :

- la cryothérapie qui vise à détruire la lésion par application d'azote liquide ou de neige carbonique, environ vingt secondes. C'est le traitement de première ligne, réalisé au cabinet médical sans anesthésie, et qui présente le meilleur rapport bénéfice-risque quand le nombre de lésions est faible ;

- le curetage de la lésion lorsqu'elle est épaisse ou indurée :

- la photothérapie dynamique qui est une technique utile pour traiter les lésions de kératoses actiniques multiples. Ce traitement consiste à appliquer sur les lésions une crème contenant un produit photosensibilisant, puis à les irradier à une longueur d'onde appropriée qui déclenche la réaction phototoxique, responsable de la destruction de la lésion. Ce traitement a le désavantage d'être douloureux ;

- enfin, l'application sur les lésions d'une crème ou d'un gel à base de l'un des trois produits suivants : imiquimod, 5-fluorouracil ou diclofénac. Ce traitement, dit topique, consiste généralement en deux à trois applications par semaine, pendant au minimum un à deux mois. Son efficacité, réelle mais partielle, s'accompagne toujours de réactions locales (rougeurs, lésions eczématiformes, démangeaisons) et souvent de reprise de la kératose.

C'est donc par rapport à ces traitements (cryothérapie ou application locale d'un topique) auxquels Picato® pouvait, par son AMM obtenue en novembre 2012, être comparé que la Haute Autorité de Santé (HAS) avait conclu à l'unanimité en juin 2013 qu'il n'apportait pas d'amélioration du service médical rendu et lui avait décerné une ASMR

V. Rappelons que l'ASMR (Amélioration du Service Médical Rendu) correspond au progrès thérapeutique apporté par un médicament. En fonction de l'appréciation, plusieurs niveaux d'ASMR ont été définis :

- ASMR I, majeure ;
- ASMR II, importante ;
- ASMR III, modérée ;
- ASMR IV, mineure ;
- ASMR V, inexistante (absence de progrès thérapeutique).

Chère lectrice, cher lecteur, désormais vous ne confondrez plus ces deux grands noms de la dermo-cosmétologie du visage :

PICATO®

TRAITEMENT DE LA KÉRATOSE ACTINIQUE NON-HYPERKÉRATOSIQUE NON-HYPERTROPHIQUE

PICASSO

TRAITEMENT DE L'ASYMÉTRIE FACIALE DISCRÈTE ET TOUT JUSTE PERCEPTIBLE

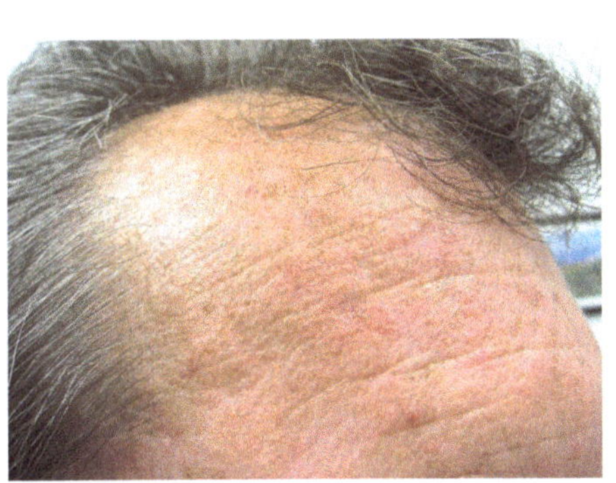

Tout avait pourtant si bien commencé !

L'histoire du mébutate d'ingénol, de sa découverte jusqu'à son introduction en thérapeutique, est en effet une illustration parfaite, presque idyllique, de l'apport des substances naturelles à la mise au point de nouveaux médicaments. Ce sont cette histoire et la double démarche scientifique mais aussi entrepreneuriale qui l'ont rendue possible que je vais maintenant raconter.

L'étude commença réellement un jour de 1996 au *Melanoma Genomics Laboratory* du QIMR [3] *Berghofer Medical Research Institute*, un institut australien de recherche médicale situé près de Brisbane, dans l'État du Queensland. Ce jour-là, un biochimiste australien, le Docteur James Aylward, avait rendez-vous avec un responsable du QIMR, le Professeur Peter Parsons. James Aylward n'arriva pas les mains vides puisqu'il apportait une dilution aqueuse stérile du latex d'une mauvaise herbe, une euphorbe *Euphorbia peplus* (Euphorbiacées), en vue de la recherche d'une activité anticancéreuse. Pourquoi avait-il choisi cette plante ? Parce que, vingt ans plus tôt, en 1976 donc, sa mère lui avait montré une page qu'elle avait découpée dans le *Sun Herald*, un journal de Melbourne, qui résumait un article du *Medical Journal of Australia* : il y était question du cas d'un vieux fermier qui s'était débarrassé lui-même d'un carcinome basocellulaire [4] par application locale du latex [5] de cette plante, une pratique présentée comme assez courante. Ce à quoi le fils avait répondu à sa mère : « *Eh bien, un jour, quand j'aurai le temps, j'y jetterai un coup d'œil pour voir si c'est vérifiable* ». Vingt ans plus tard, le fils, qui faisait visiblement preuve d'une bonne mémoire, avait enfin

---

[3] QIMR : *Queensland Institute of Medical Research*.

[4] Il existe trois catégories de cancers de la peau : le carcinome basocellulaire, le carcinome épidermoïde (= carcinome spinocellulaire) et le mélanome. Le carcinome basocellulaire est le plus fréquent des trois : il ne métastase jamais, mais le risque de récidive locale est élevé en cas d'exérèse incomplète.

[5] Liquide plus ou moins épais, le plus souvent blanc, produit par certaines plantes dans lesquelles il circule dans des canaux appelés laticifères. L'incision (volontaire ou pas) de ces laticifères permet le recueil du latex (*Cf. le chapitre La morphine et ses dérivés*).

trouvé le temps et sans doute également la motivation pour s'intéresser au latex d'*Euphorbia peplus*, une plante qu'il est temps de vous présenter.

Au risque de décevoir le lecteur en mal d'exotisme, *E. peplus* n'est pas une plante rare, une de ces plantes magiques connues seulement des anciens, et dont le sorcier de la tribu (accessible uniquement après trois jours de marche dans la forêt vierge) aurait transmis les vertus à l'ethnopharmacologue, véritable Indiana Jones à la recherche de l'herbe sacrée (*Note de l'auteur : désolé pour cette phrase un peu longue, mais il fallait bien cela pour essayer de faire passer le souffle épique de l'aventure dans ce chapitre !*). Les choses sont plus terre à terre puisque *E. peplus* est une plante herbacée originaire d'Europe, d'Asie et d'Afrique du Nord, très répandue dans le monde et commune en France ; assez invasive, elle est considérée comme une mauvaise herbe. Plante annuelle pouvant atteindre 30 cm de haut, à fleurs discrètement jaunes sortant au printemps, et à fruits en capsules trilobées, ses parties aériennes renferment un latex laiteux connu pour être toxique et très irritant pour la peau et les yeux. La famille des Euphorbiacées est d'ailleurs bien marquée par la toxicité de nombre de ses espèces (**Cf. Pour aller plus loin « 1 »**).

Pour en revenir à la dilution de latex apportée au QIMR par James Aylward, elle fit l'objet de deux essais *in vitro* dont les résultats très encourageants mirent en évidence :

- d'une part, une forte activité antiproliférative sur plusieurs lignées cancéreuses humaines, principalement de mélanome, contrastant avec une activité bien plus faible sur lignée saine (fibroblastes), révélant donc une intéressante sélectivité d'action ;

- d'autre part, une activité de différenciation cellulaire sur cellules de mélanome (MM96L), avec retour à une morphologie normale [6].

Ces deux essais, complétés par un essai *in vivo* sur la Souris (action anticancéreuse sur tumeurs greffées) allaient véritablement lancer l'étude qui, seize ans plus tard, se concrétiserait par la mise sur le marché du Picato[®]. James Aylward déposa rapidement des brevets protégeant de façon très large les applications thérapeutiques potentielles découlant de ces premiers résultats et créa dès 1998 une structure industrielle, *Peplin Limited*, une start-up de biotechnologie qui s'avéra capitale pour la suite de l'étude.

Le travail chimique de fractionnement du latex et de purification jusqu'à l'isolement des molécules actives fut de type bio-guidé, c'est-à-dire s'appuyant sur la mesure d'une activité biologique (par un ou plusieurs des trois tests mentionnés précédemment) permettant de connaître dans quelles fractions se concentrai(en)t la ou les molécules les plus actives [7].

---

[6] Les mélanocytes de la lignée cancéreuse MM96L présentent au microscope un aspect polydendritique caractéristique (les dendrites sont des expansions en forme de filament de la cellule), très différent de l'aspect dit bipolaire des mélanocytes sains. Le retour à cet aspect morphologique normal bipolaire traduit l'action dite de différenciation cellulaire (en quelque sorte, la « rentrée dans le rang » des mélanocytes, redevenus normaux).

[7] Tout chimiste des substances naturelles sait que le fractionnement bio-guidé n'a rien d'un long fleuve tranquille, donnant souvent des résultats incohérents en raison de faux positifs fréquents des tests de suivi. Ces résultats, du coup inexploitables, s'expliquent généralement par le parasitage des tests par d'autres substances que celles réellement actives. Ici, les tests (surtout celui sur la

Le protocole qui fut mis au point comprenait successivement :

- l'extraction du latex par un solvant hydro-alcoolique ;

- une étape d'extraction liquide-liquide avec un solvant organique non miscible à l'eau comme l'acétate d'éthyle ;

- une suite de chromatographies sur colonne (d'exclusion, d'adsorption par « flash chromatographie » puis par CLHP = Chromatographie Liquide Haute Performance). [8]

À l'issue de ce processus bio-guidé, l'analyse de la fraction la plus active révéla qu'elle était constituée de trois produits de structures très voisines, appartenant à la même famille phytochimique des esters diterpéniques de squelette ingénane.

Le mébutate d'ingénol : d'où vient-il ?

La séparation des trois produits de la fraction la plus active, puis la détermination de leurs structures respectives révéla une grande proximité structurale : tous les trois sont des esters entre un acide carboxylique (toujours le même), l'acide angélique et un alcool diterpénique à squelette ingénane, l'ingénol, ou un dérivé très voisin. Des trois dérivés, c'est l'angélate d'ingénol, plus précisément le 3-angélate d'ingénol, qui fut sélectionné pour la suite de l'étude, à la fois en raison de son activité biologique importante, mais aussi d'une obtention à l'état pur facilitée par cristallisation. Pour une présentation plus détaillée de la classe des diterpènes, du squelette ingénane et de ces trois esters, avec toutes les formules chimiques, *Cf. **Pour aller plus loin « 2 »**.*

De même qu'*Euphorbia peplus* était une plante bien connue avant 1996, le 3-angélate d'ingénol ne fut pas découvert par James Aylward

---

différenciation des mélanocytes) se révélèrent suffisamment spécifiques pour permettre réellement le bio-guidage.

[8] Pour une présentation sommaire de l'extraction liquide-liquide et de la chromatographie et ses différentes techniques : *Cf. Lewin G., Drôles d'histoires de médicaments d'origine naturelle,, chapitre Les dolastatines, pages 73-74.*

mais par des chercheurs égyptiens qui l'isolèrent pour la première fois en 1980 à partir du latex d'une euphorbe de leur pays, *Euphorbia paralias*. Dès cette date, sa structure fut déterminée et sa cytotoxicité ainsi que son pouvoir irritant mis en évidence. Le développement du 3-angélate d'ingénol (nom de code PEP005) par *Peplin Limited* et le QIMR se poursuivant dans l'espoir de sa commercialisation dans un médicament, une DCI (Dénomination Commune Internationale ; INN *International Nonproprietary Name* en anglais) fut demandée auprès de l'OMS et obtenue en 2009 [9]. Au revoir la molécule naturelle dénommée 3-angélate d'ingénol et bienvenue au principe actif de médicament, qui s'appellera le mébutate d'ingénol. Pourquoi ce néologisme mébutate ? Parce que l'acide angélique ou acide (Z)-2-méthylbut-2-énoïque est un acide carboxylique pentacarboné ramifié comprenant une chaîne principale insaturée à quatre carbones (= butène) substituée par un reste méthyle. [10]

Comment agit-il ?

Les études *in vivo* sur Souris à tumeurs greffées ainsi que les essais cliniques (sur l'Homme donc) porteurs de cancers cutanés (carcinomes basocellulaires ou épidermoïdes) furent effectués dans un premier temps avec le latex puis, une fois le mébutate d'ingénol sélectionné pour le développement, avec ce dernier. Dans tous les cas, le protocole de traitement (une application cutanée deux ou trois jours de suite), témoigna d'une intensité et d'une rapidité d'action qu'il fallut expliquer. Il fut alors démontré que le mébutate d'ingénol pénètre dans la membrane

---

[9] Parution de cette DCI dans la liste 62 du *WHO Drug Information* (volume 23, n°3 de 2009).

[10] La transformation du nom d'une molécule naturelle déjà décrite dans la littérature en DCI de principe actif est parfois plus discrète : ainsi la cyclosporine A, cyclopeptide d'origine fongique, devint, en DCI, la ciclosporine. Encore plus subtil : la galanthamine, alcaloïde du perce-neige, dut perdre son h pour mériter sa DCI, galantamine ! Quant au taxol qui a juste pris un T pour passer de molécule naturelle à nom commercial de médicament, propriété du laboratoire pharmaceutique, c'est une autre histoire, déjà racontée dans *Drôles d'histoires de médicaments d'origine naturelle, chapitre Les taxanes, pages 193-194* !

cellulaire puis gagne l'intérieur de la cellule, provoquant la mort cellulaire par nécrose. *In vivo* sur la Souris, cette nécrose cellulaire se double alors d'une nécrose hémorragique résultant d'une dégradation des vaisseaux de la tumeur. Les études montrèrent aussi que cette destruction cellulaire par nécrose est complétée par un mécanisme immunitaire concrétisé par un afflux de leucocytes (principalement des polynucléaires neutrophiles) et aussi par la mise en œuvre d'une cytotoxicité à médiation cellulaire dépendante des anticorps (ADCC = *Antibody-dependent cell-mediated cytotoxicity*). Pour plus de détails sur ces mécanismes, **Cf. Pour aller plus loin « 3 »**.

Mais encore ?

En 2004 apparurent les premières études démontrant que le 3-angélate d'ingénol (il ne s'appelle pas encore mébutate) se lie à la protéine kinase C (PKC) en l'activant et que cette interaction explique certains des effets qui viennent d'être décrits. Si cette avancée dans la connaissance du mécanisme d'action fut un progrès sur le plan scientifique, ce ne fut pas vraiment une surprise [11] et pas forcément non plus une bonne nouvelle pour l'avenir de la molécule. En effet, la PKC est une enzyme ou plutôt une famille d'enzymes (correspondant à dix isoformes [12]) très impliquées à la fois dans de nombreux processus physiologiques et dans la genèse de nombreuses maladies dont les cancers. Dans cette dernière pathologie, selon les isoformes et les cellules concernées, l'activation de la PKC peut favoriser la survenue de cancers (la cancérogenèse) ou, au contraire, exercer un effet bénéfique antiprolifératif. Si plusieurs études montrèrent un effet cytotoxique de l'angélate d'ingénol (sur kératinocytes malins et sains mais aussi sur d'autres lignées cancéreuses) dû à l'activation spécifique de l'isoforme δ

---

[11] En raison de la parenté structurale du 3-angélate d'ingénol avec les esters de phorbol (*Cf. plus loin*).

[12] Les isoformes d'une enzyme se distinguent les unes des autres par de légères différences dans la séquence en acides aminés.

(connue pour avoir un effet antiprolifératif et pro-apoptotique [13]), d'autres études, plus anciennes, avaient rapporté une action moins sélective, avec activation aussi de l'isoforme α (généralement classée comme favorisant la prolifération et anti-apoptotique), ***Cf. Pour aller plus loin « 4 »***.

Par ailleurs, des esters de phorbol (composé diterpénique de structure très voisine de l'ingénol), présents dans différentes Euphorbiacées et en particulier dans les graines du croton cathartique, *Croton tiglium*, sont connus pour leurs effets irritants et toxiques et surtout, depuis 1982, pour leur puissante activité inductrice de tumeurs, en liaison avec l'activation de la PKC [14]. Bien que le mébutate d'ingénol n'induise pas de tumeur dans les conditions expérimentales où certains esters de phorbol le font, la grande parenté structurale entre l'ingénol et le phorbol ainsi que les nombreuses incertitudes liées à l'activation de la PKC obligent forcément à la prudence quant à son innocuité sur le long terme [15].

Toutes ces inconnues entourant la PKC, et la méfiance qui en résulte, sont d'ailleurs bien prises en compte par Steven Ogbourne et Peter Parsons [16] dans leur article de *Fitoterapia* en 2014 quand ils écrivent que si l'interaction 3-angélate d'ingénol-PKC avait été découverte dès le départ lors d'un screening, le composé aurait été rejeté. On peut dire que la molécule a bénéficié des conditions dans lesquelles elle a été étudiée

---

[13] L'apoptose est la mort programmée des cellules. Un effet pro-apoptotique favorisera la mort des cellules cancéreuses, alors qu'un effet anti-apoptotique favorisera leur survie et donc leur multiplication.

[14] Le plus étudié est le 12-*O*-tétradécanoylphorbol-13-acétate (TPA) ou phorbol-12-myristate-13-acétate (PMA), utilisé en pharmacologie en applications sur la peau de Souris, pour amplifier l'action d'un cancérigène déposé préalablement et promouvoir le développement de la tumeur.

[15] Une revue de 2012 sur la PKC comme cible thérapeutique s'intitulait *Protein kinase C, an elusive therapeutic target ?* (La protéine kinase C, une cible thérapeutique insaisissable ?)

[16] Deux scientifiques ayant participé à la recherche et au développement du mébutate d'ingénol.

(le rôle de la PKC n'étant apparu que bien après les premières études *in vitro* et *in vivo*) et qu'elle a en quelque sorte poursuivi sa carrière jusqu'à devenir un principe actif de médicament malgré et non grâce à son pouvoir activateur de la PKC.

2012 : Sortie (= Commercialisation) du Picato®

En janvier et novembre 2012, Picato® obtint respectivement son autorisation de mise sur le marché aux États-Unis puis en Europe. Les demandes avaient été déposées par le laboratoire pharmaceutique danois *LEO Pharma* qui avait racheté *Peplin* en 2009. L'AMM européenne (concernant donc la commercialisation en France) fut accordée à deux spécialités de Picato® gel à deux dosages différents en mébutate d'ingénol, toutes les deux indiquées, par voie locale, dans le traitement cutané des kératoses actiniques non-hyperkératosiques, non-hypertrophiques chez les adultes. Le dosage faible était prescrit pour les formes localisées au visage et au cuir chevelu, en traitement sur trois jours et le dosage fort pour les localisations sur le tronc et les membres, en traitement sur deux jours. L'attribution de l'AMM se basa sur le dossier d'évaluation clinique fourni par le laboratoire LEO qui montrait :

- en matière d'<u>efficacité</u>, qu'après deux mois de traitement 42% des lésions visibles de kératose sur le visage et le cuir chevelu avaient disparu (*vs* 4% avec le placebo) et 34% sur le tronc et les membres (*vs* 5% avec le placebo). Cependant, 55% des patients dont les lésions n'étaient plus visibles au bout de deux mois, présentaient à nouveau au bout d'un an des lésions de kératose actinique ;

- sur le plan des <u>effets indésirables</u>, de très fréquentes réactions cutanées (95% *vs* 36% avec l'excipient seul) comme des prurits, des érythèmes, des irritations, des desquamations, des croûtes, etc. Ces réactions survenaient dès le début du traitement et pouvaient durer au maximum deux à quatre semaines. L'accent était aussi mis sur la nécessaire protection des yeux extrêmement sensibles à l'effet irritant du médicament (pas de traitement près des yeux, lavage soigneux des mains après l'application).

Bien qu'aucun cas de carcinome épidermoïde n'ait été observé sur les patients suivis pendant un an, durée trop courte pour évaluer le risque de cancérisation, il fut demandé au laboratoire de mener un essai mébutate d'ingénol *vs* imiquimod et de comparer l'incidence des carcinomes épidermoïdes au bout de trois ans.

Au final, le CHMP (*Committee for Medicinal Products for Human Use* [17]), organisme de l'EMA (*European Medicines Agency*) chargé d'évaluer les demandes d'AMM, jugea que la balance bénéfice-risque du mébutate d'ingénol était favorable, les avantages thérapeutiques majeurs étant la brièveté et donc la commodité d'emploi du traitement par rapport aux autres topiques déjà sur le marché [18].

2020 : Sortie (= Arrêt de Commercialisation) du Picato® en Europe

Si 2020 devait marquer la fin de sa carrière en Europe (il reste pour l'heure commercialisé aux États-Unis), des effets indésirables nouveaux (réactions d'hypersensibilité, cicatrices rouges et hypertrophiques, hyperpigmentation) figuraient déjà dans le RCP (Résumé des Caractéristiques du Produit) de Picato® dès 2016. L'année suivante, c'est une fréquence accrue d'apparition de kératoacanthome, une tumeur cutanée bénigne, qui fut mentionnée. Mais ce sont les résultats de plusieurs essais cliniques en 2019, montrant tous un excès de cancers cutanés après traitement par mébutate d'ingénol ou par un autre ester d'ingénol, le disoxate d'ingénol [19], qui signèrent la fin de la commercialisation de Picato® en Europe :

---

[17] Comité des médicaments à usage humain.

[18] Notons que *La Revue Prescrire* (368, juin 2014, 406-410) ne partageait pas cet avis favorable et était très critique vis-à-vis de ce médicament en raison de son caractère très irritant pour la peau et les yeux et des inconnues concernant l'apparition de cancers de la peau. L'article se concluait ainsi : *Sa commodité d'emploi ne justifie pas d'exposer les patients à ses effets indésirables cutanés et oculaires pour un si faible bénéfice démontré, même sur le plan esthétique.*

[19] Un analogue du mébutate d'ingénol, différant par la chaîne ester.

- un essai comparatif mébutate d'ingénol *vs* imiquimod montrant, au bout de trois ans, une différence significative d'apparition de carcinomes épidermoïdes dans la zone traitée (3,3% avec le mébutate *vs* 0,4% avec l'imiquimod) ;

- un essai de huit semaines mébutate d'ingénol *vs* placebo (gel sans principe actif) révélant un risque dix fois plus élevé de survenue d'un cancer cutané (1% *vs* 0,1%) ;

- des essais réalisés avec le disoxate d'ingénol *vs* placebo montrant là encore, après 14 mois de suivi, un excès de cancers cutanés (carcinomes basocellulaire et épidermoïde et maladie de Bowen) sur la zone traitée (7,7% vs 2,9%).

Ces données mettant en évidence un risque accru de cancérisation après traitement par Picato[®] poussèrent la Commission européenne à suspendre en janvier 2020 l'AMM du médicament dans l'attente d'une réévaluation de son rapport bénéfice-risque par le PRAC (*Pharmacovigilance Risk Assessment Committee* [20]), organisme de l'EMA chargé de la pharmacovigilance. Un mois plus tard, cette AMM était retirée par la Commission européenne à la demande du laboratoire LEO lui-même.

Au vu de ce surcroît de cancers cutanés et en s'appuyant sur une nouvelle étude montrant une moindre efficacité (taux de récurrence plus élevé des lésions de kératose) du mébutate d'ingénol, comparé à l'imiquimod, au 5-fluorouracil ou à la photothérapie dynamique, le PRAC considéra en avril 2020 que la balance bénéfice-risque du Picato[®] était devenue défavorable.

Pour conclure

Ce sont donc les études cliniques post-commercialisation (qu'on appelle aussi les essais de phase IV) qui révélèrent ce risque accru de cancérisation. Pour autant, tout cela n'était-il pas prévisible et la mise sur le marché du Picato[®] en 2012 ne laissait-elle présager son retrait à assez

---

[20] Comité pour l'évaluation des risques en matière de pharmacovigilance.

brève échéance ? En effet, même si les études comparatives du mébutate d'ingénol avec le TPA (cet ester de phorbol, puissant promoteur de tumeur), ne montrèrent pas d'induction cancéreuse avec le mébutate d'ingénol car les deux composés ne semblaient pas agir sur la même isoforme de PKC, la parenté structurale entre les deux molécules (et de façon générale entre le squelette chimique de ces deux diterpènes), ainsi que les nombreuses inconnues autour de la PKC ne pouvaient qu'inciter à la prudence. Il est intéressant de noter que cette parenté structurale entre le mébutate d'ingénol et le TPA n'apparaissait nulle part dans le rapport d'évaluation du CHMP de 2012 alors qu'elle sera explicitement mentionnée en toutes lettres et en images (dessins des structures chimiques) dans celui du PRAC en 2020. [21] Voici d'ailleurs comment le mébutate d'ingénol était présenté par rapport au TPA :

- dans le rapport d'évaluation du CHMP de 2012
Ingenol mebutate has been shown to activate PKC. Activation of the various types of PKC can be either pro-tumourigenic or anti-tumourigenic depending on the isoform. The pattern of activation induced by ingenol mebutate is different from that of the known phorbol ester tumour promoter 12-O-tetradecanoylphorbol-13-acetate (TPA) and this has been used as an argument in support of the lower potential for tumour induction on the part of ingenol mebutate.

- et dans celui du PRAC de 2020
Ingenol mebutate is structurally related to phorbol ester (12-O-tetradecanoylphorbol-13-acetate (TPA) also known as 12-myristate 13-acetate (PMA). Based on the chemical structure of two esters (mebutate and disoxate) and their analogy to phorbol ester 12-O-tetradecanoylphorbol-13-acetate which is a known tumour promoter, it cannot be excluded that they might express pro-tumourigenic properties.

---

[21] Huit ans auront donc été nécessaires pour que l'analogie structurale entre le mébutate d'ingénol et le TPA soit reconnue par un organisme de l'EMA. Il n'est jamais trop tard pour découvrir des évidences !

La grande simplicité du traitement (sur 2 ou 3 jours) par le mébutate d'ingénol ayant été considérée dans le rapport du CHMP de 2012 comme un avantage thérapeutique majeur sur ses concurrents (imiquimod, 5-fluorouracil et diclofénac), on peut tout de même se demander s'il était bon que cet avantage pratique ait primé sur les craintes liées à l'apparition de cancers cutanées ? Surtout pour soigner la kératose actinique, une maladie qui n'est pas encore un cancer et dont le risque d'évolution vers un cancer, bien que réel, est faible. L'histoire de la courte vie européenne du Picato® est en somme une excellente base de réflexion sur l'importance du rapport bénéfice-risque en matière de médicaments.

Je ne voudrais pas terminer ce chapitre sans retrouver une dernière fois le grand-père et l'enfant, en pleine discussion sur le nom Picato®.

Le grand-père :
« Je me suis rendu compte que ce nom de Picato® qui t'amuse tant était en anglais l'anagramme d'Atopic, mais tu ne connais peut-être pas ces mots.

L'enfant :
Anagramme, évidemment que je le connais, je te rappelle, papy, que je suis en CM1 ; par contre, atopic ne me dit rien.

Le grand-père :
J'aurais préféré l'inverse car atopic, atopique en français, est plus difficile à définir qu'anagramme. Disons que c'est un mot qui évoque l'allergie et qu'on utilise surtout accolé à dermatite pour désigner une maladie de la peau. Mais comme cette maladie, qui se traduit par des plaques rouges et des démangeaisons, est tout à fait distincte de la kératose actinique, je ne vois pas l'intérêt d'avoir donné à ce médicament un nom y faisant penser.

L'enfant :
Ce n'est pas mieux choisi en français puisque Picato® est l'anagramme de Picota.

Le grand-père (émerveillé par cette trouvaille) :
C'est vrai, je n'y avais même pas pensé. Picota, pour un médicament qui entraîne du prurit ! Il est vraiment drôle et bien trouvé, ton anagramme.

L'enfant :
ELLE, et non pas IL, est vraiment drôle, papy. Anagramme est féminin, pas masculin.

Le grand-père (après vérification) :
Tu as raison, décidément tu en sais des choses.

L'enfant :
Enfin papy, tu penses toujours que je suis en maternelle !

Le grand-père, qui ne sait que répondre et qui est un peu vexé, ne peut s'empêcher de penser :
Ce moutard surdoué et je-sais-tout commence sérieusement à me taper sur les nerfs. Je souhaite bon courage à ses parents ».

LE MÉBUTATE D'INGÉNOL
Pour aller plus loin

Pour aller plus loin « 1 »

La famille des Euphorbiacées renferme environ 8000 espèces présentes dans les régions tempérées et tropicales (arbres, buissons, lianes, plantes herbacées) et réparties en plus de 300 genres dont le principal est le genre *Euphorbia*, euphorbe. Les plus connues de ces espèces le sont pour leur importance alimentaire ou industrielle :

- le manioc (*Manihot esculenta*), arbuste originaire d'Amériques du Sud et Centrale largement cultivé en Afrique et en Asie. Sa racine riche en amidon est la base de l'alimentation de plusieurs centaines de millions d'habitants dans le monde ;

- l'hévéa (*Hevea brasiliensis*), arbre originaire de la forêt amazonienne, cultivé à grande échelle dans le Sud-Est asiatique et en Afrique pour son latex utilisé dans l'industrie du caoutchouc ;

- le ricin (*Ricinus communis*), arbrisseau originaire d'Afrique tropicale, aujourd'hui très répandu dans tous les pays chauds de la planète. Il est cultivé pour l'huile de ses graines, riche en acide ricinoléique [1], un acide gras monoinsaturé hydroxylé, très utilisé comme matière première dans l'industrie chimique.

Si les Euphorbiacées n'ont jamais fourni jusqu'à présent, à l'exception du mébutate d'ingénol, de molécule naturelle utilisée comme principe actif en thérapeutique, nombre d'espèces de cette famille sont connues pour leur toxicité. Parmi les plantes déjà mentionnées ci-dessus, signalons la présence :

---

[1] Acide (9Z,12R)-12-hydroxyoctadéc-9-énoïque.

- dans le manioc de molécules pouvant libérer de l'acide cyanhydrique (HCN) [2] ; une mauvaise préparation du manioc avant consommation peut entraîner des accidents graves voire mortels ;

- dans les graines de ricin, d'une toxine de nature glycoprotéique, la ricine, extrêmement toxique par voie injectable [3].

C'est cependant une toxicité plus générale qui prévaut dans nombre d'Euphorbiacées et qui est due à la présence de composés diterpéniques (*Cf. Pour aller plus loin « 2 »*) dans le latex de ces plantes. Ces molécules, dont fait partie le mébutate d'ingénol, sont toujours très irritantes au niveau de la peau et des muqueuses et, le plus souvent, inductrices de tumeurs.

Ces molécules sont présentes dans de nombreuses euphorbes (dont plusieurs poussant en France métropolitaine). Pour la France d'outre-mer, c'est le mancenillier, *Hippomane mancinella*) qui constitue l'espèce la plus dangereuse. Cet arbre, répandu dans toute la zone Caraïbes et bien connu de toute personne qui a séjourné aux Antilles, se rencontre près des plages et est toxique aussi bien par voie orale (consommation de ses fruits) que locale. Ses principes actifs fortement irritants et pro-inflammatoires, entraînent toujours des lésions très sévères (sur la peau et aux yeux, par voie locale), sur les lèvres, dans la bouche et le pharynx, après ingestion). Cet arbre qui peut même être dangereux pour la

---

[2] Ces précurseurs d'acide cyanhydrique sont des hétérosides cyanogènes, c'est-à-dire des molécules possédant une partie glucidique liée à une partie non glucidique contenant un cyanure (CN) « masqué ». Par coupure de la liaison entre les deux parties (par hydrolyse chimique ou enzymatique), l'ion cyanure est libéré et manifeste alors sa toxicité.

[3] Très largement détruite par les enzymes digestives, elle est par contre très toxique par voies pulmonaire et injectable. Elle avait été utilisée dans les années 1970 par les services secrets bulgares pour assassiner des dissidents du régime : la ricine était administrée à la victime à l'aide d'un parapluie très spécial ! (d'où les expressions « parapluie bulgare » ou encore « le coup du parapluie », cette dernière ayant même servi de titre à un film de Gérard Oury).

personne qui s'abrite dessous en cas de pluie ou profite de son ombre pour y faire la sieste [4], fait souvent l'objet d'une signalisation explicite.

---

[4] Dans le premier cas, l'eau de pluie, ruisselant de l'arbre, peut se retrouver chargée en molécules toxiques ; dans le second cas, c'est la toxicité de toutes les parties de la plante, dont celles (feuilles, pollen) pouvant se détacher de l'arbre et arriver sur la personne en-dessous, qui pose problème.

Pour aller plus loin « 2 »

Les terpènes constituent sans doute le plus vaste ensemble de métabolites secondaires d'origine végétale [5,6]. Formés par l'assemblage d'unités pentacarbonées, dites unités isopréniques, ils possèdent une structure chimique à nombre N d'atomes de carbone multiple de cinq, N étant au moins égal à 2 et au plus égal à 8 (si on laisse de côté les polyterpènes).

Les principales classes de terpènes

- Les monoterpènes à 10 C (N = 2), composés volatils trouvés principalement dans les huiles essentielles. Exemples : camphre (camphrier), cinéole = eucalyptol (eucalyptus, niaouli), citrals A et B (verveine odorante), citronellal (citronnelle), limonène (différents *Citrus*), linalol et acétate de linalyle (lavande), menthol (menthe poivrée), α- et β-pinènes (pin des Landes), thymol (thym, serpolet), etc. Certains monoterpènes à squelette cyclopentane, les iridoïdes, sont des précurseurs biosynthétiques du vaste groupe des alcaloïdes indolomonoterpéniques ;

- Les sesquiterpènes à 15 C (N = 3). Exemples : acide valérénique et ses dérivés (valériane), artémisinine (armoise annuelle), α-bisabolol et ses oxydes A et B (matricaire = camomille allemande), etc. ; [7]

- Les diterpènes à 20 C (N = 4), *Cf. ci-dessous* ;

---

[5] À l'inverse des métabolites primaires (acides aminés, sucres...) indispensables au développement normal (production d'énergie, reproduction...) des êtres vivants, les métabolites secondaires sont des molécules, le plus souvent de petite taille, ne participant pas directement aux processus vitaux, mais contribuant souvent à l'adaptation à l'environnement (par exemple moyens de défense, de communication intra- ou interspécifique) des espèces qui les renferment.

[6] Bien que majoritairement d'origine végétale, les terpènes sont également rencontrés dans le règne animal (coraux, éponges, insectes, etc.).

[7] *Cf. Lewin G., Drôles d'histoires de médicaments d'origine naturelle, chapitres Les vinca alcaloïdes, pages 199-225 et L'artémisinine, pages 21-35.*

- Les triterpènes à 30 C (N = 6). Présents le plus souvent sous forme d'hétérosides dans lesquels la partie triterpénique constitue la génine. Exemples : aescine (marronnier d'Inde), ginsénosides (ginseng), glycyrrhizine (réglisse), etc. Notons que les stéroïdes végétaux sont de structure voisine de celle des triterpènes avec lesquels ils partagent une partie importante de la biogenèse.

- Les tétraterpènes à 40 C (N = 8) dont le groupe le plus important est celui des caroténoïdes, composés de couleur jaune ou orangée qui peuvent être linéaires (lycopène dans tomate, carotte, pastèque) ou comporter un ou deux cycles (cyclohexène) aux extrémités : α-, β-, γ- et δ-carotènes (carotte, épinard, tomate, poivron) et xanthophylles : lutéine (maïs, carotte, épinard), etc.

Les diterpènes

Ce sont donc des composés dont le squelette, qui possède 20 atomes de carbone, est rarement linéaire mais le plus souvent, cyclisé. Les modes de cyclisation sont variables, dépendant de la biogenèse, et ils conduisent à des structures bien distinctes dont seules celles en rapport avec ce chapitre, dénommées ingénane et tigliane, vont maintenant être présentées.

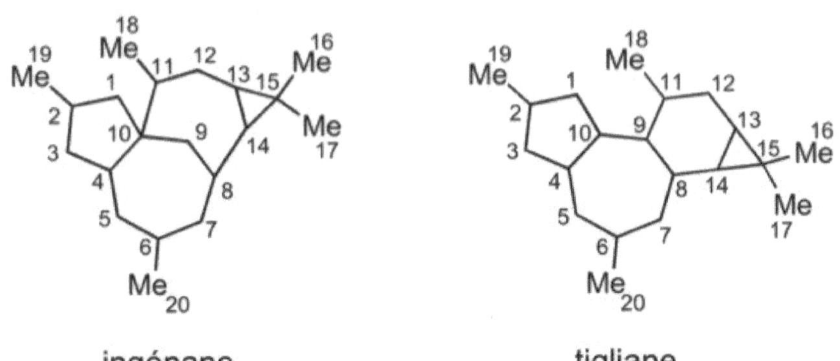

Comme on peut l'observer, ces deux squelettes diterpéniques tétracycliques sont très proches l'un de l'autre, la seule différence structurale tenant dans la liaison du carbone C11, soit avec le carbone C10 dans le squelette ingénane, soit avec le carbone C9 dans le squelette tigliane. Dans la nature, ces squelettes sont porteurs d'un certain nombre de fonctions oxygénées (cétone et alcool). Parmi les fonctions alcool, certaines sont libres et d'autres sont estérifiées. Les composés toxiques à squelette ingénane et tigliane sont des esters diterpéniques, rencontrés surtout dans la famille des Euphorbiacées et qui dérivent de l'ingénol, pour le squelette ingénane, et du phorbol, pour le squelette tigliane.

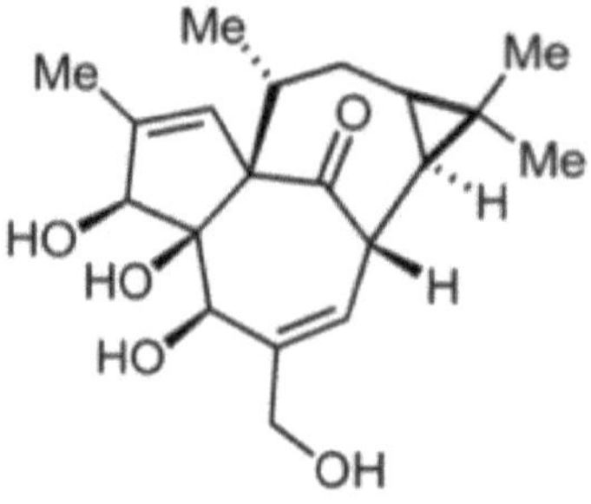

ingénol

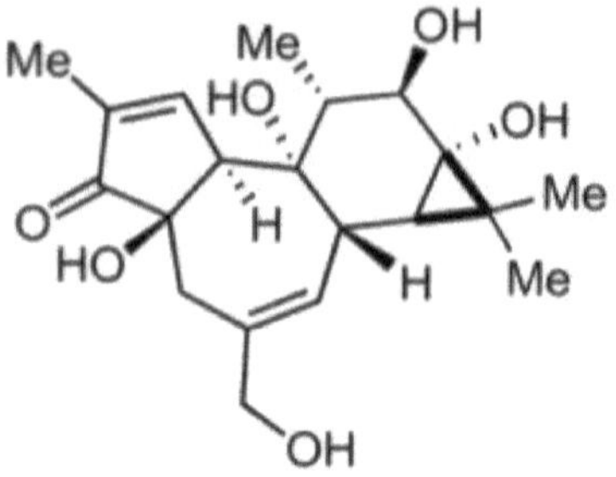

phorbol

La plupart de ces esters sont toxiques, par voie orale (purgatifs violents) et par contact avec la peau et les muqueuses, très irritants et déclenchant une intense réaction inflammatoire. Certains sont aussi de puissants promoteurs de tumeurs, le plus actif étant le TPA (12-*O*-tétradécanoylphorbol-13-acétate, *synonyme* phorbol-12-myristate-13-acétate (PMA), utilisé en applications sur la peau de souris pour la production de tumeurs expérimentales (il amplifie l'action d'un cancérigène déposé préalablement, même à très faible dose).

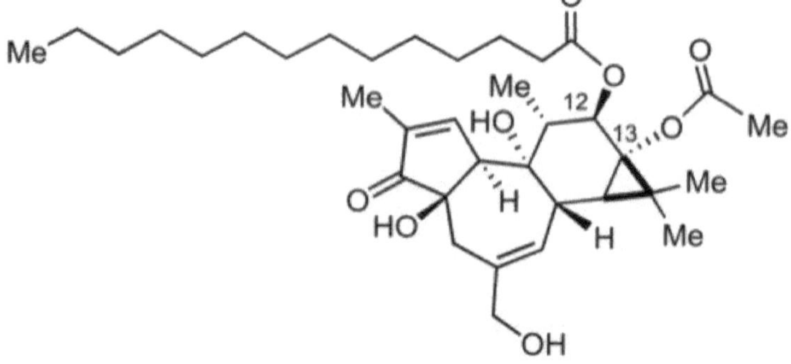

12-O-tétradécanoylphorbol-13-acétate (TPA)

Les trois esters diterpéniques sélectionnés par fractionnement bio-guidé du latex d'*Euphorbia peplus* sont des esters en 3 de l'acide angélique avec l'ingénol, le 20-acétylingénol et le 20-désoxyingénol. Après séparation de ces trois analogues, l'ester de 20-désoxyingénol, moins actif, fut écarté, et c'est finalement le 3-angélate d'ingénol qui fut retenu à la fois pour son activité cytotoxique supérieure et une obtention plus aisée [8].

R = OH   3-angélate d'ingénol
= mébutate d'ingénol

R = OCOCH$_3$ 3-angélate de 20-*O*-acétylingénol

R = H   3-angélate de 20-désoxyingénol

Il ne saurait être question de terminer ce survol rapide des diterpènes sans mentionner les autres diterpènes utilisés à l'état pur, en thérapeutique ou dans un autre domaine.

En thérapeutique, le seul diterpène naturel, principe actif de médicament, est le paclitaxel (Taxol®), de la famille des taxanes. Cet

---

[8] Il est vraisemblable que les responsables de l'étude ont également pensé très tôt qu'en cas d'une préparation industrielle, non pas par extraction mais par hémisynthèse à partir d'ingénol, l'acétylation supplémentaire en C20 serait une difficulté supplémentaire.

anticancéreux était sur le marché bien avant Picato[®] et y demeurera bien après son retrait [9].

Dans l'industrie agro-alimentaire, le stévioside et le rébaudioside A, deux hétérosides diterpéniques à génine de squelette *ent*-kaurane extraits de *Stevia rebaudiana* (Astéracées), l'Herbe sucrée du Paraguay, sont largement utilisés comme édulcorants en raison de leur pouvoir sucrant très élevé (150 à 250 fois plus élevé que celui du saccharose).

Pour aller plus loin « 3 »

La nécrose cellulaire (distincte de l'apoptose ou mort programmée) est consécutive à l'entrée du mébutate d'ingénol dans la cellule par endocytose, détruisant d'abord la mitochondrie puis les organites et enfin la membrane plasmique. Lors des essais sur cellules de tumeurs greffées sur la Souris, la dégradation (gonflement) de la mitochondrie apparaît environ 6 heures après l'application cutanée du produit et celle des organites et de la membrane plasmique dans les 24 heures. Cette nécrose serait due à une élévation du calcium intracellulaire entraînant un effondrement de la production d'ATP.

La phase inflammatoire et immunitaire qui complète et amplifie la destruction des cellules s'explique par plusieurs mécanismes :

- une production de diverses cytokines pro-inflammatoires (IL-1β et 8, TNF-α, etc.) par les kératinocytes touchés, entraînant l'activation et le recrutement de leucocytes (surtout neutrophiles) qui viennent infiltrer la lésion ;

- une cytotoxicité à médiation cellulaire dépendante des anticorps (ADCC) : ainsi, après fixation d'anticorps sur les antigènes des kératinocytes à détruire, diverses cellules effectrices (neutrophiles, lymphocytes T) se lient aux anticorps et activent des mécanismes de destruction (production de radicaux libres oxygénés par exemple).

---

[9] *Cf. Lewin G., Drôles d'histoires de médicaments d'origine naturelle, chapitre Les taxanes, pages 175-197.*

Pour aller plus loin « 4 »

Le terme Protéine Kinase C (PKC) désigne une famille d'enzymes très étudiées depuis une quarantaine d'années. Sa fonction, qui consiste à contrôler et à réguler de nombreuses protéines, s'effectue par une réaction de phosphorylation (c'est la définition même du terme kinase) au niveau du groupe hydroxyle (OH) de deux acides aminés, la sérine et la thréonine. Étant donné le très grand nombre de protéines sous le contrôle de la PKC, cette dernière intervient dans beaucoup de processus physiologiques et dans de multiples pathologies (complications du diabète, maladies cardiovasculaires, troubles bipolaires, maladies neurodégénératives et, bien sûr, les cancers).

La connaissance du fonctionnement de cette famille d'enzymes se complique par le fait qu'elle comprend dix isoformes, se distinguant les unes des autres par de légères différences dans la séquence en acides aminés. Ces isoformes, désignées par des lettres grecques et réparties en trois sous-groupes (PKC conventionnelles, nouvelles et atypiques [10]) ne se différencient pas seulement par leur structure chimique, mais aussi parfois par leurs fonctions opposées : ainsi, à titre d'exemple déjà signalé dans la première partie de ce chapitre, l'activation de la PKC-α entraîne un effet anti-apoptotique, favorisant donc la prolifération cellulaire, alors que celle de la PKC-δ a un effet inverse.

C'est incontestablement dans ce domaine de la prolifération cellulaire que la découverte en 1982 de l'activation de la PKC par les esters de phorbol, puissants promoteurs de tumeurs, fit considérer cette enzyme comme une cible pharmacologique potentielle pour la mise au point de médicaments. D'abord évidemment dans l'axe du cancer, puis dans d'autres pathologies. Cependant, malgré la multiplication des recherches depuis 40 ans, cette piste thérapeutique n'a pour le moment pas été féconde.

---

[10] Selon les conditions de leur activation (PKC conventionnelles, sous la dépendance du diacylglycérol et de l'ion Ca^{++} ; nouvelles, sous la dépendance du diacylglycérol mais pas de l'ion Ca^{++} ; atypiques, sous la dépendance d'aucun des deux).

BIBLIOGRAPHIE

Weedon D. et Chick J. *Med. J. Austr.* **1976**, *1*, 928.
Home treatment of basal cell carcinoma.

Sayed M.D., Riszk A., Hammouda F.M., El-Missiry M.M., Williamson E.M. et Evans, F. J. *Experientia* **1980**, *36*, 1206-7.
Constituents of Egyptian Euphorbiaceae. IX. Irritant and cytotoxic ingenane esters from *Euphorbia paralias* L.

Bruneton J. *Plantes toxiques Végétaux dangereux pour l'Homme et les animaux* **1996**, Éditions Lavoisier TEC & DOC, Paris.
Euphorbiaceae 251-267.

Ogbourne S.M., Suhrbier A., Jones B., Cozzi S.-J., Boyle G.M., Morris M., McAlpine D., Johns J., Scott T.M., Sutherland K.P., Gardner J.M., Le T.T.T., Lenarczyk A., Aylward J.H. et Parsons P.G. *Cancer Res.* **2004**, *64*, 2833-2839.
Antitumor activity of 3-ingenyl angelate : plasma membrane and mitochondrial disruption and necrotic cell death.

Ersvaer E., Kittang A.O., Hampson P., Sand K., Gjertsen B.T., Lord J.M. et Bruserud O. *Toxins* **2010**, *2*, 174-194.
The protein kinase C agonist PEP005 (ingenol 3-angelate) in the treatment of human cancer : a balance between efficacy and toxicity.

Mochly-Rosen D., Das K. et Grimes K.V. *Nat Rev Drug Discov.* **2012**, *11*, 937–957.
Protein kinase C, an elusive therapeutic target ?

Rapport d'évaluation du CHMP (EMA) du 20 septembre **2012** sur Picato®.
https://www.ema.europa.eu/en/documents/assessment-report/picato-epar-public-assessment-report_en.pdf

Walsh L. *Boom magazine*, July **2012**.
Homegrown gel's global cancer war.
http://media01.couriermail.com.au/multimedia/**2012**/boom.pdf

HAS, Commission de la Transparence 26 juin **2013**.
Avis sur les spécialités Picato 150µg/g. gel et Picato 500µg/g. gel.

Alchin D.R. *Dermatol. Ther.* **2014**, *4*, 157-164.
Ingenol mebutate : a succinct review of a succinct therapy.

Dodds A., Chia A.et Shumack S. *Dermatol. Ther.* **2014**, *4*, 11-31.
Actinic keratosis : rationale and management.

Oghbourne S.M. et Parsons P.G. *Fitoterapia* **2014**, *98*, 36-44.
The value of nature's natural product library for the discovery of New Chemical Entities : the discovery of ingenol mebutate.

Freiberger S.N., Cheng P.F., Iotzova-Weiss G., Neu J., Liu Q., Dziunycz P., Zibert J.R., Dummer R., Skak K., Mitchell P., Levesque M.P., et Hofbauer G.F.L *Mol. Cancer Ther.* **2015**, *14*, 2132-2142.
Ingenol mebutate signals via PKC/MEK/ERK in keratinocytes and induces interleukin decoy receptors IL1R2 and IL13RA2.

Diogo D., Bessa C., Simões M.F., Catarina P., Reis C.P., Saraiva L et Rijo P. *Studies in Natural Products Chemistry* **2016**, *50*, 45-79.
Natural products as lead protein kinase C modulators for cancer therapy.

Vergely J. *Télérama* 18 janvier **2018**.
Interview de Daniel Pennac
https://www.telerama.fr/enfants/daniel-pennac-si-vous-croyez-un-enfant-qui-vous-dit-quil-naime-pas-lire,-alors-il-est-foutu,n5446579.php

Dermato Info Basset-Seguin N. *Société française de dermatologie.*
Les kératoses actiniques. 2 décembre **2019**.
https://dermato-info.fr/fr/les-maladies-de-la-peau/la-kératose-actinique

Glanz D et Aylward J. 1er juillet **2019**.
From folklore remedy to skin cancer treatment.
https://www.atse.org.au/wp-content/uploads/2018/12/From-folklore-remedy-to-skin-cancer-treatment.pdf

Rapport d'évaluation du PRAC (EMA) du 17 avril **2020** sur Picato®.
https://www.ema.europa.eu/en/documents/referral/picato-article-20-referral-assessment-report_en.pdf

Skin Cancer Foundation. La kératose actinique (mise à jour **2020**).
https://www.skincancer.org/international/la-keratose-actinique

LA MORPHINE ET SES DÉRIVÉS
Pathologies concernées : la douleur, la toux, la toxicomanie

OPIACÉ (COMPOSÉ), AU PRÉSENT ET AU FUTUR

Pour commencer...

Si je voulais présenter le pavot somnifère, *Papaver somniferum* (Papavéracées) à la manière d'une *success story* industrielle et commerciale, je le définirais avant tout comme ayant bâti au fil des siècles un formidable système de production de substances actives d'origine naturelle. Au catalogue des molécules accessibles aujourd'hui, directement ou indirectement, à partir du pavot somnifère, figurent en effet des principes actifs de toute première importance, en particulier dans le domaine de la lutte contre la douleur. Mais, nombre de ces substances étant, par mésusage ou par utilisation délibérée, à l'origine d'une importante toxicomanie, il se trouve que le pavot somnifère permet également l'accès aux molécules indiquées dans la prise en charge thérapeutique de cette toxicomanie. De la même façon, la constipation sévère induite par ces puissants antalgiques peut être traitée par des médicaments préparés eux aussi à partir du pavot somnifère. Nous voyons donc que cette espèce n'est pas très éloignée du modèle de certaines grosses entreprises qui, dans le domaine de l'armement par exemple, produiront à la fois les missiles et les antimissiles, les avions bombardiers et les systèmes de défense aérienne. À la grande différence, bien sûr, que nous ne saurions soupçonner ce cher pavot somnifère, qui n'est qu'une plante après tout, d'un quelconque cynisme ou d'une recherche effrénée du profit. Partons donc à la découverte de cette véritable *World Company* du médicament d'origine naturelle, symbole peut-être le plus emblématique de ce que le règne végétal a apporté à la thérapeutique.

Le pavot somnifère...

Tout ce que vous avez toujours voulu savoir sur le pavot somnifère (sa vie, son œuvre !) étant largement accessible par ailleurs (livres, internet), je me contenterai juste de rappeler en préambule que cette plante originaire du bassin méditerranéen a été utilisée depuis la Haute antiquité par l'Homme pour soulager la douleur et engendrer le sommeil. Ses propriétés thérapeutiques ainsi que la toxicomanie qu'il peut induire et dont l'apparition en Europe remonte au 18e siècle, reposent sur la présence d'alcaloïdes, en particulier la morphine, majoritaire et spécifique de cette espèce. Ces alcaloïdes, au nombre de plusieurs dizaines se trouvent dans tous les organes de la plante, mais à des teneurs variables : maximale dans la capsule (= le fruit) avant maturité et très faible dans les graines [1]. Outre la morphine dont la teneur représente le plus souvent à elle seule au moins la moitié de l'ensemble des alcaloïdes, les autres principaux alcaloïdes sont la noscapine, la codéine, la thébaïne et la papavérine. Les alcaloïdes du pavot somnifère sont distribués dans les différentes parties de la plante par un réseau de canaux, les laticifères, sécrétant un liquide laiteux blanc, appelé latex, dans lequel ils sont présents à forte concentration. Par incision des capsules encore vertes (non mûres), ce latex peut être recueilli par raclage, puis il est aggloméré et laissé à sécher à l'air libre. Un double phénomène d'oxydation et de déshydratation le transforme alors au bout de quelques jours en un solide brun-noir, de saveur piquante et amère, l'opium.

---

[1] Cette faible teneur des graines en alcaloïdes semble provenir d'une contamination de la capsule par le latex et elle peut être notablement augmentée en cas de mauvais nettoyage de ces graines après la récolte. Des contrôles positifs à la morphine dans la salive, le sang et l'urine et même des cas d'intoxication aux graines de pavot ont déjà été signalés chez des amateurs de baguette, brioche et bagels aux graines de pavot, non consommateurs par ailleurs de produits opiacés. La Commission européenne a émis le 10 septembre 2014 une recommandation sur les bonnes pratiques visant à prévenir et à réduire la présence d'alcaloïdes dans les graines de pavot et les produits en contenant. Plus récemment, l'Anses (Agence nationale de sécurité sanitaire de l'alimentation, de l'environnement et du travail) y a consacré un article « Des contrôles positifs aux opiacés dus à la consommation de sandwichs au pavot » (Vigil'Anses n°10, Le bulletin de vigilance de l'Anses, mars 2020).

Si l'opium, qui contient environ 10 à 12% de morphine, est bien la matière première de choix pour l'extraction illicite de cet alcaloïde (à partir de pavot cultivé avant tout en Afghanistan, mais aussi au Myanmar et au Mexique), puis sa transformation en héroïne, il est peu utilisé (il s'agit alors quasi exclusivement d'opium de l'Inde) pour la production licite des alcaloïdes, largement devancé par la paille de pavot, bien plus diluée en morphine (teneur de l'ordre de 1%). Cette paille de pavot, définie comme étant le broyat obtenu après fauchage du pavot somnifère, constitué de la capsule (sans les graines) et de tout ou partie de la tige, est surtout produite à partir de cultures situées en Australie, Espagne, France, Turquie, etc. Arrivé à ce stade, le lecteur, s'il n'a pas encore succombé à l'effet hypnotique de la morphine, doit logiquement se poser la question suivante : pourquoi donc l'industrie pharmaceutique préfère-t-elle la paille de pavot, une matière première pourtant faiblement dosée en alcaloïdes et donc bien plus difficile à travailler pour en isoler et purifier les différents alcaloïdes, à l'opium beaucoup plus concentré ? Une partie de la réponse se trouve dans la question : contrairement à l'opium qui, par sa teneur élevée en morphine, permet d'isoler cet alcaloïde dans les conditions souvent sommaires d'un laboratoire clandestin, la paille de pavot, plus faiblement titrée, nécessite des opérations successives d'extraction, de fractionnement, d'isolement et de purification requérant l'équipement d'un vrai laboratoire officiel, ce qui décourage en partie le trafic. À cette première explication s'ajoute aussi l'acquisition d'une plus grande indépendance des pays producteurs d'alcaloïdes de pavot grâce à la maîtrise de l'ensemble du processus de fabrication, de la matière première (la paille de pavot) aux produits finis (les différents alcaloïdes).

... et ses alcaloïdes

Les alcaloïdes du pavot somnifère appartiennent à la vaste famille des alcaloïdes isoquinoléiques et sont tous formés dans la plante à partir d'un même acide aminé, la L-tyrosine. Bien qu'ayant ce précurseur en commun, les alcaloïdes du pavot somnifère ne possèdent pas tous le même squelette chimique, ce qui permet de les classer dans des groupes structuraux distincts. Pour ne parler que des seuls alcaloïdes déjà cités, la morphine, la codéine et la thébaïne appartiennent au groupe morphinane, la papavérine à celui des benzylisoquinoléines et la noscapine à celui des phtalyltétrahydroisoquinoléines. Nous insisterons avant tout sur le groupe morphinane, de loin le plus important sur le plan pharmacologique et en thérapeutique, ce qui tombe bien puisque c'est aussi celui dont le nom est le plus facile à prononcer ! Selon le groupe, la biogenèse (= biosynthèse), c'est-à-dire la suite des réactions biochimiques et des composés intermédiaires successivement formés au cours de la formation des alcaloïdes par la plante, varie. En pensant que la comparaison suivante pourra aider le lecteur non chimiste à saisir ces notions, j'assimilerai cette biogenèse des alcaloïdes du pavot aux trains au départ d'une grande gare parisienne. Cette dernière figurera la L-tyrosine, les rails étant les voies biogénétiques et les gares desservies les composés intermédiaires. La biogenèse des différents groupes d'alcaloïdes du pavot démarre donc toujours de la même façon, à partir de la L-tyrosine, passant pour les premières étapes par les mêmes intermédiaires puis bifurquant à un moment donné vers une voie qui devient spécifique du groupe. De la même manière que certaines gares, des nœuds ferroviaires, sont plus importantes que d'autres, un intermédiaire biogénétique, dénommé la réticuline, joue ici un rôle central. C'est en effet à partir de la réticuline que se forment, par des voies distinctes, les alcaloïdes de la majorité des groupes structuraux, en particulier ceux à squelette morphinane (thébaïne, codéine et morphine). Ces derniers sont d'ailleurs le produit d'une biogenèse que l'on ne trouve que dans le seul genre *Papaver*. L'ordre dans lequel j'ai cité ces trois alcaloïdes n'est pas anodin puisqu'il est celui dans lequel ils apparaissent chronologiquement au cours de la biogenèse. À ce sujet, il est important de noter que :

1) la morphine est le dernier alcaloïde à squelette morphinane qui se forme, le terminus de la ligne en quelque sorte ! Et c'est bien parce que la morphine, résultat d'une modification de l'intermédiaire précédent, la codéine, ne se transforme pas à son tour, qu'elle s'accumule dans la plante avec une teneur si importante ;

2) il existe des variétés de *P. somniferum* (ce que l'on appelle des races chimiques) ou même d'autres espèces du genre *Papaver* comme *P. orientale* et *P. bracteatum* qui sont dépourvues de codéine et de morphine et dans lesquelles c'est la thébaïne qui est le morphinane majoritaire. L'explication tient en une inactivation de l'enzyme gouvernant la transformation de la thébaïne dans l'intermédiaire suivant. La voie étant bloquée après la gare en quelque sorte, le nouveau terminus devient la thébaïne qui s'accumule alors dans la plante.

Pour une explication beaucoup moins ferroviaire et beaucoup plus chimique de cette biogenèse, ***Cf. Pour aller plus loin « 1 »***.

Le groupe des alcaloïdes à squelette morphinane : Un pour tous, tous pour un !

Cette devise des *Trois mousquetaires* pourrait parfaitement s'appliquer aux trois alcaloïdes à squelette morphinane importants, tant leurs intérêts pharmaceutiques respectifs sont étroitement liés. Comme d'ailleurs les personnages d'Alexandre Dumas, ces trois alcaloïdes sont en fait quatre si l'on prend aussi en compte l'oripavine, un dérivé très proche de la thébaïne et également utilisé dans l'industrie pharmaceutique. Je ne me hasarderai pas à pousser la comparaison jusqu'à essayer d'identifier chacun des quatre alcaloïdes morphinane à l'un des mousquetaires de Dumas, même s'il ne fait aucun doute que la morphine, la cheffe de la bande, serait parfaite dans le rôle de d'Artagnan ! C'est donc par elle que je commencerai cette présentation Pour autant, le rôle essentiel de la thébaïne dans la chimie du pavot et dans son apport à la thérapeutique étant selon moi très sous-estimé, je m'efforcerai aussi, dans la mesure du possible, de réparer cette injustice.

La morphine

C'est au pharmacien allemand Friedrich Wilhelm Adam Sertürner (1783-1841) que l'on doit l'isolement de la morphine à partir de l'opium en 1805. Ses remarquables propriétés « calmantes » firent rapidement utiliser la morphine en thérapeutique, d'abord par voie orale (sels de morphine en solution aqueuse) aux alentours de 1820, puis à partir des années 1850 par voie SC, suite à l'invention de la seringue hypodermique à aiguille creuse. L'administration de morphine, par voie injectable, pour soulager les blessés et les opérés fut fortement mise à profit sur les champs de bataille (guerre de Sécession, guerre franco-prussienne de 1870...), et contribua aussi à l'apparition dans l'armée de la morphinomanie qui devait gagner rapidement la société civile. On peut noter que cette utilisation de la morphine à des fins thérapeutiques mais aussi toxicomaniaques précéda très largement l'élucidation de sa structure chimique qui fut établie en 1925 par le chimiste britannique Robert Robinson (1886-1975, prix Nobel de chimie 1947).

Les propriétés pharmacologiques de la morphine et ses effets sur l'Homme (effets recherchés et effets indésirables) reposent complètement sur l'existence de structures spécifiques, appelées récepteurs opioïdes [2] sur lesquels elle se fixe (*Cf. **Pour aller plus loin « 2 »***). Son action au niveau du système nerveux central se traduit avant tout par un puissant effet analgésique s'expliquant à la fois par une élévation du seuil de perception de la douleur et une augmentation chez le patient de la capacité à la tolérer ; la morphine appartient au niveau 3 (le niveau supérieur) de la classification des antalgiques de l'OMS. Les principaux autres effets centraux sont une dépression respiratoire (par action au niveau du bulbe rachidien), une action antitussive (par dépression du centre de la toux), un rétrécissement de la pupille (= myosis) et l'apparition fréquente de nausées et de vomissements. Au niveau périphérique, l'effet le plus constant est la constipation.

Sur le plan de l'humeur, la morphine engendre des effets très variables selon la dose, la personnalité de l'individu et le contexte dans lequel elle est utilisée (présence d'une douleur à atténuer ou pas) : elle peut provoquer à la fois de la somnolence (rappelons que le nom morphine vient de Morphée, le dieu des rêves, fils de la Nuit et du Sommeil), de l'euphorie et un état de bien-être transitoire, sensations très agréables qui sont évidemment recherchées par le toxicomane. À ce sujet, l'intoxication chronique à la morphine, et de façon générale aux opioïdes, présente toutes les caractéristiques possibles de la toxicomanie avec :

- la tolérance (= accoutumance) dans la mesure où l'organisme tolère, dans le sens supporte, de mieux en mieux la morphine au fur et à mesure de son administration ; la conséquence en est rapidement la nécessité d'augmenter les doses et la fréquence d'administration pour continuer à percevoir les mêmes effets ;

---

[2] Appelés également récepteurs morphiniques ou (aux) opiacés car directement impliqués aussi dans l'action pharmacologique des analogues naturels et hémisynthétiques de la morphine possédant le squelette morphinane. Le terme opioïde est cependant plus approprié car il englobe l'ensemble des substances reproduisant les effets de la morphine, même s'ils ne possèdent pas son squelette morphinane (par exemple le tramadol, la méthadone, le fentanyl ainsi que certains neurotransmetteurs peptidiques [*Cf. **Pour aller plus loin « 2 »***]).

- la dépendance psychique, se traduisant par des pulsions signant un besoin impérieux à renouveler la prise (*craving* en anglais) ;

- la dépendance physique qui se manifeste par un véritable syndrome de manque en cas d'abstinence involontaire (approvisionnement interrompu pour diverses raisons) ou volontaire (désir de sevrage) ou encore après administration d'un antagoniste de la morphine, c'est-à-dire une substance qui s'oppose à son action au niveau des récepteurs. Ce syndrome de manque comprend du larmoiement, de la rhinorrhée (nez qui coule), des frissons, de l'agitation, de la mydriase (dilatation des pupilles), de la diarrhée, des douleurs musculaires et un état d'anxiété et d'insomnie.

Le tableau qui vient d'être décrit est le même pour tous les opioïdes, même si ses différentes manifestations varient en intensité d'une molécule à une autre. C'est avec l'héroïne, un dérivé de la morphine dont la structure plus lipophile (ayant plus d'affinité pour les graisses) permet un passage beaucoup plus rapide dans le cerveau, surtout après injection intraveineuse, que la toxicomanie s'installe le plus vite et le plus fortement.

Inscrite sur la liste des stupéfiants (annexe I) [3] mais aussi sur la Liste modèle des médicaments essentiels de l'OMS, la morphine est indiquée en thérapeutique comme antalgique dans les douleurs intenses ou rebelles aux antalgiques de niveau plus faible (douleurs d'origine cancéreuse, postopératoires, post-traumatiques...). Son administration se fait prioritairement par voie orale, sous forme de sulfate (Actiskenan®, Moscontin LP®, Skenan LP®...), dans des formes à libération immédiate ou prolongée. En cas d'inefficacité ou de contre-indication de la voie orale, la morphine (sous forme de chlorhydrate essentiellement) est administrée par voie injectable : SC, IV, péridurale ou intrathécale (intrarachidienne).

Bien que ses indications thérapeutiques soient de toute première importance, l'emploi de la morphine licite (388 tonnes extraites en 2018) comme principe actif médicamenteux est quantitativement très mineur, la

---

[3] Les spécialités à base de morphine sont donc soumises à des règles de prescription et de dispensation très strictes.

plus grande part (85%), obtenue donc à partir de la paille de pavot et de l'opium, étant consacrée à l'hémisynthèse d'autres substances actives : la codéine surtout (*Cf. ci-dessous*), la codéthyline (ou éthylmorphine) et la pholcodine, antitussives, l'hydromorphone, un antalgique de niveau 3 et enfin, l'apomorphine, un composé ne possédant plus le squelette de la morphine, non analgésique et non toxicomanogène, utilisé dans le traitement de certaines formes de la maladie de Parkinson (***Cf. Pour aller plus loin « 3 »***).

La morphine utilisée de façon illicite est, elle, isolée exclusivement de l'opium. Elle représente un tonnage bien plus important que celle du marché pharmaceutique puisqu'elle sert à préparer l'héroïne (production estimée à 500-700 tonnes en 2018). Cette substance, ester diacétylé de la morphine (= diacétylmorphine) fut synthétisée pour la première fois en 1874 par le chimiste britannique Charles R. Alder Wright, mais c'est la firme allemande Bayer qui, sous l'impulsion de Heinrich Dreser et Felix Hoffman, la commercialisa en 1898 sous le nom commercial Heroin. Bayer pensait tenir un dérivé aussi efficace et moins toxicomanogène que la morphine... avant de le retirer en 1913 après que son intense pouvoir addictogène eut été reconnu. Depuis 50 ans, la production et l'emploi de l'héroïne sont interdits en France, mais il y a héroïne et héroïne !

La codéine

Ce composé dont l'isolement a été décrit en 1832 par le chimiste français Pierre Jean Robiquet (1780-1840) est de loin l'alcaloïde à structure morphinane le plus utilisé au monde. Bien que la codéine soit naturellement présente dans le pavot somnifère, son extraction à partir de la paille de pavot et de l'opium n'en constitue pas la source industrielle principale (l'extraction, seule, ne suffirait pas à satisfaire les besoins thérapeutiques). La majeure partie de la codéine (308 tonnes produites en 2018) est en effet préparée par hémisynthèse à partir de la morphine et, dans une moindre mesure, de la thébaïne. L'hémisynthèse à partir de la morphine, par extraction de celle-ci, alcaloïde majoritaire, puis sa méthylation en codéine, est en outre bien plus rentable que l'extraction directe de la codéine, alcaloïde minoritaire et donc plus difficile à isoler et à purifier. On peut souligner qu'à l'inverse de la morphine dont l'emploi comme principe actif médicamenteux est minoritaire, la codéine est avant tout utilisée elle-même en thérapeutique, son rôle de matière première d'hémisynthèse étant très limité.

La disparition de la fonction phénol, libre dans la morphine et sous forme d'éther méthylique dans la codéine, modifie le profil pharmacologique de cette dernière qui agit cependant, comme la morphine, par fixation sur les récepteurs opioïdes. Par rapport à la morphine, la codéine est un analgésique plus faible (niveau 2 de la classification des antalgiques de l'OMS). On évoque parfois un rapport d'activité analgésique de 1 à 6 entre la morphine et la codéine (par voie orale, 60 mg de codéine équivaudraient à 10 mg de morphine) mais ce chiffre doit être tempéré pour la raison suivante : la codéine étant partiellement métabolisée (= transformée) en morphine dans l'organisme, mais avec une cinétique différente selon les individus, une même dose pourra être inefficace ou peu efficace chez les uns (métaboliseurs lents) et entraîner un risque de surdosage chez les autres (métaboliseurs ultra-rapides). L'action antitussive reste importante, accompagnée des effets indésirables généraux des opioïdes (constipation, somnolence, nausées, dépression respiratoire).

La codéine, inscrite sur la Liste modèle des médicaments essentiels de l'OMS, est indiquée en thérapeutique, par voie orale (sous forme de codéine base et de différents sels) à partir de l'âge de 12 ans :

- depuis très longtemps, comme antitussif, dans le traitement symptomatique des toux non productives gênantes ;

- depuis une trentaine d'années, [4] comme antalgique, en association avec un antalgique d'action périphérique (paracétamol le plus souvent, ibuprofène) pour le traitement des douleurs aiguës d'intensité modérée qui ne peuvent pas être soulagées par d'autres antalgiques comme le paracétamol ou l'ibuprofène (seuls). Ces associations, combattant la douleur grâce à deux substances actives agissant selon des mécanismes différents, constituent une offre thérapeutique intermédiaire entre les antalgiques périphériques utilisés seuls et les antalgiques opioïdes majeurs.

Bien que le risque toxicomanogène de la codéine (inscrite sur la liste des stupéfiants, annexe II) soit faible, certaines spécialités à base de codéine ont depuis longtemps été détournées par des toxicomanes pour pallier le manque d'opioïdes plus forts (comment ne pas citer le sirop antitussif Néo-Codion® consommé parfois par l'acheteur, à peine sorti de l'officine ?). Depuis 1990, la législation exonérait (ou pas) d'une prescription médicale la délivrance de médicaments contenant de la codéine selon la quantité de codéine qu'ils contenaient (par prise unitaire ou dans toute la boîte), mais cette dispense a pris fin en 2017 avec l'arrivée en France, en provenance des USA, du *purple drank* [5]. Cette boisson, euphorisante et qui fait « planer », a été popularisée par des rappeurs américains dans les années 1990. Elle est confectionnée en mélangeant des médicaments (comprimés, sirops) contenant de la codéine avec du soda ou une boisson énergisante, des bonbons et du sirop de grenadine pour lui donner une belle couleur plus ludique. Ce « cocktail » se consomme parfois avec de la prométhazine, un

---

[4] La codéine était déjà présente en France avant 1986 dans différentes spécialités pharmaceutiques à visée antalgique, mais ces dernières étaient souvent de composition complexe (parfois de vraies « soupes ») et le dosage entre les différents constituants n'était pas toujours très cohérent.

[5] On ne peut que regretter l'époque où le *Purple* made in USA touchait au domaine de la chanson (*Purple Rain*) ou du cinéma (*The Color Purple* et *The Purple Rose of Cairo*) et pas à celui de « cocktails » toxiques !

antihistaminique (Phénergan®) qui s'oppose à certains des effets indésirables de la codéine (nausées, vomissements). L'apparition en France en 2013 de ce nouveau mode de consommation de codéine (dans un milieu de lycéens, d'étudiants et de jeunes actifs), puis son développement progressif, ont conduit en 2017 le ministère de la Santé à placer toutes les spécialités pharmaceutiques à base de codéine [6] sur la liste des médicaments délivrés uniquement sur ordonnance.

En tant que matière première d'hémisynthèse, la codéine sert à préparer (par hydrogénation de la double liaison) la dihydrocodéine, antalgique de niveau 2 de la classification des antalgiques de l'OMS. Ce principe actif (inscrit sur la liste des stupéfiants, annexe II) est, sous forme de tartrate, indiqué par voie orale chez l'adulte, à partir de 15 ans, pour le traitement symptomatique des douleurs d'intensité modérée (Dicodin LP®).

La thébaïne

Comme annoncé au début de ce chapitre sur les alcaloïdes à squelette morphinane, la thébaïne (128 tonnes extraites en 2018) me semble vraiment trop méconnue eu égard aux services qu'elle rend *indirectement* à la thérapeutique. Indirectement, car non utilisée elle-même en thérapeutique (toxique et très peu analgésique), voilà bien la seule raison de sa très grande marginalisation par rapport à la morphine et à la codéine. Nul besoin en effet de recourir à un sondage pour affirmer que tout le monde ou presque a déjà entendu parler de la morphine, voire de la codéine et à peu près personne de la thébaïne (tout juste des chimistes et des pharmaciens, mais même pas des médecins puisque la thébaïne n'est pas un principe actif de médicament). Pour s'en convaincre, rien de mieux que la consultation de Wikipedia, cet étalon moderne de notoriété : la comparaison (quantitative) des monographies de la thébaïne et de la morphine est édifiante à cet égard et montre à peu près le même rapport qu'entre l'épaisseur d'une tranche de carpaccio et celle d'une

---

[6] Mais aussi à base de codéthyline, de dextrométhorphane (opioïde de synthèse) et de noscapine. Ce dernier composé, semble être une « victime collatérale » de cette décision, car bien que naturellement présent dans le pavot somnifère, il n'est pas un opiacé au sens pharmacologique et n'est pas toxicomanogène.

entrecôte XXL [7] ! Finalement, ce ne sont pas *Les Trois mousquetaires* que j'aurais dû évoquer mais plutôt les trois astronautes de la mission Apollon 11 : Neil Armstrong et Buzz Aldrin, les deux astronautes à avoir marché sur la Lune, en allégories respectives de la morphine et de la codéine et Michael Collins, celui qui, le pauvre, est resté dans le vaisseau, dans celle de la thébaïne. Qui se souvient en effet aujourd'hui du nom de l'astronaute Michael Collins, tout récemment disparu ?

Si la thébaïne n'a pas d'utilisation thérapeutique, son rôle comme matière première indispensable dans la découverte de principes actifs hémisynthétiques est d'ores et déjà considérable. À l'heure actuelle, ce sont neuf principes actifs médicamenteux qui sont commercialisés (dont huit en France), groupés ci-dessous par indication thérapeutique (pour une présentation plus détaillée, ***Cf. Pour aller plus loin « 4 »***) :

- douleur : buprénorphine, nalbuphine, oxycodone [8] ;

- toxicomanie aux opioïdes : buprénorphine en traitement de substitution ; naloxone en traitement de l'intoxication aiguë ; naltrexone en traitement de soutien ;

- dépendance à l'alcool : nalméfène, naltrexone ;

- constipation induite par les opioïdes : méthylnaltrexone, naldémédine, naloxégol.

S'il ne fallait retenir qu'un seul de ces principes actifs pour illustrer le rôle essentiel de la thébaïne qui a permis de le découvrir, ce serait incontestablement la naloxone, antidote dans l'intoxication aiguë par les morphiniques et tous les opioïdes. Prise à temps, la naloxone lève la dépression respiratoire qui, sans ce traitement, est très souvent fatale. Nous pourrions, dans un résumé un peu réducteur, analyser la complémentarité de la morphine et de la thébaïne de la façon suivante : la

---

[7] Ou bien, pour le lecteur plus porté sur la lecture que sur la cuisine, qu'entre une courte nouvelle de Maupassant et l'intégrale des Rougon-Macquart.

[8] L'oxycodone a été particulièrement impliquée dans ce que l'on a appelé la crise des opioïdes aux États-Unis. Ce problème sera abordé un peu plus loin dans ce chapitre.

morphine sert à préparer par hémisynthèse de l'héroïne qui tue par surdosage (overdose) quand la thébaïne sert à préparer par hémisynthèse de la naloxone qui sauve la vie en cas de surdosage.

Arrivé à ce stade, le lecteur doit se demander ce que la thébaïne a de plus que ses « petites sœurs », la morphine et la codéine. Qu'est-ce qu'elle a que ces deux autres n'ont pas. En relisant cette dernière phrase, comment ne pas penser à la chanson hommage à Ella Fitzgerald de Michel Berger et France Gall ? À peine modifiée orthographiquement (mais pas phonétiquement) pour la circonstance :

> ♪♫♪ *Elle l'a, elle l'a,*
> *Ce je ne sais quoi,*
> *Que d'autres n'ont pas,*
> *Qui la met dans de drôles d'états*
> *Elle l'a, elle l'a...* ♪♫♪

Ce je ne sais quoi... qui la met dans de drôles d'états (de transition, bien sûr !) s'appelle, en chimie, une fonction éther d'énol α,β-insaturée ou encore un enchaînement buta-1,3-diène substitué en 1 par un groupe éther (*l'auteur présente ses excuses aux lecteurs non-chimistes. Promis juré, il ne recommencera pas !*). C'est en effet cette fonction (que l'on trouve aussi dans l'oripavine, mais pas dans la morphine ni la codéine), qui explique depuis plus d'un siècle, et ce n'est pas fini, le grand intérêt des pharmacochimistes pour la thébaïne (pour le lecteur intéressé par la réactivité chimique de la thébaïne, *Cf. **Pour aller plus loin « 5 »***).

Les autres alcaloïdes, de squelette non morphinane

Il ne saurait être question de terminer cette présentation des alcaloïdes du pavot somnifère sans mentionner deux autres principes actifs utilisés en thérapeutique, mais ne possédant pas le squelette morphinane (pour les formules, *Cf. **Pour aller plus loin « 6 »***).

Le premier d'entre eux est la papavérine, un alcaloïde à noyau isoquinoléine qui, bien que naturel, est préparé habituellement par synthèse chimique totale en raison à la fois de sa faible teneur dans la plante et de sa structure relativement simple. Cet alcaloïde fait partie de la classe des spasmolytiques (= antispasmodiques) musculotropes, ce qui signifie qu'il agit directement sur le muscle lisse. Il exerce son action sur de très nombreux organes : intestin, vésicule biliaire, uretères, bronches mais aussi sur les vaisseaux, cérébraux et périphériques qu'il relâche par un effet vasodilatateur. Cette dernière propriété ainsi que la quasi absence d'action au niveau du système nerveux central explique le grand succès que connut la papavérine dans la seconde moitié du siècle dernier et qui prit fin au début des années 1990 : on compta en effet jusqu'à une vingtaine de spécialités associant la papavérine à divers autres principes actifs et qui étaient indiquées dans l'artériopathie, le déficit cognitif et neurosensoriel du sujet âgé, certains troubles de la vision, certains vertiges, la fragilité capillaire...Le « nettoyage » de la liste des médicaments basé sur des preuves réelles d'activité porta un coup presque fatal à la papavérine qui n'est plus indiquée aujourd'hui en 2020 que dans le traitement symptomatique des manifestations fonctionnelles intestinales, notamment avec météorisme, c'est-à-dire ballonnement (Acticarbine® par voie orale) et dans celui des spasmes douloureux (Papavérine Renaudin® par voie SC).

Le second alcaloïde, la noscapine, dont le squelette est de type phtalyltétrahydroisoquinoléique, est relativement abondant dans le pavot somnifère qui constitue sa seule source d'obtention. Antitussif d'action centrale de structure non morphinane, la noscapine ne possède pas les actions analgésique, dépressive respiratoire et toxicomanogène de la codéine, mais peut entraîner un certain nombre d'autres effets indésirables potentiellement graves. Elle reste aujourd'hui présente, en association avec la prométhazine (un antihistaminique), dans une spécialité indiquée dans le traitement symptomatique des toux non productives gênantes (Tussisédal® sirop), dont la délivrance suit depuis 2017 la législation qui s'applique aux médicaments à base de codéine (*vide supra*).

L'avenir de la noscapine ou plutôt d'analogues passera peut-être par le traitement de cancers et de certaines maladies neurodégénératives depuis que l'on a découvert en 1998 qu'elle interférait avec la dynamique du système tubuline-microtubules, provoquant l'arrêt de la mitose en métaphase et induisant l'apoptose (= la mort programmée des cellules). De très nombreux dérivés de la noscapine ont depuis été synthétisés dont certains sont toujours étudiés en rapport avec ces nouveaux axes thérapeutiques.

« Ma petite entreprise, connaît pas la crise ». Oh que si, surtout aux États-Unis !

Plusieurs raisons expliquent mon choix de la chanson d'Alain Bashung pour présenter cette nouvelle partie :

- d'abord parce que ce début de chanson colle bien avec le sujet que je vais aborder, la crise des opioïdes aux États-Unis, avec en vedettes (forcément américaines !), l'oxycodone (Oxycontin®) et Purdue Pharma, l'entreprise pharmaceutique qui la commercialise ;

- ensuite parce qu'il y a presque concomitance entre la sortie de cette chanson en France (1994) et la commercialisation d'Oxycontin® aux États-Unis (1995) ;

- enfin et surtout parce que j'aime bien cette chanson !

Le titre et ce préambule que j'ai voulu humoristiques introduisent en fait un sujet tout à fait dramatique, la crise des opiacés (opioïdes serait plus juste), un véritable naufrage sanitaire qui a sévi aux États-Unis (et aussi, dans une moindre mesure au Canada) à partir des année 1990. Détailler ce qui s'est passé, pourquoi et comment, constituerait à lui seul la matière d'un livre ; c'est la raison pour laquelle je me contenterai juste d'un bref résumé (le lecteur intéressé trouvera dans la bibliographie des références d'articles sur le sujet).

Quelques chiffres éloquents donnent une idée du désastre :

- depuis 1999, 450 000 décès par surdosage d'opioïdes dont plus de 200 000 imputables à des antalgiques opiacés (principalement oxycodone et hydrocodone [9]) ont été constatés ;

- en 2018 (données les plus récentes) aux États-Unis, 15% de la population (soit environ 50 millions) a reçu au moins une prescription pour un antalgique opioïde (soit 170 millions d'ordonnances *versus* 260 millions en 2012) ;

---

[9] L'hydrocodone n'est pas commercialisée en France.

- en 2018, environ 47 000 décès ont été consécutifs à un surdosage d'opioïdes dont 15 000 par des médicaments opiacés naturels et hémisynthétiques et à peu près autant par l'héroïne ;

- de 1999 à 2013, la proportion de décès par surdosage de médicaments opiacés naturels, hémisynthétiques et de méthadone a toujours été supérieure à celle due à la consommation d'héroïne et d'opioïdes de synthèse (fentanyl et analogues ; tramadol) réunis. Ce rapport s'est inversé depuis 2014, et chaque année davantage, en raison d'une augmentation des décès liés à l'héroïne et surtout, de façon très nette, aux opioïdes de la famille du fentanyl.

Ce dernier point est très intéressant car il met en lumière le transfert vers l'héroïne et le fentanyl, désormais plus abordables, de patients devenus dépendants avec des médicaments antalgiques opiacés et de la méthadone (dans les années 2015-2017, 3 usagers d'héroïne sur 4 avaient commencé par consommer des médicaments opioïdes).

La responsabilité de plusieurs laboratoires pharmaceutiques dans la mise en place de cette pharmacodépendance a été bien démontrée, la palme de la stratégie utilisée pour installer cette toxicomanie revenant au laboratoire Purdue Pharma avec sa spécialité d'oxycodone (Oxycontin®). Ainsi que je le résume ci-dessous, tous les moyens ont été utilisés par ce laboratoire pour augmenter ses ventes et faire avaler le plus d'oxycodone possible à un maximum de personnes, à savoir :

- un marketing agressif reposant entre autres sur des commerciaux bien payés (salaires élevés plus bonus) assiégeant les cabinets médicaux et distribuant aux médecins des cadeaux, du matériel promotionnel et même des coupons de démarrage permettant des prescriptions gratuites pouvant aller jusqu'à un mois !

- une communication scientifique fallacieuse, relayée par des médecins, des revues médicales et certaines sociétés savantes financées par Purdue Pharma. Il était important d'étendre de plus en plus les prescriptions à des douleurs chroniques non cancéreuses en faisant notamment passer l'oxycodone pour un opiacé léger et sa forme retard (Oxycontin Q12®) comme ne pouvant générer de dépendance (le syndrome de manque d'un patient ne relevant alors pas de l'addiction, terme à réserver aux vrais toxicomanes, mais d'une posologie insuffisante !!!) .

Cette stratégie s'avéra gagnante pour le laboratoire [10] qui bénéficia aussi d'un certain laxisme de la FDA (agence du médicament américaine), qui minimisa le risque de dépendance et tarda à réagir, et de la complicité involontaire d'un certain nombre de médecins qui manquèrent singulièrement d'esprit critique.

Aujourd'hui, la crise des opioïdes a largement gagné le terrain judiciaire : des milliers de plaintes (émanant de villes, d'hôpitaux, de comtés et d'États américains) ont été déposées contre plusieurs laboratoires pharmaceutiques et distributeurs de médicaments (Purdue Pharma, Johnson & Johnson, Teva etc.). Les amendes et les règlements de contentieux se chiffrent en milliards de dollars. En septembre 2019, le laboratoire Purdue Pharma s'est déclaré en faillite pour tenter d'échapper à un procès et parvenir à un accord (10 à 12 milliards de dollars) avec les plaignants...

Pour conclure

Pour respecter le mauvais calembour placé en exergue de ce chapitre, il me faut aussi parler du futur des opiacés. Je ne prends aucun risque en prédisant que pour bien longtemps encore, les alcaloïdes du pavot seront produits, légalement ou illégalement, à partir de cultures en plein sol de pavot somnifère. Seront produits *industriellement*, faudrait-il préciser. En effet, certains alcaloïdes du pavot ont déjà été obtenus ces dernières années par voie microbienne, en se passant donc du pavot somnifère. Produits oui, mais à une très, très faible échelle : voilà pourquoi l'adverbe industriellement était important à ajouter !

Une petite bombe scientifique éclata en effet en 2015 quand une équipe californienne dirigée par Christina D. Smolke rapporta dans la revue *Science* l'isolement de la thébaïne produite par une levure génétiquement modifiée cultivée dans un milieu de fermentation riche en

---

[10] Ainsi, entre 1996 et l'an 2000, les ventes passèrent de 50 millions à 1 milliard de dollars.

sucre. Plusieurs équipes dont celle de C. Smolke avaient déjà réussi en 2014 et 2015, toujours avec des souches de levures génétiquement modifiées, à reproduire des parties de la biogenèse des alcaloïdes morphinane : jusqu'à à la (*S*)-réticuline, de la (*S*) à la (R)-réticuline, puis de cette dernière aux alcaloïdes morphinane. Cette fois-ci, c'est une seule et même souche de levure de bière, *Saccharomyces cerevisiae*, qui a réalisé tout le schéma biogénétique jusqu'à la thébaïne. Comment, très sommairement, ces scientifiques californiens, dirigés pat Christina D. Smolke, ont-ils procédé ? En ayant « fabriqué » par génie génétique une souche de levure ayant intégré les 21 gènes codant diverses enzymes d'origine microbienne (bactérie et levure), végétale et de mammifère (surmulot), toutes nécessaires à l'élaboration de la thébaïne. En cultivant cette levure pendant 5 jours dans un milieu riche en sucre et en sources azotées, la thébaïne fut identifiée dans le milieu de fermentation à une concentration d'environ 6 µg/L (soit 6 millionièmes de grammes /L).[11] Ce chiffre permet de comprendre pourquoi la culture (légale ou pas) de pavot somnifère dans le monde n'est pas prête de s'arrêter. Pour autant, ces premiers résultats d'obtention d'alcaloïdes morphinane par biotechnologie (en anglais *home-brew opiates* : opiacés faits maison !) soulèvent déjà dans les milieux politique et scientifique de légitimes inquiétudes. Comment ne pas imaginer un jour (lorsque la technique produira, et en bons rendements, de la morphine) la récupération frauduleuse de la souche et du procédé par des narcotrafiquants ? Avec les conséquences que l'on peut imaginer.[12]

En relisant ce que je viens d'écrire sur la crise des opioïdes aux États-Unis ainsi que les dernières lignes de la conclusion, je me demande finalement si le titre de ce livre *Nouvelles drôles d'histoires de médicaments d'origine naturelle* reste bien approprié !

---

[11] En 2016, une équipe japonaise décrivait l'obtention de thébaïne, en concentration finale 300 fois supérieure, par un procédé de fermentation en 4 étapes utilisant 4 souches génétiquement modifiées de la bactérie *Escherichia coli*.

[12] Seule maigre consolation : une production d'opiacés locale, plus près du consommateur, en circuit court et avec une bilan carbone inattaquable !

LA MORPHINE ET SES DÉRIVÉS
Pour aller plus loin

Pour aller plus loin « 1 »

Pour la définition d'un alcaloïde, Cf. chapitre La colchicine, page 52.

Tous les alcaloïdes dérivent au moins d'un acide aminé. Parfois, le squelette chimique de l'alcaloïde provient aussi d'une seconde origine (exemples la camptothécine, les vinca alcaloïdes). Dans le cas des alcaloïdes du pavot, le squelette provient uniquement de la L-tyrosine dont deux molécules sont nécessaires à l'élaboration d'une molécule d'alcaloïde. Comme le montre le schéma ci-dessous, une molécule de tyrosine se transforme en dopamine quand une seconde conduit au 4HPAA (4-hydroxyphénylacétaldéhyde). La condensation de ces deux métabolites suivie de quatre étapes supplémentaires aboutit au fameux intermédiaire carrefour, la (S)-réticuline.

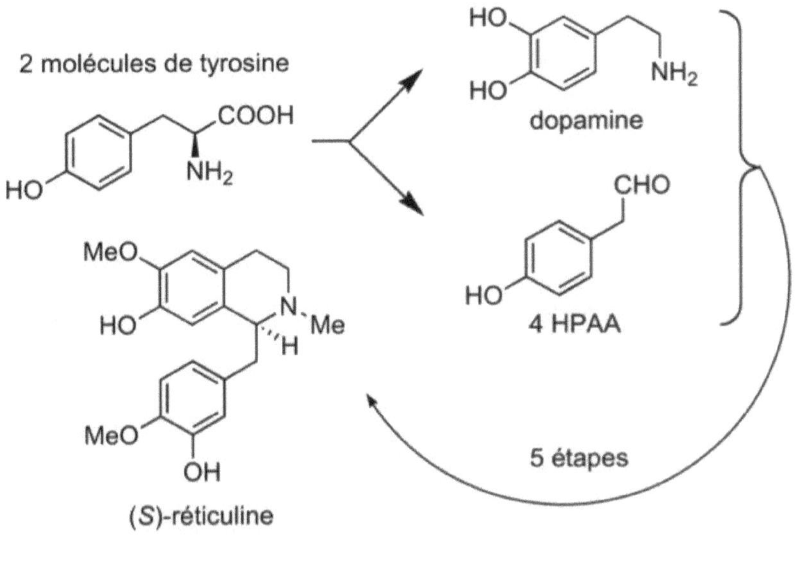

Dans le seul cas de la voie des morphinanes, la biogenèse se poursuit *via* la (*R*)-réticuline après épimérisation du carbone asymétrique. Cet intermédiaire conduit à la thébaïne en trois étapes (dont la première, dite de couplage oxydatif, se traduit par la création d'une liaison carbone-carbone entre les deux noyaux aromatiques). Trois étapes supplémentaires sont nécessaires pour former, après réduction, la codéine ou méthylmorphine dont la déméthylation aboutit à la morphine. Sur le schéma figure aussi une voie minoritaire de transformation de la thébaïne en morphine, via l'oripavine, dans laquelle les étapes de réduction et de déméthylation sont inversées par rapport à la voie majoritaire.

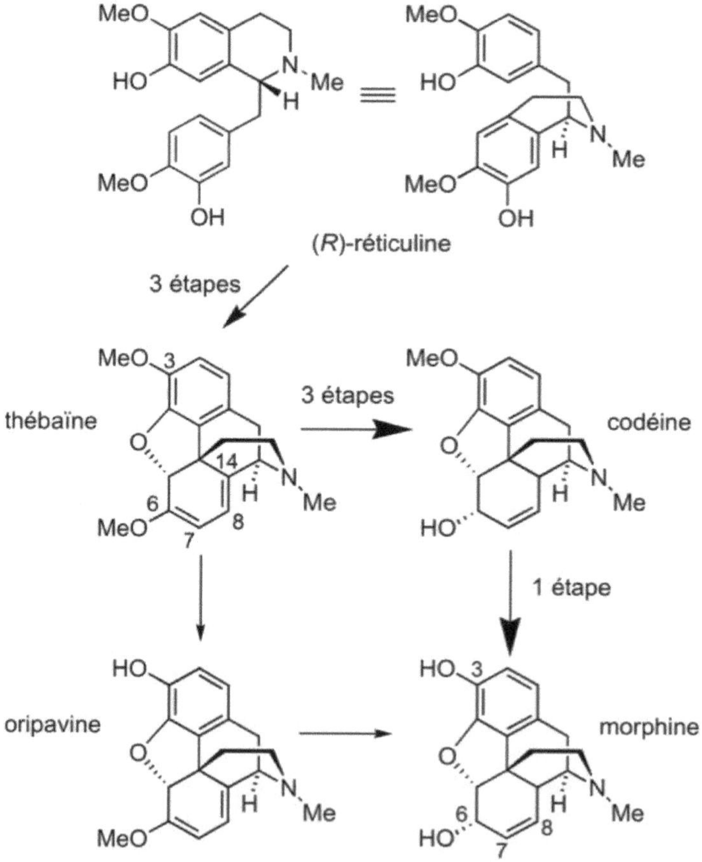

Cette biogenèse est très bien détaillée dans le livre de J. Bruneton (*Cf. page 289*).

Pour aller plus loin « 2 »

Ces récepteurs, appelés récepteurs opioïdes, sont des structures protéiques sur lesquelles se fixent de façon stéréospécifique et réversible la morphine, les molécules opiacées (= à squelette morphinane) naturelles ou pas et aussi toutes les molécules de structures non morphiniques mais reproduisant les effets pharmacologiques de la morphine. C'est en 1973 que des scientifiques américains (Avram Goldstein, Eric Simon, Salomon Snyder, Candace Pert) et suédois (Lars Terenius), travaillant dans trois équipes distinctes, découvrirent leur existence, notamment à l'aide de techniques utilisant la fixation de morphine et autres ligands (= molécule qui se lie, qui se fixe) radioactifs sur ces récepteurs. Cette découverte souleva la question quasi métaphysique suivante : comment expliquer l'existence chez l'Homme (et les mammifères) de récepteurs spécifiques à une substance naturellement produite... par le pavot ? La réponse ne tarda pas et fut apportée deux ans plus tard par deux chercheurs écossais, John Hughes et Hans Kosterlitz, qui découvrirent l'existence de deux pentapeptides, appelés leucine-enképhaline et méthionine-enképhaline, ligands endogènes de ces récepteurs et se comportant donc sur le plan pharmacologique comme de la morphine. [1] De nombreux autres peptides endogènes stimulant les récepteurs opioïdes ont été découverts depuis, qui se répartissent en trois catégories : les enképhalines, les β-endorphines et les dynorphines.

Les récepteurs opioïdes appartiennent à trois types, les récepteurs μ, κ et δ, eux-mêmes divisés en sous-types et localisés surtout dans le système nerveux central (cerveau, moelle épinière), mais également présents au niveau intestinal. Il faut noter que l'activation des récepteurs par fixation du ligand n'entraîne pas les mêmes effets pharmacologiques selon le récepteur et qu'un même ligand ne se fixe pas forcément avec la même affinité sur chacun des trois types de récepteurs : ainsi dans le cas de la morphine, un agoniste pur des récepteurs car se fixant et activant les trois types de récepteurs, l'analgésie est majoritairement liée à

---

[1] C'est le pharmacien Bernard Roques, professeur à la faculté de pharmacie de Paris, qui découvrit en 1976, grâce à des études de RMN, l'analogie structurale entre la morphine et ces enképhalines, expliquant ainsi que des molécules de natures chimiques pourtant très différentes se fixent sur un même récepteur.

l'activation des récepteurs μ. Il existe, à l'inverse, des ligands dits antagonistes qui se fixent sur les récepteurs sans les activer et qui suppriment même l'action d'un agoniste en le déplaçant de son récepteur : la naloxone (*Cf. pages 154-155*) est un antagoniste pur des récepteurs opioïdes qui est utilisé en thérapeutique comme antidote en cas d'intoxication aiguë aux opioïdes. Enfin, entre les agonistes et les antagonistes purs, il existe aussi des opioïdes au profil plus complexe, agonistes partiels et agonistes-antagonistes (*Cf. Pour aller plus loin « 4 »*).

Pour aller plus loin « 3 »

Les dérivés hémisynthétiques de la morphine utilisés en thérapeutique sont pour la plupart le produit de la réactivité chimique bien connue de ses groupements fonctionnels, à savoir, une fonction phénol, une fonction alcool secondaire, une double liaison et une fonction amine tertiaire *N*-méthylée. Ainsi :
- l'alkylation de la fonction phénol en 3 permet la formation d'éthers : méthylmorphine = codéine, éthylmorphine = codéthyline, morpholinyléthyl = pholcodine ;

- l'hydrogénation de la double liaison en 7,8 suivie de l'oxydation de la fonction alcool secondaire en 6 conduit à l'hydromorphone ;

- l'estérification, en l'occurrence l'acétylation, des fonctions phénol en 3 et alcool en 6 fournit la diacétylmorphine = héroïne, qui fut sans doute le premier dérivé hémisynthétique de la morphine ;

- la modification de la fonction amine tertiaire, par substitution (procédé multi-étapes) du groupe méthyle par un groupe allyle engendre la *N*-allylnormorphine = nalorphine, un antagoniste partiel de la morphine qui n'est plus utilisé.

Le dernier dérivé présenté, l'apomorphine, de squelette dénommé aporphine et non plus morphinane, n'est pas comme dans les exemples précédents le résultat d'un simple aménagement fonctionnel mais celui d'un réarrangement complet de la morphine par chauffage en milieu acide.

Molécules obtenues par hémisynthèse à partir de la morphine

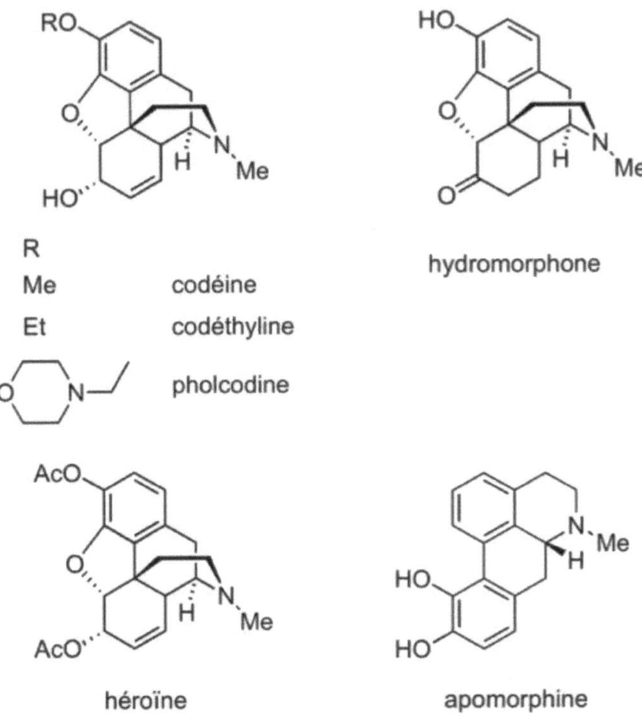

Codéine : *Cf. pages 139-141.*

Codéthyline : antitussive, elle est indiquée par voie orale (sous forme de chlorhydrate) seule ou en association, dans le traitement symptomatique des toux non productives gênantes. Inscrite sur la liste des stupéfiants (annexe II) ; ses spécialités (Clarix Toux sèche®, Tussipax®, Végétosérum®) suivent la même réglementation que celles à base de codéine. N'est quasiment plus utilisée à l'heure actuelle.

Pholcodine : antitussive, elle est indiquée par voie orale (sous forme de base) pour la même indication que la codéthyline (Biocalyptol®, Dimétane®). Inscrite sur la liste des stupéfiants (annexe II) ; soumise en France depuis 2011 à une prescription médicale obligatoire depuis la découverte de son implication dans la survenue d'accidents allergiques, rares mais graves, durant le anesthésies utilisant des curares (l'ANSM a rappelé ce risque au printemps 2020 dans le contexte de l'épidémie de Covid-19).

Hydromorphone : d'activité analgésique importante (niveau 3 de l'OMS) environ sept fois supérieure à celle de la morphine, elle est indiquée en France par voie orale (chlorhydrate) dans le traitement des douleurs intenses d'origine cancéreuse en cas de résistance ou d'intolérance aux opioïdes forts (Sophidone LP®, à action prolongée). Inscrite sur la liste des stupéfiants (annexe I, comme la morphine).

Apomorphine : dépourvue de propriétés analgésiques et non toxicomanogène, mais agoniste des récepteurs dopaminergiques D_1 et D_2. Pour cette raison, elle est indiquée par voie SC dans le traitement des fluctuations motrices (phénomène *on-off*) chez les patients atteints de la maladie de Parkinson insuffisamment contrôlés par un traitement antiparkinsonien par voie orale (Apokinon®, Dopaceptin®).

Pour aller plus loin « 4 »

Les principes actifs obtenus par hémisynthèse à partir de la thébaïne (et/ou dans certains cas aussi à partir de l'oripavine) seront présentés ci-dessous selon l'ordre chronologique croissant de leur première mise sur le marché en France (qui a pu être parfois très postérieure à l'époque de leur découverte).

Naloxone : antagoniste pur, spécifique et compétitif des récepteurs opioïdes avec une haute affinité pour les récepteurs μ, moindre pour les δ et κ. Inscrite sur la liste des Médicaments essentiels de l'OMS, la naloxone (sous forme de chlorhydrate) est surtout indiquée, par voie injectable (IV le plus souvent, également IM et SC), dans le traitement des dépressions respiratoires secondaires aux morphinomimétiques (lors d'intoxications ou en fin d'intervention chirurgicale), ainsi que pour le diagnostic différentiel des comas toxiques (Narcan®). L'intérêt tout à fait majeur de la naloxone dans le traitement d'urgence, chez l'adulte et l'enfant, des surdoses d'opioïdes se manifestant par une dépression respiratoire et dans l'attente d'une prise en charge par une structure d'urgence. explique la mise à disposition d'unités sanitaires spécialisées en addictologie :

- d'un spray nasal (Nalscue®) depuis 2018 ;

- d'un kit de chlorhydrate de naloxone pour injection IM, en seringue pré-remplie, depuis 2019 (également en officine sur prescription médicale facultative).

naloxone

buprénorphine

Buprénorphine : agoniste partiel/antagoniste qui se fixe aux récepteurs opioïdes cérébraux µ et κ. Puissant analgésique (niveau 3 de la classification des antalgiques de l'OMS). Elle se lie aux récepteurs opioïdes µ de façon lentement réversible et donc sur une période prolongée, ce qui peut réduire le besoin en drogues chez les patients toxicomanes. Elle est indiquée (sous forme de chlorhydrate) :

- d'une part (voie injectable ou sublinguale) dans la prise en charge des douleurs intenses postopératoires ou d'origine cancéreuse ; cet usage doit être réservé aux situations nécessitant une sédation rapide et efficace d'une douleur intense (Temgesic®) ;

- d'autre part pour le traitement substitutif de la dépendance aux opiacés, en particulier à l'héroïne, dans le cadre d'une thérapeutique globale de prise en charge médicale, sociale et psychologique ; ce traitement est réservé aux adultes et adolescents de plus de 15 ans, volontaires pour recevoir un traitement de la dépendance aux opiacés. L'administration est orale (sublinguale Subutex® ou dépôt sur la langue Orobupré®) mais, depuis peu, également par voie injectable (SC) et sous forme d'implant à insérer sous la peau. Notons enfin qu'il existe une spécialité (Suboxone®) administrée par voie orale contenant une association de buprénorphine et de naloxone (cette dernière, inactive par voie orale, a pour but d'empêcher l'administration détournée par voie IV, antagonisant dans ce cas la buprénorphine et entraînant un syndrome de sevrage aux opioïdes, dissuadant donc de toute utilisation abusive du produit par cette voie).

Nalbuphine : agoniste des récepteurs opioïdes κ et antagoniste des récepteurs μ, elle possède une action analgésique équivalente à celle de la morphine (niveau 3 de la classification des antalgiques de l'OMS) et un effet dépresseur respiratoire modéré. Elle est indiquée (sous forme de chlorhydrate) par voie injectable (SC, IM, IV) dans les douleurs intenses (douleurs post-opératoires, cancéreuses...) chez l'adulte ou l'enfant de plus de 18 mois (d'abord commercialisée sous la dénomination Nubain®).

Naltrexone : antagoniste pur des récepteurs opioïdes sans action pharmacologique marquée quand elle est administrée seule. Elle est indiquée (sous forme de chlorhydrate) par voie orale en traitement de soutien souvent de longue durée, dans le cadre de la toxicomanie aux opiacés : après la cure de sevrage, en consolidation, et dans la prévention tertiaire pour éviter les rechutes. Autre indication (reposant sur un mécanisme non complètement élucidé), en traitement adjuvant utilisé comme aide au maintien de l'abstinence chez les patients alcoolo-dépendants, dans le cadre d'une prise en charge globale comprenant un suivi psychologique. D'abord commercialisée sous la dénomination Nalorex®).

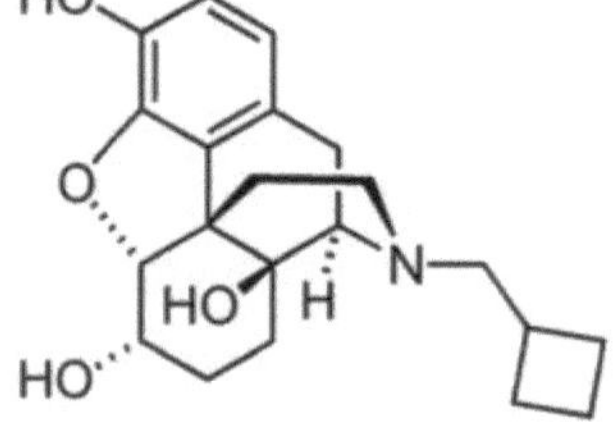

nalbuphine

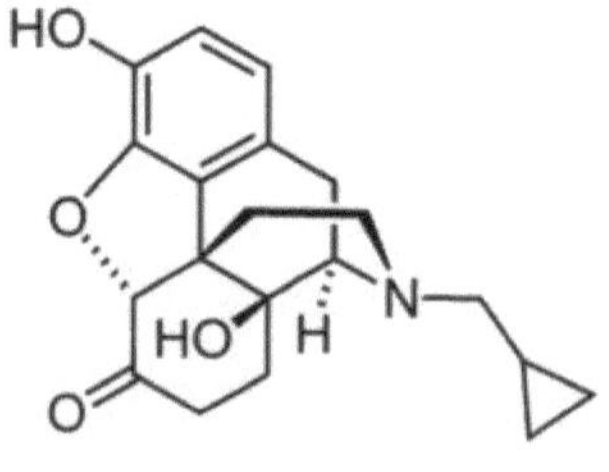

naltrexone

Oxycodone : agoniste pur des récepteurs opioïdes μ, κ et δ. Action antalgique similaire qualitativement à celle de la morphine (niveau 3 de la classification des antalgiques de l'OMS) ; également anxiolytique, antitussive et sédative. Inscrite sur la liste des stupéfiants (annexe I, comme la morphine), elle est indiquée (sous forme de chlorhydrate) par voies orale et injectable (SC, IV) dans le traitement des douleurs sévères, nécessitant des opioïdes analgésiques pour une prise en charge adéquate, en particulier dans les douleurs d'origine cancéreuse, mais aussi les douleurs aiguës sévères post-opératoires, les douleurs chroniques neuropathiques, etc. Les effets indésirables sont les mêmes qu'avec la morphine. Par voie orale, les formes solides d'oxycodone, comprimés ou gélules, à différents dosages, sont disponibles dans des présentations à libération soit immédiate, soit prolongée (Oxycontin LP®, Oxynorm®, Oxynormoro®) . En 2018 a été commercialisée en France une association fixe d'oxycodone et de naloxone, à différents dosages, sous forme de comprimés à libération prolongée (Oxsynia LP®), la naloxone ayant pour objet de neutraliser la constipation induite par l'oxycodone, en bloquant localement son action au niveau des récepteurs intestinaux. Il faut rappeler que l'oxycodone (spécialité Oxycontin) a fait l'objet pendant une quinzaine d'années aux États-Unis d'un abus de consommation, encouragé en particulier par un laboratoire pharmaceutique (*vide supra*).

Méthylnaltrexone : antagoniste des récepteurs opioïdes μ. En raison de sa fonction ammonium quaternaire, il ne franchit pas ou peu la barrière hémato-encéphalique et son action se limite aux récepteurs périphériques. Elle est indiquée (sous forme de bromure) par voie SC dans le traitement de la constipation liée aux opioïdes chez les patients de 18 ans ou plus, lorsque la réponse aux laxatifs a été insuffisante (Relistor®).

oxycodone

bromure de méthylnaltrexone

Nalméfène : de structure proche de celle de la naltrexone, c'est un antagoniste compétitif des récepteurs opioïdes µ et δ et un agoniste partiel des récepteurs κ. Il est indiqué (sous forme de chlorhydrate) par voie orale pour réduire la consommation d'alcool chez les patients adultes ayant une dépendance à l'alcool avec une consommation d'alcool à risque élevé, ne présentant pas de symptômes physiques de sevrage et ne nécessitant pas un sevrage immédiat. Le traitement doit être prescrit en association avec un suivi psychosocial continu axé sur l'observance thérapeutique et la réduction de la consommation d'alcool (Selincro®).

Naloxégol : dérivé de réduction en 6 de la naloxone (α-naloxol) lié par une fonction éther à une longue chaine de PEG (Polyéthylène glycol), ce qui réduit considérablement le passage de la barrière hémato-encéphalique. Son effet antagoniste des récepteurs opioïdes µ, s'exerce donc principalement sur les récepteurs périphériques. Indiqué (sous forme d'oxalate) pour le traitement par voie orale de la constipation induite par les opioïdes chez les patients adultes ayant présenté une réponse inadéquate aux laxatifs (Moventig®).

Naldémédine : antagoniste spécifique des récepteurs opioïdes périphériques (µ principalement), ne franchissant pas la barrière hémato-encéphalique. Elle est indiquée (sous forme de tosylate), par voie orale, dans le traitement de la constipation liée aux opioïdes. Sur le marché depuis 2017 aux États-Unis et au Japon et depuis 2019 dans certains pays européens (Rizmoic®) mais pas en France.

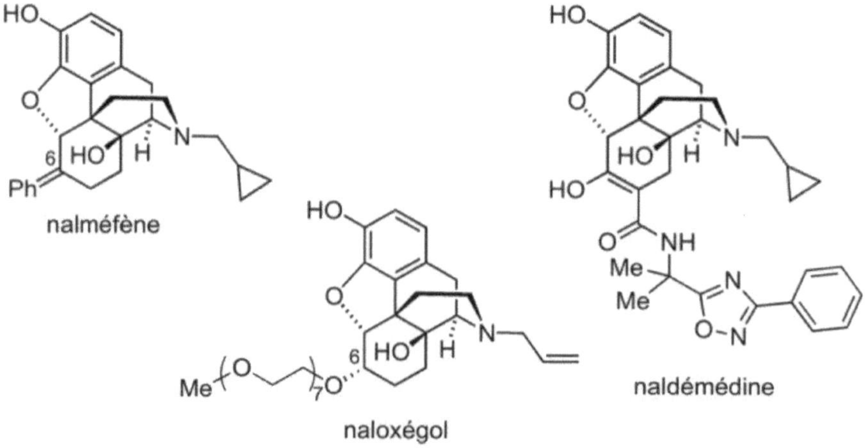

nalméfène

naloxégol

naldémédine

Pour aller plus loin « 5 »

À l'exception de la buprénorphine, tous les principes actifs hémisynthétiques préparés jusqu'à présent à partir de la thébaïne possèdent un groupe hydroxyle (OH) en position 14. La fixation de ce groupe OH en 14 s'explique par la délocalisation électronique existant dans la fonction éther d'énol α,β-insaturée en 6, 7, 8 et 14. Cette délocalisation est initiée par un des deux doublets d'électrons de l'oxygène du groupe méthoxyle (OMe) en 6, comme indiqué sur le schéma ci-dessous et elle correspond à un effet appelé mésomère donneur. La présence de doubles liaisons en 6,7 et en 8,14 permet de propager sur toute la fonction éther d'énol α,β-insaturée cette délocalisation d'électrons qui se concrétise par l'existence de formes dites mésomères. Celle figurant à droite sur le schéma montre une densité électronique importante en 14, avec un carbone chargé négativement (dénommé carbanion). Celui-ci pourra fixer tout groupe dit électrophile (qui aime les électrons) chargé positivement, comme le cation hydroxyle OH^+ (ion chargé positivement) généré par l'eau oxygénée ou un peracide organique (de formule générale RCO_3H). Il faut noter que la réaction de la thébaïne avec des groupes électrophiles autres que OH^+ a été étudiée, mais sans application à l'obtention de principes actifs utilisés en thérapeutique.

La découverte de la buprénorphine résulte, elle, de l'application à la thébaïne d'une célèbre réaction de la chimie organique, la réaction de Diels-Alder [2]. Cette réaction consiste en la condensation d'un diène (deux

---

[2] Otto Diels (1876-1954) et Kurt Alder (1902-1958) sont deux chimistes allemands qui reçurent le Prix Nobel de chimie en 1950 pour leurs travaux en rapport avec cette réaction.

doubles liaisons) conjugué avec un composé appelé philodiène (qui aime les diènes) pour donner, par un mécanisme concerté cyclique stéréospécifique, un produit d'addition appelé adduit selon le schéma ci-dessous.

La thébaïne est le diène, un réactif appelé méthylvinylcétone est le philodiène et l'adduit obtenu constitue le premier intermédiaire dans l'hémisynthèse de la buprénorphine.

Pour aller plus loin « 6 »

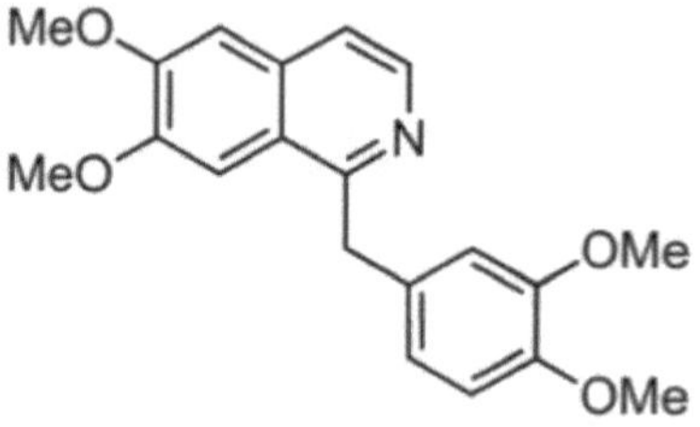

papavérine

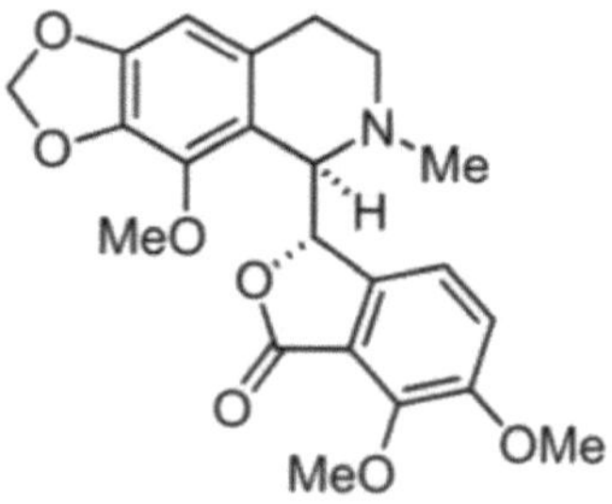

noscapine

On peut noter que la papavérine, un alcaloïde à noyau isoquinoléine et non tétrahydroisoquinoléine, est biosynthétisée très en amont dans le schéma biogénétique des alcaloïdes du pavot somnifère, avant le passage par l'intermédiaire carrefour réticuline.

BIBLIOGRAPHIE

Chast F. Histoire contemporaine des médicaments **1995**, Éditions La Découverte, Paris.

Schorderet M. et collaborateurs Pharmacologie Des concepts fondamentaux aux applications thérapeutiques **1998**, Éditions Frison-Roche, Paris et Slatkine, Genève.

Zhou J., Panda D., Landen J.W., Wilson L. et Joshi H.C. *J. Biol. Chem.* **2002**, *277*, 17200-17208.
Minor alteration of microtubule dynamics causes loss of tension across kinetochore pairs and activates the spindle checkpoint.

Benkimoun P. *Le Monde* 2015, 19 mai **2015**.
Une découverte scientifique ouvre la voie à la confection de morphine sans pavot.

Benkimoun P. *Le Monde* 2015, 26 juin **2015**.
Une technique révolutionnaire permettrait de produire de la morphine à partir de sucre.

Galanie S., Thodey K., Trenchard I.J., Filsinger Interrante M. et Smolke C. D. *Science* **2015**, *349*, 1095-1100.
Complete biosynthesis of opioids in yeast.

Oye K., Bubela T. et Lawson J. Chappell H. *Nature* **2015,** *521*, 281-283.
Regulate « home-brew » opiates.

Rida P. C. G., LiVecche D., Ogden A., Zhou J. et Aneja R. *Med. Res. Rev.* **2015**, *35*, 1072-1096.
The noscapine chronicle : a pharmaco-historic biography of the opiate alkaloid family and its clinical applications.

Nakagawa A., Matsumara E., Koyanagi T., Kakayama T., Kawano N., Yoshimatsu K., Yamamoto K., Kumagai H., Sato F. et Minami H. *Nat. Commun.* **2016**, *7*, 10390 (8 p.).
Total biosynthesis of opiates by stepwise fermentation using engineered *Escherichia coli*.

La Revue Prescrire **2017**, *406*, 622-627.
Dépendance aux médicaments opioïdes aux États-Unis : une énorme épidémie mortelle par surdose.

Santi P. *Le Monde* 2017, 12 juillet **2017**.
Le détournement des médicaments à base de codéine par les adolescents et jeunes adultes inquiète.

CDC (Centers for Disease Control and Prevention) **2019** Annual Surveillance Report of Drug-related Risks and Outcomes.

Le Billon V. *Les Échos* 2019, 21 octobre **2019**.
Crise des opioïdes : l'industrie pharmaceutique arrache un accord partiel.

Rapports publiés par l'Organe International de Contrôle des Stupéfiants pour **2019** (Nations Unies).

UNODOC (United Nations Office on drugs and Crime) **2019** World Drug Report, Booklet 2 : Global Overview Drug Demand and Supply.

Arrêté du 22 février 1990 fixant la liste des substances classées comme stupéfiants (Version consolidée du 1er janvier **2020**)

Hecketsweiler C. *Le Monde* 2020, 1er février **2020**.
« J'ai expliqué à un médecin qu'il n'y avait pas de dose plafond » : comment les opiacés ont drogué les États-Unis.

L'ACIDE MYCOPHÉNOLIQUE ET SES DÉRIVÉS
Pathologies concernées : le rejet de greffe

QUESTIONS POUR UN CHAMPIGNON

Pour commencer...

Voici deux devinettes, posées sous la forme de questions, pour illustrer la phrase que j'ai mise en exergue de ce chapitre.

1re question
Je suis :
- un antibiotique ;
- produit par un champignon ;
- du genre *Penicillium* ;
- découvert en 1893.
Je suis, je suis ?

Le Chœur Des Lecteurs, abrégé LCDL :
« La pénicilline, bien sûr, quoique la date nous gêne un peu, on imaginait qu'elle avait été découverte au 20e siècle, dans l'entre-deux-guerres. Dites, l'auteur, vous ne vous seriez pas trompé sur l'année ?

L'auteur :
Il ne s'agit pas de la pénicilline et il n'y a pas d'erreur sur la date. Voici d'ailleurs la réponse : je suis, je suis l'acide mycophénolique.

2e question
Je suis un médecin :
- né au 19e siècle et mort au 20e ;
- qui a travaillé sur un *Penicillium ;*
- et en a isolé un antibiotique ;
- en 1893.

Je suis, je suis ?

LCDL :
Puisque l'antibiotique ne peut pas être la pénicilline, la réponse à cette question n'est donc pas Alexander Fleming.

L'auteur :
Vous avez tout à fait raison. À défaut d'avoir deviné de qui il s'agit, vous avez trouvé de qui il ne s'agit pas ! Voici donc, encore une fois la réponse attendue : je suis, je suis Bartolomeo Gosio.

LCDL :
Un antibiotique dont personne n'a jamais entendu parler, découvert par un parfait inconnu, nous ne risquions pas de trouver les bonnes réponses. Si vous avez d'autres questions du même genre à nous poser, merci de vous abstenir.

L'auteur :
*Je n'avais pas l'intention de vous proposer d'autres devinettes. Ces deux-là auront été suffisantes pour introduire la passionnante histoire d'une substance naturelle antibiotique, l'acide mycophénolique, que je vais maintenant vous raconter. Cette molécule aura mis un peu plus d'un siècle à intégrer la thérapeutique, même pas d'ailleurs comme anti-infectieux mais comme médicament préventif du rejet de transplantation d'organes. Outre le fabuleux destin de l'acide mycophénolique, ce chapitre me permettra aussi de rappeler que l'intérêt du genre Penicillium en thérapeutique ne se résume pas uniquement à la production des pénicillines, naturelles et surtout hémisynthétiques, même si cette classe d'antibiotiques conserve encore et toujours une importance considérable. Toutefois, la découverte de la pénicilline (et ses conséquences) ayant déjà fait l'objet d'une multitude d'ouvrages et articles, elle ne sera pas reprise dans le corps du chapitre mais juste, de façon résumée, dans la seconde partie (**Cf. Pour aller plus loin « 1 »**). Il ne m'aurait en effet pas semblé normal de ne pas en parler du tout, même si cette découverte ne constitue pas l'objet de ce chapitre ».*

En entrée, le Penicillium et son plateau de fromages

Le genre *Penicillium* (Ascomycètes) renferme plus de 300 espèces de champignons filamenteux, pour la plupart des moisissures très communes dans l'environnement ; saprophytes [1], ces champignons sont trouvés dans le sol ainsi que sur certains aliments dont ils sont responsables de la dégradation (pommes, poires, citrons, graines, céréales, pain…). Au microscope, ces espèces, de multiplication le plus souvent asexuée [2], se présentent sous forme de filaments ramifiés et cloisonnés dont certains portent à leur extrémité des articles allongés (les phialides) qui se prolongent par les conidies (= conidiospores), organes de la reproduction asexuée. C'est l'aspect en pinceau des organes portant ces conidies, les conidiophores, qui a donné son nom latin [3] à ce genre décrit pour la première fois en 1809 par Johann Heinrich Friedrich Link (1767-1851), naturaliste et botaniste allemand.

Parmi les nombreuses implications industrielles d'espèces du genre *Penicillium*, nous ne citerons que les plus connues, celles qui sont en rapport direct avec la pharmacie et le secteur agroalimentaire.

Dans l'industrie pharmaceutique, différentes espèces de *Penicillium* sont utilisées pour la préparation de principes actifs thérapeutiques variés :

- des anti-infectieux, avec en tout premier lieu bien sûr les antibiotiques de la classe des pénicillines (naturelles et hémisynthétiques), mais aussi un antifongique, la griséofulvine ;

---

[1] Vivant donc de substances organiques en décomposition.

[2] Bien que la reproduction par voie asexuée reste de loin la plus fréquente, elle n'est plus considérée comme exclusive dans le genre *Penicillium*, un mode sexué ayant aussi été mis en évidence chez certaines espèces.

[3] *Penicillium* vient du latin *penicillum*, pinceau, lui même dérivé de *peniculus*, petite queue terminée par une touffe de poils, plumeau, diminutif de *penis* (en latin, ce terme a d'abord désigné la queue des mammifères, avant d'être remplacé par *cauda*). D'après LE ROBERT, Dictionnaire historique de la langue française.

- un immunosuppresseur avec l'acide mycophénolique, qui fait l'objet de ce chapitre ;

- un hypocholestérolémiant, avec la préparation hémisynthétique de la pravastatine, de la classe des statines.

Pour une présentation de ces différents principes actifs (autres que l'acide mycophénolique), *Cf. **Pour aller plus loin « 2 »**.*

Dans le secteur agro-alimentaire, deux espèces de *Penicillium* jouent un rôle capital dans la préparation de certains fromages :

- *P. camemberti*, une moisissure blanche utilisée dans la fabrication de fromages à pâte molle et à croûte fleurie (camembert, brie de Meaux, bûchette de chèvre, etc.) ;

- *P. roqueforti*, une moisissure de couleur gris-bleu à gris-vert associée à la production de fromages à pâte persillée comme, par exemple, le roquefort, la fourme d'Ambert, le bleu de d'Auvergne, le gorgonzola, le Danish Blue, le Blue Stilton.

Intervenant, pour le premier en superficie dans la formation de la croûte, et pour le second dans le cœur même de la pâte pour lui donner l'aspect persillé, ces deux espèces participent, par leur activité biochimique, au phénomène d'affinage et jouent un rôle déterminant dans le développement des caractéristiques attendues de ces fromages.

Comme on vient de le voir, l'utilisation du *Penicillium* est parfois recherchée car nécessaire à l'élaboration de certains aliments. Il faut cependant aussi avoir à l'esprit que certaines espèces de ce champignon peuvent être nuisibles, produisant des mycotoxines dont l'absorption, par ingestion d'aliments contaminés, peut engendrer des effets néfastes pour la santé. Plusieurs espèces de *Penicillium* sont concernées mais pour n'en citer qu'une, je mentionnerai *Penicillium expansum*, une moisissure contaminant des fruits, particulièrement les pommes et les aliments qui en dérivent (jus de fruits, compotes). Cette moisissure produit en effet une mycotoxine, la patuline, provoquant chez le consommateur d'aliments ainsi avariés des désordres gastro-intestinaux et, à plus forte dose, des problèmes rénaux.

P. Rock Forty
dans
Quarante nuances de blue

LA CRITIQUE EST UNANIME

« Un plateau international pour un pur régal »
« Une œuvre puissante et de caractère »
« Un tourbillon de sensations fortes »

La découverte de l'acide mycophénolique : du bleu, encore du bleu !

La couleur bleue a en effet joué un rôle très important dans la découverte et l'isolement de l'acide mycophénolique par Bartolomeo Gosio (1863-1944). Ce médecin italien, qui travaillait au début des années 1890 au Laboratoire de bactériologie et de chimie de l'*Istituto Superiore di Sanità* de Rome, s'intéressait aux causes de la pellagre, une maladie qui touchait les populations dont le régime alimentaire reposait beaucoup sur le maïs et dont on ne connaissait pas encore à l'époque la véritable cause, une carence vitaminique [4]. Les recherches s'orientèrent donc vers la responsabilité d'une toxine (un alcaloïde ?) qui serait produite par un champignon parasitant la céréale. Gosio s'aperçut très vite que les échantillons de maïs atteint donnaient avec une solution de chlorure ferrique ($FeCl_3$) une coloration bleu violacé qu'il mit à profit comme test simple de détection du maïs parasité. C'est en étudiant des cultures *in vitro* de différentes moisissures que Gosio s'aperçut que l'une d'entre elles, qu'il identifia comme étant *Penicillium glaucum* [5], réagissait positivement au test avec $FeCl_3$. Un travail d'analyse du milieu de fermentation de ce champignon lui permit d'obtenir, grâce notamment à des cristallisations fractionnées, un composé de point de fusion 143-144°C qui fournissait avec $FeCl_3$ la couleur bleue indiquant la présence d'une fonction phénol. Sur le plan biologique, cette substance inhibait la croissance du bacille du charbon. Gosio rapporta l'ensemble de ces informations dès 1893 lors d'une communication orale à l'Académie Royale de Médecine de Turin, puis de façon plus détaillée dans des articles parus en 1896. Si Bartolomeo Gosio fut bien le premier à isoler l'acide mycophénolique, ce n'est pas lui qui fut à l'origine de son nom, mais deux chercheurs du *Bureau of Plant Industry (United States*

---

[4] La pellagre, maladie liée à la malnutrition, se caractérise par des troubles cutanés, de la diarrhée chronique et un syndrome démentiel. Elle est mortelle en l'absence de traitement et est résumée en anglais par la règle des 4 d (*dermatitis, diarrhe*a, *dementia, death*). La carence en niacine (acide nicotinique et nicotinamide) ou vitamine B_3 (ex vitamine PP *Pellagra Preventing factor*) comme cause de la pellagre fut démontrée dans les années 1930.

[5] Une meilleure connaissance du genre *Penicillium*, acquise depuis, rend toutefois cette identification incertaine (*Cf. plus loin*).

Department of Agriculture), C.L. Alsberg et O.F. Black, en 1913. Ces derniers isolèrent et identifièrent en effet, à partir d'un maïs italien parasité par un *Penicillium, P. stoloniferum* [6], un composé à fonctions à la fois acide et phénol qu'ils dénommèrent acide mycophénolique. Bien que ce composé présentât des caractéristiques très voisines de celui décrit par Gosio (coloration bleue par $FeCl_3$, point de fusion 141°C), Alsberg et Black estimèrent que les deux molécules étaient distinctes. Presque vingt ans plus tard, Harold Raystrick, directeur du département de biochimie et chimie appliquée à l'hygiène de l'université de Londres, rapporta en 1932 l'isolement de l'acide mycophénolique de différentes souches de *Penicillium brevicompactum* et arriva à la conclusion que le composé décrit par Gosio et l'acide mycophénolique d'Alsberg et Black étaient sans aucun doute une seule et même substance. Cette conclusion ne fut depuis jamais remise en question.

En résumé, si la paternité de la découverte de l'acide mycophénolique revient bien à Bartolomeo Gosio, le doute subsiste seulement sur le nom de l'espèce de *Penicillium* à partir de laquelle il l'isola, *P. glaucum* désignant à l'époque des espèces dont il fut prouvé par la suite qu'elles pouvaient être différentes.

L'acide mycophénolique, premier antibiotique découvert !

Ce n'est pas moi qui le dit, mais Howard Walter Florey, Prix Nobel de médecine en 1945 (avec Alexander Fleming et Ernst Boris Chain) pour son rôle dans le développement et l'utilisation thérapeutique de la pénicilline. Très précisément, Florey écrivit en 1946 dans un article du *Lancet* : *mycophenolic acid enjoys the distinction of being the first antibiotic produced by a mould* [7] *to be crystallised.* Un hommage que Gosio, mort deux ans plus tôt, ne pourra malheureusement pas apprécier. La phrase de Florey se référait bien entendu à l'action inhibitrice de croissance du bacille du charbon que Gosio avait rapportée en 1893 et elle s'appuyait sur la définition (début des années 1940) d'un antibiotique

---

[6] Considéré aujourd'hui comme un synonyme de *P. brevicompactum*.

[7] Moisissure.

de Selman Abraham Waksman [8]: a *chemical substance, produced by microorganisms, which has the capacity to inhibit the growth and even to destroy bacteria, and other microorganisms in dilute solution.* En prenant la définition plus restrictive d'Albert E. Oxford dans son article de 1945, *The chemistry of antibiotic substances other than penicillin,* qui ajoute à celle de Waksman une notion de pureté (*The substance has been isolated and tested in a pure state),* l'acide mycophénolique décrit en 1893 par Gosio répond d'ailleurs encore et toujours aux critères d'un antibiotique, ce qui ne fut le cas pour la pénicilline qu'à partir de 1943 (date de la cristallisation à l'état pur de son sel de sodium).

De la découverte à l'application thérapeutique : cent ans de solitude et de sollicitude

L'histoire de l'acide mycophénolique, de sa découverte en 1893 à sa mise sur le marché, sous forme de prodrogue, en 1995, fut constituée en effet d'alternances de périodes d'études intenses mais aussi de désintérêt.

Sur le plan chimique, si l'on doit à Gosio la découverte de la nature acidophénolique de la molécule, et à Alsberg et Black la détermination de sa formule brute correcte $C_{17}H_{20}O_6$ (masse moléculaire 320) en 1913, il fallut attendre 1932 pour que Raystrick et son équipe établissent la présence d'une lactone, d'une double liaison et d'un groupe méthoxyle, en plus des fonctions acide carboxylique et phénol déjà citées (*Cf. Pour aller plus loin « 3 »*). Vingt années supplémentaires seront nécessaires

---

[8] Selman Abraham Waksman (1888-1973) est un microbiologiste américain d'origine ukrainienne. Responsable du département de microbiologie à la Rutgers University (New Jersey, États-Unis), il reçut en 1952 le prix Nobel de physiologie ou médecine pour la découverte, en 1943, de la streptomycine. Le mérite de cette découverte revient surtout à Albert Schatz (1920-2005), doctorant dans le laboratoire de Waksman, qui isola la streptomycine à partir d'une souche de *Streptomyces griseus*. Antituberculeux qui améliora considérablement le pronostic de la maladie (malgré une forte toxicité au niveau de l'oreille interne), la streptomycine est réservée aujourd'hui, toujours en polychimiothérapie, aux tuberculoses les plus contagieuses et à celles résistant à l'un des autres antituberculeux actuellement disponibles.

pour que cette même équipe de Raystrick publie en 1952 la structure correcte de l'acide mycophénolique. La première synthèse totale, qui confirma l'hypothèse structurale de Raystrick, fut décrite en 1969 et l'étude cristallographique (par diffraction des RX) en 1972, levant ainsi toute ambiguïté sur la configuration de la fonction éthylénique, qui fut prouvée *(E)*. On voit donc que quatre-vingts années environ se seront écoulées entre l'isolement des premiers cristaux d'acide mycophénolique et l'analyse aux RX.

Sur le plan biologique, l'inhibition de croissance du bacille du charbon décrite par Gosio en 1893 ne suscita pas pour autant d'autres recherches dans le domaine antibactérien. Il fallut en fait attendre plus de cinquante ans pour que, dans l'engouement lié sans doute aux travaux de Florey et Chain sur la pénicilline, l'activité anti-infectieuse de l'acide mycophénolique fasse l'objet d'études. Entre 1943 et 1946 parurent plusieurs articles rapportant une activité *in vitro*, surtout vis-à-vis des bactéries à Gram positif, mais avec une certaine résistance de la part de *Staphylococcus aureus* [9]. L'observation d'une relative toxicité sur la Souris explique peut-être que les études s'arrêtèrent... pour ne reprendre que vingt-cinq ans plus tard, mais cette fois de façon beaucoup plus intense et plus large, évaluant les activités antifongique, antivirale et antitumorale. En l'espace de quatre ans (1968-1972) furent ainsi décrites :

1) une activité antifongique significative sur un certain nombre de champignons pathogènes (*Cryptococcus neoformans, Blastomyces dermatitidis,* plusieurs *Trichophyton*), mais beaucoup plus faible sur *Candida albicans* ;
2) des propriétés antivirales s'exerçant parfois seulement *in vitro* (sur les virus de la variole, de l'herpès et de l'influenza), mais aussi observées dans certains cas *in vivo* (virus du sarcome de Rous chez le Poulet) ;
3) l'inhibition, chez la Souris, du développement de plusieurs tumeurs solides transplantées. Ces résultats intéressants entraînèrent des études plus poussées chez l'animal, puis un essai clinique sur un petit

---

[9] On peut noter que l'activité sur le bacille du charbon (*Bacillus anthracis*) ne fit paradoxalement jamais l'objet de nouvelles études.

nombre de patients atteints de différents cancers (réticulosarcome, myélome multiple, maladie de Hodgkin, cancers gastrique et œsophagien). Les conclusions cependant peu encourageantes (faible taux de réponses objectives, d'intensité de toute façon toujours très modeste) ne firent pas poursuivre dans cette voie.

Si les investigations dans les domaines anti-infectieux et antitumoral n'aboutirent pas à des résultats exploitables en thérapeutique, deux études, émanant de deux laboratoires pharmaceutiques distincts, observèrent, la même année (1969) et pour la première fois pour l'acide mycophénolique, une activité immunosuppressive [10]. Cette même année 1969, décidément capitale pour l'avenir de l'acide mycophénolique, marqua la découverte de son mécanisme d'action moléculaire : l'inhibition d'une enzyme intervenant dans la synthèse des bases puriques, l'inosine 5'-monophosphate déshydrogénase (IMP déshydrogénase ou IMPDH). Ce sont des chercheurs du laboratoire britannique ICI (*Imperial Chemical Industries*), travaillant sur les propriétés antitumorales de l'acide mycophénolique, qui identifièrent cette cible moléculaire. Toujours la même année, une équipe du laboratoire américain Eli Lilly, étudiant l'activité antivirale de l'acide mycophénolique, avança l'hypothèse d'une inhibition enzymatique dans la voie de synthèse des dérivés de la guanine, une base purique, sans toutefois préciser la nature de l'enzyme.

Comme ces résultats le démontrent, après plus de trois quarts de siècle de recherches intermittentes alternant avec de longues périodes de solitude, oublié dans des flacons, l'acide mycophénolique commençait, et ça n'allait plus cesser, à faire l'objet de toutes les attentions !

---

[10] a) D.N. Planterose (Laboratoires Beecham), travaillant sur des souris infectées par le virus du sarcome de la Souris, constata que la splénomégalie (augmentation du poids de la rate accompagnant la maladie) s'accroissait avec l'acide mycophénolique comme c'était le cas avec des immunosuppresseurs avérés (mercaptopurine, méthotrexate).
b) A. Mitsui et S. Suzuki (Laboratoures Chugai) observèrent une diminution de la réponse immunitaire de la Souris à l'injection d'hématies de mouton (l'antigène) par traitement à l'acide mycophénolique (réponse de même amplitude que celle obtenue avec une dose équivalente de mercaptopurine).

L'Inosine 5'-monophosphate (IMP) déshydrogénase et son inhibition par l'acide mycophénolique

Pour comprendre le rôle de cette enzyme et les conséquences de son inhibition par l'acide mycophénolique, quelques présentations très simples de molécules et de termes utilisés par la suite sont nécessaires (pour plus de détails sur cette section, *Cf. Pour aller plus loin « 4 »*). Le terme purine correspond à une molécule bien précise, de structure bicyclique constituée par la fusion d'un cycle pyrimidine (hexagonal, bi-azoté) avec un cycle imidazole (pentagonal, bi-azoté). Par extension, il désigne aussi toutes les structures possédant le squelette chimique de base de la purine. Si la caféine est de loin la purine la plus connue et la plus citée dans la vie quotidienne [11] (par des gens qui, à l'image de Monsieur Jourdain qui faisait de la prose sans le savoir, ignorent bien sûr pour la plupart qu'ils parlent d'une purine), l'adénine et la guanine sont les purines les plus universellement répandues car elles sont des éléments constitutifs de base (des « briques ») des acides nucléiques, supports de l'information génétique, (ADN ou acide désoxyribonucléique et ARN ou acide ribonucléique), aux côtés des bases pyrimidiques (cytosine et thymine [pour l'ADN] ou uracile [pour l'ARN]). Adénine et guanine sont présentes dans les acides nucléiques, non pas libres mais associées à un sucre (désoxyribose dans l'ADN, ribose dans l'ARN) pour former les nucléosides, eux-mêmes phosphatés sur le sucre pour constituer les nucléotides. En dehors des acides nucléiques, adénine et guanine sont aussi présentes, combinées à une molécule de ribose portant un groupe mono-, di- ou triphosphaté, pour former des composés aux sigles bien connus (par exemple ATP pour adénosine triphosphate, AMP pour adénosine monophosphate, GMP pour guanosine monophosphate, etc.). Ces composés jouent un rôle très important dans la cellule, comme sources d'énergie pour certains, comme coenzymes (c'est-à-dire cofacteurs nécessaires au fonctionnement de certaines enzymes) pour

---

[11] La caféine (que l'on trouve notamment dans les graines de caféier et les feuilles de théier) constitue avec la théophylline et la théobromine (présentes respectivement dans les feuilles de théier et les graines de cacaoyer) ce que l'on appelle les bases puriques végétales, incluses par nombre d'auteurs dans la très vaste classe des alcaloïdes.

d'autres ou encore comme éléments indispensables à la perception des divers signaux qu'une cellule reçoit de son environnement et à la réponse qui en résulte (ce que l'on regroupe sous le terme très général de signalisation cellulaire).

Les purines (et plus précisément leurs nucléotides dont nous venons de résumer le rôle capital dans la vie de la cellule), sont fabriquées par cette dernière selon deux voies distinctes :

- la synthèse dite *de novo* dans laquelle la cellule n'utilise comme matières premières que des molécules simples (CO_2, acides aminés, sucres), selon un processus long (nombreuses étapes) et « coûteux » sur le plan énergétique ;

- la voie de recyclage ou de sauvetage (les anglo-saxons disent « *salvage pathway* ») dans laquelle les purines libres sont récupérées par dégradation des acides nucléiques (provenant des cellules de l'organisme, mais aussi apportés par l'alimentation), puis reconverties en nucléotides.

La voie de synthèse *de novo* passe par un composé intermédiaire très important, l'inosine 5'-monophosphate (IMP), qui est un composé carrefour vers la synthèse des nucléotides de l'adénine comme de la guanine. En deux étapes, toujours catalysées par des enzymes spécifiques, l'IMP conduit en effet soit à l'AMP soit au GMP, ces derniers engendrant ensuite les analogues ADP et ATP d'une part, GDP et GTP d'autre part. Dans la voie menant aux nucléotides de la guanine, la première des enzymes impliquées, catalysant l'oxydation de l'IMP en XMP (xanthosine 5'-monophosphate) s'appelle l'IMP déshydrogénase. L'acide mycophénolique, en inhibant cette dernière enzyme, empêche donc l'approvisionnement de la cellule en nucléotides de la guanine. Si la cellule ne peut recourir à la voie de sauvetage pour compenser l'arrêt de la synthèse *de novo* des purines, de nombreuses perturbations dans son fonctionnement vont apparaître, en particulier la réduction de la synthèse d'ADN avec, comme conséquence principale, l'arrêt de la prolifération cellulaire.

Nous allons voir maintenant comment ce mécanisme d'inhibition enzymatique, qui orientait plutôt vers le domaine de l'antitumoral les études sur l'acide mycophénolique, allait quelques années plus tard inciter un chercheur à s'intéresser à son potentiel immunosuppresseur.

Comment le plus que centenaire acide mycophénolique devint enfin (!) un médicament

En mai 1995 puis en février 1996, la FDA (*Food and Drug Administration*) et la Commission européenne (après avis favorable de l'EMA) accordèrent respectivement l'agrément à la spécialité Cellcept® dans une indication, la prévention du rejet aigu du greffon après transplantation rénale. Cette spécialité ne contenait pas l'acide mycophénolique lui-même, mais un ester appelé mycophénolate mofétil qui était en fait une prodrogue (= précurseur pharmacologique) agissant, après administration au patient greffé, en « redonnant » par métabolisation l'acide mycophénolique, le véritable principe actif.

Cette reconnaissance thérapeutique officielle fut donc l'aboutissement de plus d'un siècle de recherches autour de l'acide mycophénolique. Dans cette si longue gestation, l'accouchement proprement dit dura une vingtaine d'années, de 1975 à 1995, et Anthony Clifford Allison (1925-2014), un médecin et généticien sud-africain, y joua le rôle déterminant d' « obstétricien-chef » comme nous allons le voir maintenant.

Allison travaillait dans les années 1970 à Londres dans une unité de recherche dépendant du *Medical Research Council*, organisme britannique de recherche médicale. Ses travaux portaient à cette époque sur une maladie métabolique d'origine génétique, la Maladie (ou Syndrome) de Lesch-Nyahan, qui est due au déficit en une enzyme intervenant dans l'une des deux voies assurant la biosynthèse des purines, la voie dite de sauvetage dont nous venons de parler. C'est en étudiant le statut immunologique de ses patients qu'il réalisa que les lymphocytes [12], et tout particulièrement les lymphocytes T, synthétisaient leurs purines de façon prépondérante voire exclusive par la seule voie dite *de novo* sans

---

[12] Acteurs majeurs, rappelons-le, de la réponse immunitaire (cellulaire pour les lymphocytes T, humorale pour les lymphocytes B).

pouvoir recourir à l'autre voie possible, la voie de sauvetage, comme la plupart des autres cellules de l'organisme. Il réalisa dès lors que toute substance capable d'inhiber cette voie de synthèse *de novo* des purines ciblait plus spécifiquement la prolifération des seuls lymphocytes, incapables de synthétiser leurs purines et donc leur ADN autrement. Cette observation qu'Allison rapporta dans un article du *Lancet* en 1975 était très importante car elle permettait de corréler l'effet immunosuppresseur de l'acide mycophénolique avec son action inhibitrice de l'inosine 5'-monophosphate déshydrogénase, enzyme clé dans la voie de synthèse *de novo* des dérivés de la guanine (GMP, GDP et GTP), deux propriétés signalées par des équipes distinctes en 1969.

Pour autant, ce n'est que quelques années plus tard, dans le cadre d'une collaboration initiée en 1982 avec le laboratoire pharmaceutique Syntex [13] et portant sur la recherche de nouveaux immunosuppresseurs, qu'Allison (et son épouse Elsie Eugui, scientifique également) s'intéressèrent, dans cet axe pharmacologique, aux propriétés de l'acide mycophénolique. Il faut rappeler que le contexte de l'époque s'y prêtait : au début des années 1980, les immunosuppresseurs déjà bien connus (cyclophosphamide, méthotrexate, azathioprine) étaient certes efficaces, mais ils présentaient tous une toxicité importante. Même la toute récente ciclosporine, qui allait pourtant considérablement améliorer le pronostic des transplantations d'organes, était difficile à manier, en particulier en raison de sa néphrotoxicité importante. La découverte d'un nouveau médicament immunosuppresseur, de mécanisme d'action inédit, et moins toxique, et qui enrichirait la thérapeutique dans des domaines aussi importants que les rejets de greffon après transplantations d'organes et les maladies auto-immunes, était donc fortement souhaitée et attendue.

Ayant choisi de s'intéresser à la classe des inhibiteurs d'inosine 5'-monophosphate déshydrogénase pour la recherche d'un nouvel immunosuppresseur, Allison et son équipe reprirent en détail l'ensemble des travaux déjà réalisés sur l'acide mycophénolique, puis confirmèrent, *in vitro et in vivo,* ses propriétés immunosuppressives et son action cytostatique sélective sur les lymphocytes. Au vu de ces résultats, l'acide

---

[13] Laboratoire pharmaceutique créé à Mexico en 1944 qui, dans les années 40 et 50, joua un rôle majeur dans l'essor des médicaments à squelette stéroïde.

mycophénolique fut retenu comme chef de file et utilisé comme matière première pour un travail classique de pharmacomodulation dont le but était d'obtenir un dérivé plus intéressant [14]. Un certain nombre de composés furent préparés et c'est un ester, l'ester morpholinoéthyl de l'acide mycophénolique, appelé mycophénolate mofétil, que Syntex choisit de développer en raison de sa meilleure biodisponibilité par voie orale, observée lors des études sur animal (primates). Ce composé agit en fait comme une prodrogue, puisque le véritable principe actif reste l'acide mycophénolique rapidement libéré dans l'organisme par hydrolyse enzymatique de la fonction ester (*Cf. **Pour aller plus loin « 5 »***).

Bien que le traitement de la polyarthrite rhumatoïde, une maladie auto-immune, ait été la première indication retenue pour le mycophénolate mofétil par Syntex au début des années 90, les essais cliniques et le développement dans cette direction furent arrêtés en 1993, non pas pour manque d'efficacité ou mauvaise tolérance, mais en raison des conséquences engendrées par une immunosuppression permanente [15], possiblement néfastes pour le malade.

Les études cliniques du mycophénolate mofétil furent alors orientées vers le domaine de la prévention [16] du rejet du greffon dans les transplantations d'organes, en particulier celles de rein et elles aboutirent en 1995-1996, comme signalé précédemment, à la mise sur le marché du mycophénolate mofétil (Cellcept®). Les indications s'élargirent en 1998 à la greffe de cœur, et au début de l'actuel millénaire, à la greffe de foie. Le libellé précis des différents dosages de la spécialité Cellcept, par voie orale, est le suivant : prévention des rejets aigus d'organe chez les patients ayant bénéficié d'une allogreffe rénale, cardiaque ou hépatique, en association avec la ciclosporine et un corticoïde.

---

[14] Les paramètres considérés étant l'activité pharmacologique, la solubilité, la biodisponibilité, la toxicité, etc.

[15] Quelques années plus tôt, des essais cliniques avec l'acide mycophénolique dans le psoriasis avaient eux aussi donné des résultats encourageants, mais avaient été arrêtés pour les mêmes raisons de sécurité à long terme.

[16] D'autres immunosuppresseurs (ciclosporine, tacrolimus) sont utilisés dans la prévention, mais aussi dans le traitement du rejet du greffon.

Notons qu'il existe aussi une forme injectable (perfusion IV), contenant le mycophénolate mofétil sous forme de chlorhydrate, dont le libellé d'indications est plus restreint (aux seules greffes de rein et de foie). Enfin, depuis 2005, une spécialité (Myfortic®) utilisée par voie orale, (comprimés gastro-résistants) à base de mycophénolate de sodium est également sur le marché, indiquée uniquement dans la greffe de rein (toujours en prévention des rejets aigus, et en association avec la ciclosporine et un corticoïde).

Les effets indésirables de l'acide mycophénolique (sous forme d'ester mofétil ou de sel de sodium) ne seront pas tous mentionnés ici, mais les plus fréquents sont digestifs (diarrhées, vomissements) et hématologiques (anémie, leucopénie, thrombopénie). Par ailleurs, comme tout autre immunosuppresseur, l'acide mycophénolique augmente le risque d'infections opportunistes, de lymphomes et autres tumeurs malignes.

Plus spécifiques à l'acide mycophénolique sont ses propriétés génotoxique et tératogène qui le contre-indiquent totalement en cas de grossesse (risque d'avortements spontanés et de malformations congénitales) [17], ainsi que chez la femme allaitante (*Cf. Pour aller plus loin « 6 »*).

Pour conclure

Quel sera l'avenir de l'acide mycophénolique et de ses dérivés ? De nouveaux analogues verront-ils le jour ? Les contre-indications et les effets toxiques apparus depuis sa mise sur le marché raccourciront-ils sa carrière ? Ou bien, au contraire, son utilisation dans le traitement de certaines maladies auto-immunes (lupus érythémateux disséminé, myasthénie, sclérodermie, etc.) élargira-t-elle demain son spectre d'indications thérapeutiques en lui donnant une nouvelle jeunesse ? Étant

---

[17] Ces toxicités sont très certainement en rapport avec le déficit en inosine 5'-monophosphate déshydrogénase (IMPDH) résultant de l'action de l'acide mycophénolique (*Cf. bibliographie*, articles de Downs 1994 et de Gu *et al.* 2000).

incapable de répondre à ces questions, je préfère reprendre son histoire en la résumant sur un mode à la fois humoristique et anthropomorphique.

L'acide mycophénolique, c'est avant tout le symbole de la persévérance, finalement récompensée. Voici en effet une molécule qui voulait faire carrière dans l'industrie pharmaceutique et devenir un jour un médicament et qui aura mis 102 ans pour y parvenir. Décrocher un premier emploi une fois centenaire n'est pas banal ! Avant d'arriver à ses fins, on peut dire qu'il aura tout essayé, n'hésitant pas les multiples reconversions. Dans la foulée de la découverte de la pénicilline, il tenta d'abord sa chance dans le secteur des antibiotiques antibactériens, mais sa candidature ne fut pas retenue. Il postula alors, toujours dans l'anti-infectieux, à des emplois d'antifongique puis d'antiviral, mais sans plus de succès. À plus de 75 ans, il se tourna alors vers l'anticancéreux : sa candidature fut jugée intéressante puisqu'il eut même droit à une période d'essai (clinique évidemment !) mais qui ne déboucha sur rien de concret. Presque 80 ans, et toujours au chômage ! À défaut d'un CDI, il se consola en décrochant en 1971, une DCI : ça ne donne pas la garantie d'un emploi, mais ça fait toujours bien sur un CV de candidat-médicament. Ça lui redonna le moral et il se sentit prêt et motivé pour repartir à l'assaut dans un nouveau domaine d'activité. La rencontre avec son nouveau conseiller Pôle Emploi, un certain Monsieur Allison, qui l'orienta vers l'immunosuppression, un secteur en pleine expansion où il y avait des places à prendre, surtout quand on est une molécule de fermentation, s'avéra déterminante. Échoué depuis si longtemps sur la grève, dans l'attente d'un emploi, il trouva enfin un emploi... dans la greffe [18]. Et un emploi qui lui plaît toujours beaucoup : lui qui fut si longtemps tout seul dans son coin, il travaille en équipe avec des collègues, toujours les mêmes (la ciclosporine et les corticoïdes), avec lesquels il s'entend très bien. Il ne sait pas combien de temps il gardera ce travail (il est bien conscient que la durée de vie d'un médicament est limitée), mais il se dit que ce qui est pris est pris et, en repensant à ses années de galère, que ça valait vraiment la peine d'insister.

---

[18] L'auteur n'a pas honte de cette phrase, il en est même très fier !

L'ACIDE MYCOPHÉNOLIQUE ET SES DÉRIVÉS
Pour aller plus loin

Pour aller plus loin « 1 »

En 1945, le prix Nobel de physiologie ou médecine était décerné à Alexander Fleming, Ernst Boris Chain et Howard Walter Florey pour « *la découverte de la pénicilline et son effet curatif dans diverses maladies infectieuses* ». La présence de trois noms ainsi que la raison de l'attribution, mentionnant une application thérapeutique, signifient très clairement que la découverte de la pénicilline ne peut se réduire au seul nom de Fleming... même si c'est le seul qui a été retenu par la grande majorité des gens. Voici donc, en résumé, avec quelques repères datés, l'histoire des principales étapes de cette découverte [1].

1928 : Alexander Fleming (1881-1955) est un médecin microbiologiste écossais qui travaille au St. Mary's Hospital de Londres et qui s'intéresse depuis plusieurs années à des bactéries pathogènes du genre *Staphylococcus* (staphylocoques). Partant en vacances en juillet, il laissa sur une paillasse de son laboratoire des boîtes de Pétri [2] ensemencées de diverses bactéries. À son retour en septembre, il constata par hasard que certaines de ces boîtes ont été contaminées par le développement d'une moisissure blanc verdâtre et, observation capitale, qu'autour de cette moisissure, la croissance des staphylocoques s'est arrêtée. La moisissure fut identifiée, il s'agissait d'un champignon filamenteux, *Penicillium notatum*, sur lequel travaillait non loin de là un jeune collègue mycologue.

---

[1] Le lecteur qui souhaiterait en savoir plus n'aura que l'embarras du choix sur internet. À ces ressources numériques, j'ajouterai le livre, déjà cité, de François Chast : *Histoire contemporaine des médicaments* (*Cf. bibliographie page 160*).

[2] Petite boîte cylindrique transparente et peu profonde, en verre (à l'époque) ou en plastique, utilisée pour la culture *in vitro* de bactéries et/ou de champignons sur un milieu nutritif approprié.

Fleming en déduisit très vite que la moisissure devait sécréter une substance, qu'il baptisa pénicilline, et qui devait s'opposer au développement des colonies de staphylocoques. Fleming recommença les expériences d'inhibition de croissance sur d'autres bactéries pathogènes et constata que l'inhibition concernait aussi les bactéries responsables de la scarlatine, la diphtérie, la pneumonie, etc.

Cette découverte, symbole emblématique de sérendipité [3], en serait restée là sans l'entrée en scène dix ans plus tard de Florey et Chain. Fleming, qui n'était pas chimiste, n'était pas parvenu à isoler « sa » pénicilline et, pour cette raison, et aussi peut-être parce qu'il n'imaginait pas la portée thérapeutique de sa découverte, n'avait pas poursuivi dans cette voie.

1938 : Dans le département de pathologie médicale de l'université d'Oxford, une équipe dirigée par un médecin pharmacologue australien, Howard Florey (1898-1968) et comprenant notamment un biochimiste allemand ayant fui le nazisme, Ernst Boris Chain (1906-1979) et un biochimiste anglais, Norman George Heatley (1911-2004), décida de s'attaquer à l'isolement de différentes substances antibactériennes, dont la pénicilline. Ces chercheurs avaient en effet pressenti les possibilités thérapeutiques immenses que pourrait offrir cette pénicilline.

1940 : Les travaux d'isolement de la pénicilline, sous la direction de Chain, permirent l'obtention d'un premier lot de 100 mg dont le remarquable effet antibactérien fut confirmé après injection à des souris préalablement inoculées avec une suspension théoriquement létale (= mortelle) de streptocoques.

1941 : Un policier de 43 ans, Albert Alexander, atteint de septicémie fut traité par la pénicilline et vit son état s'améliorer très nettement. Malheureusement, la pénicilline utilisée, toxique car très impure, et disponible en quantité insuffisante, ne permit pas de le sauver et il décéda au bout d'un mois. Cet épisode confirma néanmoins les remarquables potentialités de la pénicilline en même temps qu'il mit en évidence le besoin pressant d'une production à plus grande échelle de pénicilline.

---

[3] Sur l'importance de la sérendipité dans la découverte de médicaments, *Cf. Bohuon C. et Monneret C., Fabuleux hasards, 2009, Éditions EDP Sciences.*

Le développement en vue d'une montée en puissance de la production ne se fit pas en Grande-Bretagne mais aux États-Unis, dans un laboratoire du ministère de l'Agriculture, spécialisé dans les fermentations, et Heatley y joua un rôle de premier plan. Le changement de l'espèce cultivée, avec la sélection d'une souche de *Penicillium chrysogenum* beaucoup plus productive, ainsi que la mise au point de nouvelles conditions de fermentation en vue d'un rendement maximal, permirent la montée en échelle escomptée et la mise à disposition de ce nouveau médicament, d'abord à l'armée dans le cadre de l'effort de guerre, puis à toute la population dès la fin des années 1940. Il faut dire qu'entre-temps, les principaux laboratoires pharmaceutiques américains étaient entrés dans la course. L'ère, non pas de LA pénicilline mais DES pénicillines, ne faisait que commencer...

La découverte de la pénicilline, en tant que médicament utilisé en thérapeutique, fut donc tout sauf l'aventure solitaire d'un chercheur au fond de son laboratoire. L'importance de chacun des principaux protagonistes de cette belle avancée scientifique fut parfaitement résumée par Henry Harris, professeur australien de médecine à Oxford où il succéda en 1964 à Florey à la tête de la *Dunn School of Pathology*. En 1998, Harris déclara : *« Sans Fleming, pas de Chain ni de Florey ; sans Chain, pas de Florey ; sans Florey, pas de Heatley ; sans Heatley, pas de pénicilline »*... Sauf que, le lecteur l'aura remarqué, cela fait quatre noms pour seulement trois lauréats du prix Nobel en 1945. Beaucoup estiment que Norman George Heatley fut le grand oublié de ce prix. Plus qu'un oublié, il fut en fait la victime de la règle de trois qui régit l'attribution du prix Nobel et qui stipule qu'il ne doit jamais être décerné à plus de trois co-lauréats [4]. Heatley ne fut sans doute pas le premier à pâtir de cette règle de trois, mais de façon certaine pas le dernier : je pense bien sûr à Jean-Claude Chermann, co-découvreur du virus du sida en 1983 à l'Institut Pasteur et qui, pour la même raison, fut écarté de cette récompense ou encore à Henri Kagan, l'un des pères de la catalyse asymétrique, et qui ne fut pas pour autant lauréat du prix Nobel de chimie en 2001, année où ce prix récompensa des travaux qui portaient sur... la catalyse asymétrique.

---

[4] Mais il peut être attribué à une personne morale ou à une institution.

Pour aller plus loin « 2 »

Les pénicillines

Les pénicillines sont des antibiotiques antibactériens appartenant à la classe des bêta-lactames (souvent désignés bêta-lactamines). Toutes les pénicillines possèdent la même structure générale d'amides entre le carboxyle d'une chaîne de nature variable et la fonction amine de l'acide 6-aminopénicillanique (constitué d'un cycle tétragonal bêta-lactame fusionné avec un cycle pentagonal thiazolidine qui porte une fonction acide carboxylique). Obtenues par fermentation de champignons du genre *Penicillium* (pénicillines naturelles) et par hémisynthèse (pénicillines hémisynthétiques), elles possèdent une action bactériostatique ou bactéricide selon l'espèce bactérienne, résultant d'une perturbation de la synthèse de la paroi bactérienne.

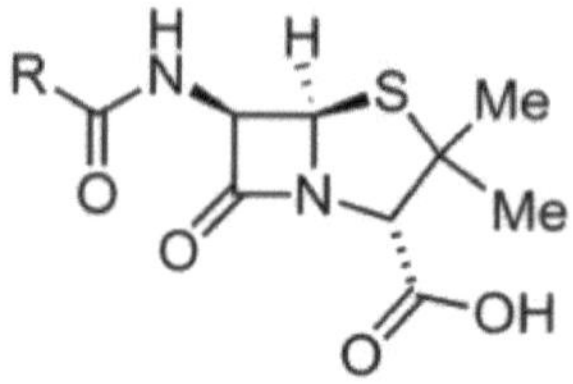

structure générale des pénicillines 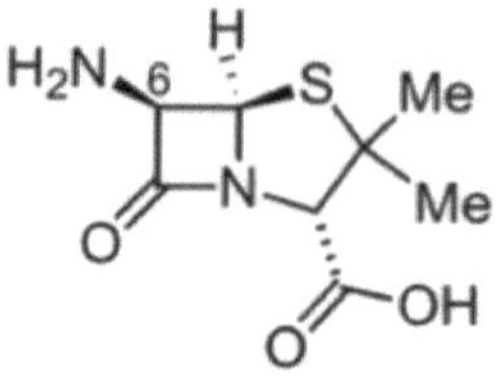   acide 6-aminopénicillanique

Les pénicillines naturelles sont produites par fermentation de souches sélectionnées et améliorées de *Penicillium notatum* ou d'autres micro-organismes apparentés (*P. chrysogenum...*) et elles possèdent une activité préférentielle sur des bactéries à Gram [5] positif. Deux représentants sont utilisés en thérapeutique : *(i)* la benzylpénicilline (DCI), synonyme pénicilline G, qui est la pénicilline historique isolée par l'équipe de Florey et Chain ; dégradée en milieu acide, elle n'est utilisée que par voie injectable ; *(ii)* la phénoxyméthylpénicilline (DCI), synonyme pénicilline V ; stable en milieu acide, elle est utilisée par voie orale.

---

[5] Pour la présentation de la coloration de Gram : *Cf. Lewin G., Drôles d'histoires de médicaments d'origine naturelle,, chapitre Les rifamycines, pages 155-156.*

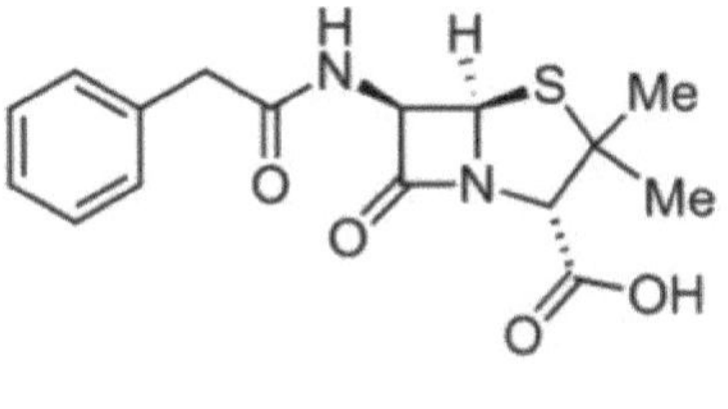

benzylpénicilline
= pénicilline G

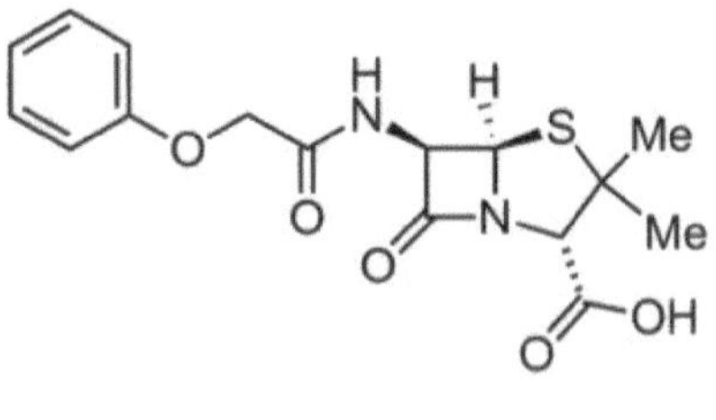

phénoxyméthylpénicilline
= pénicilline V

Les pénicillines hémisynthétiques diffèrent des pénicillines naturelles par la nature de l'acide amidifiant l'acide 6-aminopénicillanique. La structure de cet acide permet, selon les cas, d'élargir le spectre d'activité antibactérienne (vers les bactéries à Gram négatif) ou de le modifier (bacille pyocyanique *Pseudomonas aeruginosa*), d'améliorer la résistance aux pénicillinases [6], de conférer la stabilité en milieu acide (usage par voie orale) ou d'optimiser la pharmacocinétique. On utilise en thérapeutique (i) des pénicillines résistantes aux pénicillinases (exemple oxacilline, cloxacilline, méticilline), (ii) des pénicillines à spectre élargi et plus ou moins résistantes aux pénicillinases (pénicillines du groupe A ou aminopénicillines comme l'ampicilline, l'amoxicilline), (iii) des pénicillines antipyocyaniques (groupe des carboxypénicillines comme la ticarcilline ; groupe des uréidopénicillines comme la mezlocilline et la pipéracilline).

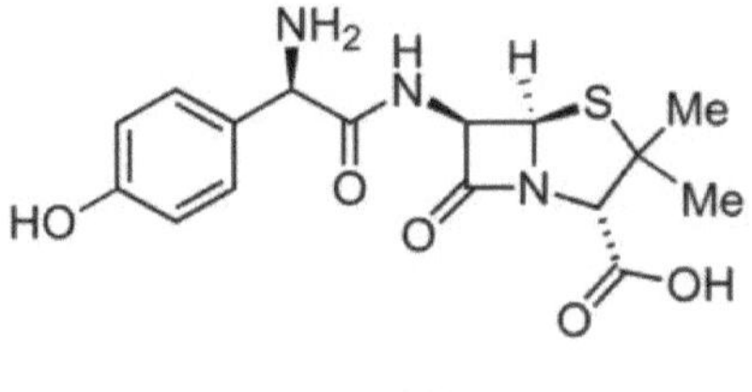

amoxicilline

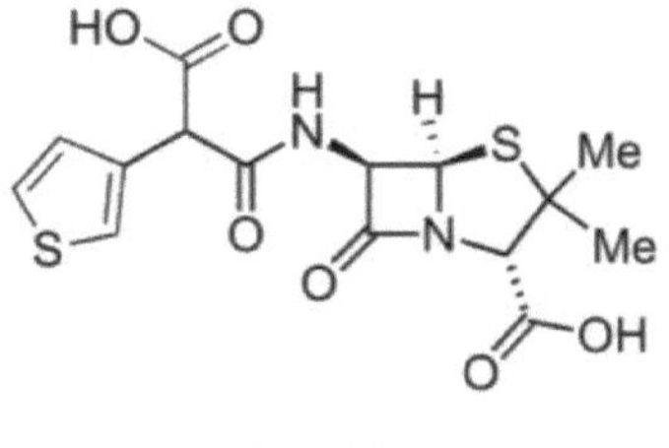

ticarcilline

---

[6] Les pénicillinases sont des β-lactamases qui inactivent certaines pénicillines par ouverture de leur cycle β-lactame, rendant les bactéries qui les sécrètent résistantes à ces antibiotiques.

La griséofulvine

La griséofulvine est un antibiotique antifongique obtenu par fermentation de souches de *Penicillium griseofulvum* et d'autres *Penicillium* (*P. janczewski, P. nigrum* et *P. patulum*). Son activité fongistatique est limitée aux dermatophytes (genres *Epidermophyton, Microsporum* et *Trichophyton*), une catégorie de champignons responsables d'infections de la peau, des ongles (onychomycoses) et du cuir chevelu (teigne). Son utilisation se fait exclusivement par voie orale (Griséfuline®). De toxicité modérée, elle est à l'origine de nombreuses interactions médicamenteuses en raison de son effet inducteur enzymatique [7] (en particulier, diminution de l'efficacité contraceptive des œstroprogestatifs anticonceptionnels).

La pravastatine

Les statines sont des médicaments hypocholestérolémiants agissant par inhibition compétitive d'une enzyme, l'HMG-CoA réductase [8]. Cette dernière catalysant la réduction de l'HMG-CoA en acide mévalonique, une étape clé dans la synthèse du cholestérol intracellulaire, son inhibition par les statines entraîne une diminution de la production endogène de cholestérol, en particulier dans les hépatocytes.

C'est Akira Endo, biochimiste et microbiologiste japonais qui, dans les années 1970, découvrit la première statine : il s'agissait de la mévastatine (= compactine) qu'il isola à partir du milieu de fermentation d'une souche de *Penicillium citrinum*, et dont il identifia l'activité

---

[7] Un inducteur enzymatique stimule l'activité des enzymes hépatiques et, de ce fait, accélére la dégradation d'autres médicaments et diminue leur action.

[8] 3-**H**ydroxy-3-**M**éthyl-**G**lutaryl-**C**oenzyme **A** réductase. Son inhibition par les statines s'explique par l'analogie structurale existant entre une partie de la molécule de la statine et l'HMG-CoA.

inhibitrice de l'HMG-CoA réductase [9]. Également produite par *Penicillium brevicompactum*, la mévastatine ne fut jamais mise sur le marché, mais elle constitue la matière première industrielle pour l'hémisynthèse de la pravastatine, une statine encore très utilisée en thérapeutique dans les indications suivantes :

- traitement des hypercholestérolémies primaires et des dyslipidémies mixtes (associant hypercholestérolémie et hypertriglycéridémie) en complément d'un régime, quand la réponse au régime et aux autres traitements non pharmacologiques (par exemple, exercice, perte de poids) est insuffisante ;
- réduction de la mortalité et de la morbidité cardiovasculaires chez les patients présentant une hypercholestérolémie modérée ou sévère et exposés à un risque élevé de premier événement cardiovasculaire, en complément d'un régime (donc en prévention primaire) ;
- réduction de la mortalité et de la morbidité cardiovasculaires chez les patients ayant un antécédent d'infarctus du myocarde ou d'angor instable et un taux de cholestérol normal ou élevé, en plus de la correction des autres facteurs de risque (donc en prévention secondaire) ;
- réduction des hyperlipidémies post-transplantation chez les patients recevant un traitement immunosuppresseur à la suite d'une transplantation d'organe.

mévastatine

pravastatine

HMG-CoA

[9] Pour un résumé passionnant de la découverte des statines par Akira Endo, *Cf. bibliographie (P. Landers, The Wall Street Journal, 2006).*

Pour aller plus loin « 3 »

La structure de l'acide mycophénolique peut être définie comme étant constituée d'un bicycle phthalide tétrasubstitué sur le noyau benzénique. Deux de ces substitutions sont oxygénées (une fonction phénol libre et une fonction éther méthylique de phénol) et les deux autres carbonées (un groupe méthyle et une chaîne carbonée insaturée, ramifiée et portant une fonction acide carboxylique).

Cette structure reflète une origine biogénétique triple :

- les huit carbones du cycle phthalide et les deux substitutions oxygénées en *méta* résultent de la voie des polyacétates ;

- le groupe méthyle est apporté par la méthionine, activée sous forme de *S*-adénosylméthionine ;

- la chaîne heptacarbonée provient de la voie des terpènes. Des études de biogenèse ont montré que sa présence s'expliquait par la fixation du pyrophosphate de farnésyle (terpène en C-15) sur le phthalide déjà méthylé, suivie d'une fragmentation éliminant huit des quinze carbones.

Je terminerai la présentation de cette structure chimique avec deux remarques :

- la coloration bleue et même bleu violacé que Gosio avait observée avec $FeCl_3$ est certes due à la présence de la fonction phénol, mais elle signe surtout celle d'une fonction phénol chélatée [10] avec le carbonyle de la fonction lactone. Cette coloration si

---

[10] Par établissement d'une liaison hydrogène entre la fonction phénol et le groupe carbonyle de la lactone avec formation d'un pseudocycle hexagonal.

intense ne serait pas observée avec l'isomère dont les positions des groupes OH et OMe seraient inversées ;

- les positions correctes de substitution du groupe méthyle et de la chaîne carbonée d'une part, la bonne configuration de la double liaison éthylénique d'autre part, restèrent longtemps pour les chimistes difficiles à déterminer (jusqu'aux années 1960). Depuis plusieurs décennies, la RMN apporte aisément et sans ambiguïté (par les expériences d'effet Overhauser et de corrélations hétéronucléaires ^{1}H-^{13}C) les réponses à ce type d'interrogation.

Pour aller plus loin « 4 »

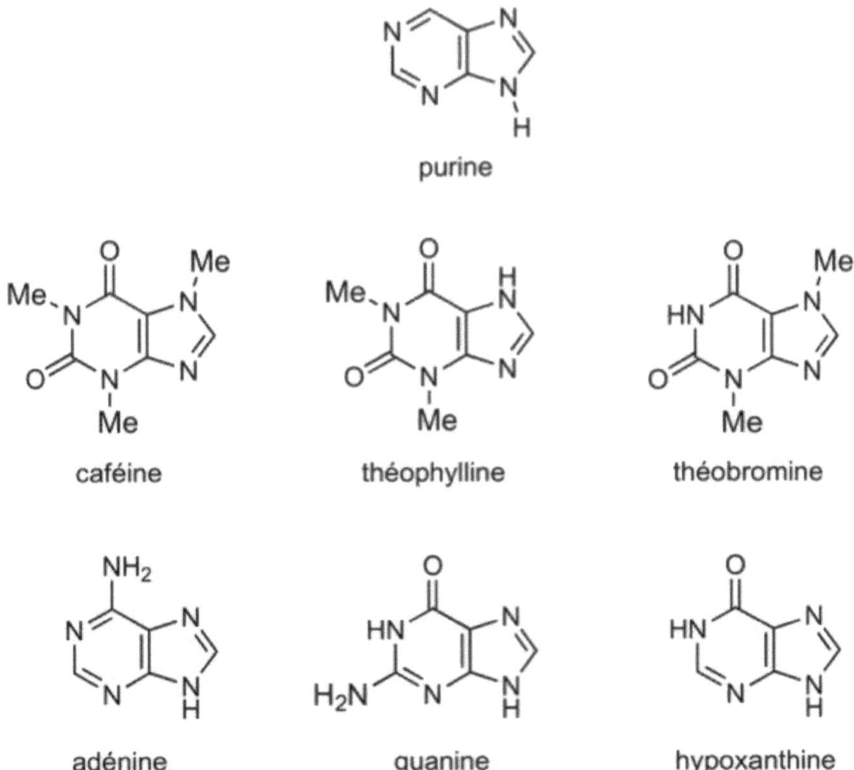

PRPP : 5-phosphoribosyl-1-pyrophosphate. IMP : inosine 5'-monophosphate. XMP : xanthosine 5'-monophosphate. GMP, GDP, GTP : guanosine 5'-mono- di- triphosphate. SAMP : succinyladénosine 5'-monophosphate. AMP, ADP, ATP : adénosine 5'-mono- di- triphosphate. RP : ribose 5-phosphate.

La synthèse *de novo* des purines est présentée dans le schéma ci-contre. Le premier composé clé de cette voie de synthèse est le PRPP qui est le 5-phosphoribosyl-1 pyrophosphate encore appelé α-D-ribofuranose 5-phosphate 1-diphosphate. À partir de ce composé, dix étapes seront nécessaires pour élaborer l'IMP. La première d'entre elles, entre le PRPP et la glutamine permet de former la future liaison *N*-hétérosidique de tous les futurs nucléosides (l'ester pyrophosphate en 1 permet d'activer la formation de cette liaison). Il faut donc comprendre que le sucre phosphaté ne se lie pas en dernière étape à la purine synthétisée, mais qu'au contraire, c'est à partir du ribose 5-phosphate que va s'élaborer progressivement le squelette purine, par un long processus dont chaque étape est sous le contrôle d'une enzyme. Le schéma montre (croix) que l'acide mycophénolique agit en empêchant l'oxydation de l'IMP en XMP par inhibition d'une enzyme, l'inosine 5'-monophosphate déshydrogénase (IMPDH). Cette enzyme existe sous deux types, IMPDH 1 et 2, de structures et propriétés catalytiques très voisines, qui sont physiologiquement exprimés dans la plupart des tissus, mais avec une surexpression du type 2 dans les lymphocytes T et B en prolifération et dans les cellules cancéreuses. Par son rôle clé dans la synthèse *de novo* des nucléotides de guanine et sa surexpression dans les cellules en prolifération, l'IMPDH a été très vite et est encore aujourd'hui une cible étudiée dans la recherche de nouveaux médicaments antitumoraux.

L'autre voie de synthèse (ne figurant pas sur le schéma), dite voie de sauvetage, recycle les purines issues principalement de la dégradation des acides nucléiques. Cette voie utilise surtout les purines libres, non liées à une partie sucrée : l'adénine, la guanine et l'hypoxanthine. Chacune de ces bases conduit alors, en une étape (par fixation du ribose 5-phosphate) ou en deux étapes (par fixation du ribose, puis phosphatation du nucléoside intermédiaire) au nucléotide monophosphaté correspondant, respectivement l'AMP, le GMP et l'IMP.

Pour aller plus loin « 5 »

Le mycophénolate mofétil (formule page 192) fit partie d'une série de dérivés esters (sur l'acide carboxylique et sur la fonction phénol), tous prodrogues de l'acide mycophénolique, brevetés en 1988. Si Syntex ne se lança pas d'emblée sur la synthèse totale d'analogues plus originaux de l'acide mycophénolique, c'est que de très nombreux dérivés, conservant le bicycle benzolactone, mais diversement substitués, avaient déjà été préparés dans les années 1970 et que leur étude pharmacologique (dans un axe antitumoral) s'était montrée décevante. Syntex décrira en 1990 la synthèse et l'étude pharmacologique (là encore décevante) d'une série de dérivés d'acide mycophénolique, modifiés sur la chaîne latérale.

mycophénolate mofétil

hydrolyse enzymatique

acide mycophénolique

Pour aller plus loin « 6 »

Ces dernières années, des règles de plus en plus strictes ont encadré la prescription et la délivrance des spécialités à base de mycophénolate mofétil ou de sodium : ainsi, les femmes susceptibles d'être enceintes doivent impérativement utiliser une contraception fiable avant et pendant le traitement par un mycophénolate, prolongée durant les 6 semaines suivant l'arrêt ; de plus, les partenaires féminines d'hommes sexuellement actifs traités par un mycophénolate doivent également utiliser une contraception efficace pendant le traitement et au minimum pendant 90 jours après son arrêt. En juillet 2018, l'ANSM a diffusé sur son site internet trois documents concernant les risques liés à une grossesse et/ou un projet de conception, chez des patients traités par un mycophénolate : un guide pour les patients (femmes et hommes), un guide pour les professionnels de santé et un formulaire d'accord de soins des patientes susceptibles de procréer.

BIBLIOGRAPHIE

Gosio B. *Giornale Real Accademia Med. Torino* **1893**, *XLI*, 484-487.
Contributo all'etiologia della pellagra ; ricerche chimiche e batteriologiche sulle alterazioni del mais.

Gosio B. *Rivista d'Igiene e Sanità Pubbl.* **1896**, *VII*, 825-849.
Ricerche batteriologiche e chimiche sulle alterazioni del mais. Contributo all'etiologia della pellagra.

Gosio B. *Rivista d'Igiene e Sanità Pubbl.* **1896**, *VII*, 869-888.
Ricerche batteriologiche e chimiche sulle alterazioni del mais. Contributo all'etiologia della pellagra.

Gosio B. et Ferrati E. *Rivista d'Igiene e Sanità Pubbl.* **1896**, *VII*, 961-981.
Sull'azione fisiologica dei veleni del mais invaso daalcuni "ifomiceti" ; contributo all'etiologia della pellagra.

Alsberg C.L. et Black O.F. *USDA, Bur. Plant. Ind. Bull.* **1913**, *270*, 1-48.
Contribution to the study of maize deterioration.

Clutterbuck P. W., Oxford A. E., Raistrick H. et Smith G. *Biochem. J.* **1932**, *26*, 1441-1458.
Studies in the biochemistry of micro-organisms : The metabolic products of the *Penicillium brevi-compactum* series.

Clutterbuck P.W. et Raistrick H. *Biochem. J.* **1933**, *27*, 654-667.
Studies in the biochemistry of micro-organisms : the molecular constitution of the metabolic products of *Penicillium brevi-compactum* Dierckx and related species. II. Mycophenolic acid.

Abraham E.P. *Biochem. J.* **1945**, *39*, 398-408.
The effect of mycophenolic acid on the growth of *Staphylococcus aureus* in heart broth.

Oxford A.E. *Annu. Rev. Biochem.* **1945**, *14*, 749-772.
The chemistry of antibiotic substances other than penicillin.

Florey H.W., Gilliver K., Jennings M.A. et Sanders A.G. *Lancet* **1946**, January 12, 46-49.
Mycophenolic acid ; an antibiotic from *Penicillium brevicompactum* Dlerckx.

Waksman S.A. *Mycologia* **1947**, *39*, 565-569.
What is an antibiotic or an antibiotic substance ?

Birkinshaw, J. H., Raistrick, H. et Ross, D. *J. Biochem. J.* **1952**, *50*, 630-654.
Biochemistry of microorganisms. LXXXVI. The molecular constitution of mycophenolic acid, a metabolic product of *Penicillium brevicompactum*. Further observations on the structural formula for mycophenolic acid.

Ando K., Suzuki S., Tamura G. et Arima K. *J. Antibiot.* **1968**, 21, 649-652.
Antiviral activity of mycophenolic acid. Studies on antiviral and antitumor antibiotics. IV

Williams R.H., Lively D.H., DeLong D.C., Cline J.C., Sweeney M.J., Poore G.A. et Larsen S.H. *J. Antibiot.* **1968**, *21*, 463-464.
Mycophenolic acid : antiviral and antitumor properties.

Birch A.J. et Wright J.J. *Aust. J. Chem.* **1969**, *22,* 2635-2644.
A total synthesis of mycophenolic acid.

Carter S.B, Franklin T.J., Jones D.F., Leonard B.J., Mills S.D., Turner R.W. et Turner W.B. *Nature* **1969**, *223*, 23 août, 848-850.
Mycophenolic acid : an anti-cancer compound with unusual properties.

Cline J. C., Nelson J.D., Gerzon K., Williams R.H. et DeLong D.C. *Appl. Microbiol.* **1969**, *18*, 14-20.
In vitro antiviral activity of mycophenolic acid and its reversal by guanine-type compounds.

Franklin T.J. et Cook J.M. *Biochem. J.* **1969**, *113*, 515-524.
The inhibition of nucleic acid synthesis by mycophenolic acid.

Mitsui A. et Suzuki S. . *J. Antibiot.* **1969**, *22*, 358-363.
Immunosuppressive effect of mycophenolic acid.

Noto T., Sawada M., Ando K. et Koyama K. *J. Antibiot.* **1969**, *22*, 165-169.
Some biological properties of mycophenolic acid.

Planterose D.N. *J. Gen. Virol.* **1969**, *4*, 629-630.
Antiviral and cytotoxic effects of mycophenolic acid.

Suzuki S., Kimura T., Ando K., Sawada M. et Tamura G. *J. Antibiot.* **1969**, *22*, 297-302.
Antitumor activity of mycophenolic acid.

Jones D.F.et Mills S.D. *J. Med. Chem.* **1971**, *14*, 305-311.
Preparation and antitumor properties of analogs and derivatives of mycophenolic acid.

Harrison W., Shearer H.M.M. et Trotter J. *J. Chem. Soc., Perkin 2* **1972**, 1542-1544.
Crystal structure of mycophenolic acid.

Knudtzon S. et Niessen N.I. *Cancer Chemother. Rep., Part 1* **1972**, 56, 221-227.
Clinical trial with mycophenolic acid (NSC-129185), a new antitumor agent.

Sweeney M.J., Gerzon K., Harris P.N., Holmes R.E., Poore G.A. et Williams R.H. *Cancer Res.* **1972**, *32*, 1795-1802.
Experimental antitumor activity and preclinical toxicology of mycophenolic acid.

Sweeney M.J., Hoffman D.H. et Esterman M.A. *Cancer Res.* **1972**, *32*, 1803-1809.
Metabolism and biochemistry of mycophenolic acid.

Allison A.C., Hovi T., Watts R.W.E. et Webster A.D.B. *Lancet* **1975**, 13 décembre, 1179-1183.
Immunological observations on patients with Lesch-Nyhan syndrome, and on the role of de novo purine synthesis in lymphocyte transformation.

Allison A.C. et Hovi T.*TIBS (Trends in Biochemical Sciences)* **1976**, *1*, 36-38.
The role of de novo purine biosynthesis in the responses of lymphocytes to mitogenic and antigenic stimulation.

Suzuki S., Takaku S.et Mori T. *J. Antibiot.* **1976**, *29*, 275-285.
Antitumor activity of derivatives of mycophenolic acid.

Allison A.C., Hovi T., Watts R.W. et Webster A.D. *Ciba Found. Symp.* **1977**, 207-224.
The role of de novo purine synthesis in lymphocyte transformation.

US patent 4 753 935 Syntex, 28 juin **1988**.
Morpholinoethyl esters of mycophenolic acid and pharmaceutical compositions.

Lee W.A., Gu L., Miksztal A.R., Chu N., Leung K. et Nelson P.H. *Pharm. Res.* **1990**, *7*, 161-166.
Bioavailability improvement of mycophenolic acid through amino ester derivatization.

Nelson P.H., Eugui E.M., Wang, C.C. et Allison, A.C. *J. Med. Chem.* **1990**, *33*, 833-838.
Synthesis and immunosuppressive activity of some side-chain variants of mycophenolic acid.

Allison A.C.et Eugui E.M. *Immunol. Rev.* **1993**, *136*, 5-28.
Immunosuppressive and other effects of mycophenolic acid and an ester prodrug, mycophenolate mofetil.

Downs S.M. *Mol. Reprod. Dev.* **1994**, *38*, 293-302.
Induction of meiotic maturation in vivo in the mouse by IMP dehydrogenase inhibitors : effects on the developmental capacity of ova.

Bentley R. *Chem Rev.* **2000**, *100*, 3801-3825.
Mycophenolic acid : A one hundred year odyssey from antibiotic to immunosuppressant.

Gu J.J., Stegmann S., Gathy K., Murray R., Laliberte J., Ayscue L. et Mitchell B.S. *J. Clin. Investig.* **2000**, *106*, 599-606.
Inhibition of T lymphocyte activation in mice heterozygous for loss of the IMPDH II gene.

Landers P. *The Wall Street Journal* 9 janvier **2006**.
How one scientist intrigued by molds found first statin.

Anses (Agence nationale de sécurité sanitaire de l'alimentation, de l'environnement et du travail) : fiche de description de danger biologique transmissible par les aliments / *Penicillium expansum* et autres moisissures productrices de patuline, novembre **2011**.

Naffouje R., Grover P., Yu H., Sendilnathan A., Wolfe K., Majd N., Smith E.P., Takeuchi K., Senda T., Kofuji S. et Sasaki A.T. *Cancers* **2019**, *11*, 1346 (30 p.).
Anti-tumor potential of IMP dehydrogenase inhibitors : a century-long story.

LA PODOPHYLLOTOXINE ET SES DÉRIVÉS
Pathologies concernées : tumeurs bénignes et cancer

THE MANDRAKE FAMILY

Pour commencer...

Pourquoi ce titre anglais pour introduire ce chapitre ? Deux raisons à cela : d'abord, ne doutant pas un seul instant du succès planétaire de ce livre, j'ai souhaité alléger la future tâche du traducteur en anglais en lui faisant déjà faire l'économie de trois mots ! Ensuite, plus sérieusement, parce que la plante qui est à l'origine de la découverte de la podophyllotoxine est une espèce d'Amérique du Nord qui s'appelle *Podophyllum peltatum* (Berberidacées), podophylle pelté en français, *mayapple* (pomme de mai) et *American mandrake* en anglais. Or, le nom *mandrake*, tout seul ou précédé de l'adjectif *European*, désigne généralement la mandragore (plus précisément le genre *Mandragora*), bien connue car associée depuis toujours au monde de la magie et de la sorcellerie ; de ce fait, il est courant de relever dans nombre d'articles une confusion entre le podophylle et la mandragore [1].

Et pourtant ces deux plantes n'ont rien en commun sur le plan de la composition chimique et des propriétés pharmacologiques : le podophylle renferme des lignanes (terme qui sera défini plus tard) dont le chef de file est la podophyllotoxine et il possède des propriétés laxatives et purgatives d'une part, cytotoxiques, par action antimitotique, d'autre part. La mandragore est, elle, une Solanacée comme la belladone, contenant comme cette dernière des alcaloïdes tropaniques (atropine, scopolamine,

---

[1] Il faudrait aussi évoquer la bryone dioïque, *Bryona dioica* (Cucurbitacées), plante toxique dont l'un des noms en anglais est *English mandrake*. *European et English mandrakes* : cette impossible entente, même en botanique, n'annonçait-elle pas, des siècles à l'avance, le Brexit ?

etc.) responsables, en cas d'intoxication, de possibles effets hallucinogènes certainement pas étrangers à cette réputation de plante « magique » qu'elle a conservée tout au long de l'Histoire.

Il ne saurait être question d'oublier dans la famille *Mandrake*, le magicien (*Mandrake the magician* !), héros de bande dessinée créé en 1934 aux États-Unis. Toujours tiré à quatre épingles, cheveux gominés sous un haut-de-forme, smoking noir et cape de soie rouge, il lutte contre le Mal en se sortant toujours des situations les plus périlleuses.

MANDRAKE

Du coup, le podophylle ne fait-il pas figure d'intrus dans ce monde des *Mandrake* dominé par la magie ? A priori si, mais pas tant que cela se dira peut-être le lecteur à la faveur de certaines surprises scientifiques que nous relaterons et qui n'ont pas grand-chose à envier au lapin sorti d'un chapeau !

Podophyllum peltatum, le podophylle pelté (Berberidacées) [2,3]

De l'examen rapide des propriétés traditionnelles du podophylle pelté ressort surtout le mot *cathartic*, en français purgatif, ainsi que d'autres activités et une toxicité se situant principalement au niveau digestif après utilisation par voie orale. Comme nous le verrons ultérieurement, la genèse de la découverte des anticancéreux dérivés de cette plante fait remonter à 1942. C'est en effet cette année-là qu'un article d'un médecin de la Nouvelle-Orléans, I.W. Kaplan, décrit le traitement de tumeurs cutanées ano-génitales par application locale de podophylline (résine de podophylle qui sera définie plus loin). Le rapport entre ce traitement et l'utilisation comme purgatif étant loin d'être évident, il m'est apparu nécessaire de me pencher sur l'histoire du podophylle pelté pour essayer de comprendre sur quelles bases s'était appuyé Kaplan pour utiliser ainsi la podophylline par voie cutanée. Le podophylle étant une plante du continent nord-américain (Canada, États-Unis), la recherche a été relativement simple car elle s'étalait sur quelques siècles seulement. Nous avons en effet affaire à une plante du Nouveau-Monde, et Galien, Dioscoride, Hippocrate ou encore Avicenne ne font pas partie du casting !

Le podophylle pelté est une plante herbacée d'environ 30 centimètres de haut poussant spontanément dans les forêts humides de l'est du Canada (Québec) et des États-Unis (Floride, Caroline du Nord, Virginie). Sa tige porte deux grandes feuilles opposées et largement découpées en lobes (= palmatilobées), sa fleur est blanche, unique et elle

---

[2] Bien que certains auteurs le rangent dans le genre féminin, PODOPHYLLE est toujours considéré comme masculin sur internet (ce qui n'est bien sûr pas une référence), en particulier sur les sites du CNRTL (*Centre National de Ressources Textuelles et Lexicales*) et du dictionnaire Littré (ainsi que dans l'édition originale). Ajoutons qu'il est également classé masculin dans le Larousse encyclopédique en deux volumes (édition 1948) et dans les trois éditions du dictionnaire de l'Académe nationale de Pharmacie. Le dictionnaire de l'Académie de Médecine n'en fait pas état, pas plus que le dictionnaire de l'Académie française pour lequel la recherche en ligne à podophylle renvoie, par approximation, à pédophile (ces Immortels sont de grands facétieux !!!).

[3] Peltée qualifie une feuille dont le pétiole s'insère au milieu du limbe.

apparaît à l'aisselle de ces deux feuilles et son fruit est une baie jaune. Ses organes souterrains comportent racines et rhizome (= tige souterraine), ce dernier, de couleur brun rougeâtre, constituant la partie utilisée en thérapeutique.

Si l'explorateur et navigateur français Jacques Cartier (1491-1557), découvreur du Canada, nota que la partie souterraine de cette plante était à la fois un poison mortel et un antidote au venin de serpent, Samuel de Champlain (1567-1635), cet autre explorateur français, fondateur de la ville de Québec, ne mentionna aucune utilisation médicale, précisant juste que le fruit était comestible. C'est en fait le naturaliste anglais, Mark Catesby (1683-1749), dans son ouvrage *Natural History of Carolina, Florida and the Bahama Islands,* qui rapporta en 1731 que cette plante, qu'il nomma *Anapodophyllon canadense*, était un excellent émétique (= vomitif), utilisée pour cette raison dans les Carolines. Décrite en 1753 sous son nom actuel, *Podophyllum peltatum*, par le célèbre naturaliste suédois Linné (1707-1778), cette pomme de mai intéressa beaucoup les colons qui découvrirent auprès de différentes tribus indiennes (Iroquois, Cherokees, etc.) les principales propriétés qui lui étaient prêtées : purgatif, poison (servant accessoirement à se suicider), anthelminthique (= vermifuge). C'est d'ailleurs surtout comme purgatif et cholagogue (qui facilite l'évacuation de la bile vers l'intestin) que les parties souterraines de la plante furent utilisées par les colons (sous le nom de *Podophyllum*) et popularisées au point d'intégrer la pharmacopée des États-Unis dès sa première édition en 1820. Il faudra attendre 1861 et l'ouvrage de R. Bentley *New American remedies* pour que soient rapportés pour la première fois les effets de la résine de podophylle en application cutanée : vésicante (= fortement irritante), rubéfiante, mais aussi active contre les champignons et les tumeurs cancéreuses. En rapport avec les travaux de Kaplan et tout ce qui en découla, citons enfin par souci d'exhaustivité les articles de Sullivan et King (1947) et de Hartwell et Schrecker (1958) qui nous apprennent que :

- des références éparses et anciennes mentionnaient l'usage du *Podophyllum* et de la podophylline contre le « cancer » et d'autres excroissances ;
- les Indiens Penobscot (Pentagouets en français) de l'État du Maine l'utilisaient contre le « cancer » ;
- la podophylline était utilisée contre le « cancer » aux États-Unis avant 1897 ;
- les urologues de la Nouvelle-Orléans traitaient depuis plusieurs années avant 1942 les verrues génitales par application topique de podophylline, mais que cette pratique n'était pas bien connue.

Si, comme on le voit, l'utilisation du podophylle pour le traitement des tumeurs, bénignes ou malignes, resta jusqu'en 1942 tout à fait confidentielle, il n'en fut pas de même pour son usage comme laxatif et cholagogue qui fit très tôt l'objet d'une exploitation commerciale à grande échelle. L'exemple le plus célèbre est la création en 1868 des *Carter's Little Liver Pills* (en français les Petites pilules Carter pour le foie), mélange de *Podophyllum* et *d'Aloe vera*, médicament indiqué contre le « mal de ventre », la constipation, les indigestions, les vertiges, les nausées, la somnolence, la migraine... sans oublier la langue chargée et le mauvais goût dans la bouche, signes indiscutables d'un foie paresseux et d'une vésicule biliaire au repos !!! Les travaux d'A.C. Ivy entre 1942 et 1945 n'ayant montré aucun effet de ce médicament et de ses constituants sur la production de bile et sur son passage dans le duodénum, le laboratoire, après une longue résistance vis-à-vis des autorités, dut se résoudre au début des années 1950 à changer, non pas la formulation mais juste le nom commercial qui devint *Carter's Little Pills* ! Pour la composition, il fallut attendre 1959 et le remplacement des deux composants d'origine par un laxatif de synthèse, le bisacodyl. En France, ce médicament resta commercialisé sous son nom d'origine jusqu'en 1991, puis sous le nom de Petites pilules Carter jusqu'en 2014, mais ses principes actifs étaient alors la boldine et de l'*Aloe vera*.

Une « petite » publication, mais un grand retentissement

En 1942 parut l'article de I.W. Kaplan sobrement intitulé *Condylomata acuminata*. Sur un peu plus de deux pages dont plus de la moitié est consacrée à la description de la pathologie, l'auteur rapporte la guérison de vingt malades (douze femmes, sept hommes et un enfant) après une seule application de podophylline diluée au quart dans une huile minérale (vraisemblablement de la vaseline) sur les lésions. Le traitement de ces patients fut effectué au service de chirurgie de la faculté de médecine de la Nouvelle-Orléans et l'article de Kaplan fut publié dans un journal médical local, le *New Orleans Medical & Surgical Journal*. Ce vénérable journal, qui existe toujours et dont les archives numérisées sont librement accessibles sur internet, ne devait pas être considéré comme suffisamment prestigieux puisque cet article de Kaplan reste à ce jour inconnu sur Medline, pourtant la plus grande base au monde de données bibliographiques relatives aux sciences biologiques et biomédicales. Bien que Kaplan ait confirmé ces résultats sur 200 patients et les ait rapportés en 1944 dans deux articles de revues plus prestigieuses, c'est bel et bien sur ce seul « petit » article de 1942 que Lester King et Maurice Sullivan s'appuyèrent en 1946 en rapportant dans le journal *Science* la similitude d'action entre la podophylline et la colchicine dont l'action antimitotique était déjà bien établie (*Cf Le chapitre sur la colchicine*). Le podophylle, la podophylline et ses constituants (que nous présenterons plus loin) étaient dès lors « mis en orbite » et allaient fortement intéresser le domaine de la cancérologie.

Pour en revenir au contenu de l'article de 1942, Kaplan y décrit ces *condylomata acuminata* avec force détails et images, les comparant selon le cas à des framboises, des choux-fleurs ou des crêtes de coq [4], se situant au niveau du périnée, des lèvres, du vagin, du col de l'utérus, du prépuce ou encore de la marge de l'anus. S'il ne pouvait en connaître la nature à l'époque, il démontra par contre qu'elles n'étaient pas cancéreuses, ni d'origine syphilitique ou blennorragique. Aujourd'hui, on sait que ces condylomes (c'est le terme général), acuminés (pointus) ou plans, et que l'on appelle encore verrues génitales, végétations vénériennes ou crêtes de coq, sont des tumeurs bénignes d'origine virale. Le virus responsable

---

[4] *Cf. Note de l'auteur page 215.*

est le papillomavirus humain (HPV = *Human PapillomaVirus*), plus précisément, ses génotypes HPV-6 et -11 [5].

La podophylline et son constituant principal, la podophyllotoxine

Avant de s'intéresser plus avant à la pharmacologie du podophylle et de ses constituants, il est plus que temps de présenter sa composition chimique. Je parle de podophylle au singulier, mais je devrais employer le pluriel car un second podophylle fut découvert et caractérisé dès 1824 en Asie, dans l'Himalaya, par le botaniste danois Nathaniel Wallich (1786-1854). Très vite, il apparut que cette espèce himalayenne dont l'effet purgatif était connu des habitants de la région avait une composition chimique assez proche de celle du podophylle pelté. Longtemps dénommée *Podophyllum hexandrum* (= *P. emodi*), cette espèce, poussant en Inde et en Chine, s'appelle aujourd'hui *Sinopodophyllum hexandrum*. Son rhizome, qui est plus riche en podophyllotoxine que celui de *P. peltatum*, constitue la principale matière première pour l'extraction de cette molécule. [6]

La podophylline est le nom donné à la résine obtenue de la façon suivante à partir de la poudre de rhizome de l'une ou l'autre espèce :
a) extraction par de l'alcool puis concentration de l'extrait ;
b) dilution de l'extrait dans de l'eau éventuellement acidifiée ;
c) recueil du précipité formé, qui est lavé à l'eau, séché et enfin pulvérisé.

De couleur brun clair à vert-jaune, fonçant à la lumière, la podophylline est obtenue avec un rendement plus élevé à partir de l'espèce asiatique (6 à 12%) qu'américaine (2 à 8%). Découverte un peu par hasard par John King, un universitaire américain, en 1835, la

---

[5] Il existe plus de 200 génotypes différents de HPV, se distinguant par leur tissu cible et par leur pouvoir cancérogène. À titre d'exemple, HPV-6 et -11 sont classés dans les génotypes à faible risque cancérogène et HPV-16 et -18 dans les génotypes à risque élevé de cancer du col de l'utérus.

[6] Notons qu'un autre podophylle asiatique, *Podophyllum sikkimensis*, a été identifié et décrit en 1950 par des chercheurs indiens.

podophylline est constituée principalement d'un mélange de composés formés uniquement de C, H et O et qui appartiennent à la classe des lignanes. Ces derniers, qui possèdent un squelette carboné à 18 C, peuvent être définis de façon très sommaire comme résultant de l'union de deux unités de type phénylpropane, donc en C_6-C_3 (pour plus de détails, *Cf. **Pour aller plus loin « 1 »***). Le lignane majoritaire a été découvert en 1880 à partir de la résine de *P. peltatum* par Valerian Podwyssotzki qui l'isola à l'état cristallisé et lui donna le nom de podophyllotoxine. Après plusieurs hypothèses de structure émises dans les années 1930, mais qui s'avérèrent erronées, ce sont Jonathan Hartwell et Anthony Schrecker, du *NCI* (*National Cancer Institute)* de Bethesda, qui déterminèrent dans les années 1950 la structure correcte de ce lignane, en configuration relative en 1953, puis absolue en 1956. Sans entrer dans le détail de cette structure qui sera présentée et commentée dans la seconde partie du chapitre (***Cf. Pour aller plus loin « 2 »***), il est important dès maintenant d'avoir à l'esprit que la podophyllotoxine possède quatre carbones asymétriques et que l'inversion de la configuration de certains d'entre eux a d'importantes répercussions sur l'activité biologique (cas de la picropodophyllotoxine et de la 4-épipodophyllotoxine). À côté de la podophyllotoxine qui représente presque 40% de la podophylline de *Sinopodophyllum hexandrum* et environ 20% de celle de *P. peltatum*, on trouve plusieurs analogues de cette molécules possédant le même squelette carboné qu'elle, mais s'en distinguant par la nature et/ou la position des substitutions oxygénées (4'-déméthylpodophyllotoxine, désoxypodophyllotoxine, α- et β-peltatines), ainsi que les glucosides correspondants, en faible quantité [7].

La podophylline, ses lignanes et le cancer : espoir et déception

Comme cela a déjà été dit, l'article de 1942 de Kaplan fut incontestablement à l'origine de l'étude de King et Sullivan de 1946, qui mit en évidence (sur cellules épidermiques saines d'Homme, de Lapin, et

---

[7] Nous verrons plus loin que la présence de ces glucosides de lignanes a joué un rôle capital dans les recherches menées par le laboratoire Sandoz, qui aboutiront à la découverte d'importants médicaments anticancéreux.

sur cellules de condylomes) une cytotoxicité de la podophylline et de la colchicine concrétisée par un aspect cellulaire comparable au microscope. Cette similitude morphologique suggérait donc très fortement un même effet antimitotique des deux substances avec blocage de la mitose en métaphase, tel qu'il avait déjà été décrit pour la colchicine. S'ensuivirent alors dans les années 1940 et 1950 de très nombreuses publications étudiant et confirmant l'action antimitotique de la podophylline, mais aussi de la plupart de ses lignanes (à l'exception notable de la picropodophyllotoxine très peu active). On découvrira par la suite que l'effet antimitotique de la podophyllotoxine s'explique, comme pour la colchicine, par une inhibition de l'assemblage de la tubuline en microtubules, empêchant la formation du fuseau mitotique et bloquant la mitose en métaphase [8]. Il sera également montré que la podophyllotoxine, mais aussi d'autres molécules naturelles comme la stéganacine (un autre lignane) et des substances très simples appelées combrétastatines (des stilbènes) possèdent un effet antimitotique très voisin de celui de la colchicine, résultant d'une fixation sur la tubuline sur le même site que la colchicine. (***Cf. Pour aller plus loin « 3 »***).

La découverte de la puissante activité antimitotique de la podophylline et de plusieurs de ses lignanes, notamment la podophyllotoxine et les α- et β-peltatines, suscita jusqu'à la fin des années 1950 de nombreuses études, en particulier au *NCI*, sur l'animal d'abord puis sur l'Homme. Ces essais cliniques ciblèrent différents cancers : cancers cutanés (carcinomes basocellulaire et épidermoïde) par traitement local, mais aussi cancers de différents organes (bronches, larynx, sein, utérus, etc.) ainsi que des lymphomes par utilisation de la voie générale (orale, IV, IM). Les résultats décevants, car malheureusement jamais vraiment probants, ainsi que la forte toxicité, notamment digestive, expliquèrent l'abandon progressif des essais. Cet abandon ne fut que provisoire puisque dès le milieu des années 1950, sous l'impulsion de chercheurs du laboratoire pharmaceutique suisse Sandoz (aujourd'hui Novartis), l'étude en cancérologie de la podophyllotoxine et des autres principaux lignanes de podophylles fut remplacée par celle de leurs

---

[8] *Cf. le chapitre sur la colchicine.*

glucosides. Comme nous allons le voir maintenant, ce changement s'avéra déterminant.

Et des chercheurs de Sandoz sortirent le lapin du chapeau !

J'ai naturellement placé le récit qui va suivre sous le signe de la magie, mais j'aurais tout aussi bien pu faire appel à Hercule Poirot ou Sherlock Holmes tant le travail de Sandoz, qui s'étala sur presque trente ans, s'apparenta à une véritable enquête avec ce qu'il faut de mystère et de rebondissements.

Les lignanes des podophylles possédant quasiment tous au moins un groupe hydroxyle (OH), Arthur Stoll (1887-1971, chimiste suisse fondateur du département pharmaceutique de Sandoz) et son équipe recherchèrent et isolèrent leurs analogues hétérosides c'est-à-dire des composés possédant en plus une partie glucidique (= sucrée) unie par une liaison dite osidique au lignane par l'intermédiaire du groupe OH [9]. En effet, en raisonnant par analogie avec les hétérosides cardiotoniques (digitoxine = digitaline, digoxine et leurs nombreux analogues) que Sandoz connaissait bien, Stoll et coll. pensaient que les hétérosides seraient, en comparaison avec leurs génines respectives, moins toxiques et plus hydrosolubles. Un premier hétéroside de lignane (le glucoside de picropodophyllotoxine) ayant déjà été isolé en 1951 à partir de *P. emodi* par Hartwell et coll., les chimistes de Sandoz privilégièrent la recherche d'autres hétérosides en adaptant les conditions d'extraction et de purification à ce type de composés très fragiles [10]. Les résultats ne se firent pas attendre puisqu'en 1954 furent décrits quatre hétérosides, tous

---

[9] Le lignane devenant alors la partie non sucrée, appelée aglycone ou génine, de l'hétéroside.

[10] Les hétérosides dans lesquels la liaison partie sucrée-génine se fait au niveau d'un groupe OH sont appelés des *O*-hétérosides (si la partie sucrée est un β-glucose, ce qui est le cas avec les podophylles, les hétérosides sont alors appelés des β-glucosides). Les *O*-hétérosides sont des molécules très fragiles car facilement hydrolysables, par voie chimique (milieu aqueux acide) ou enzymatique, en libérant sucre(s) et génine.

des β-glucosides, de podophyllotoxine, de 4'-déméthylpodophyllotoxine et d'α- et β-peltatines. Malheureusement, si la diminution de toxicité attendue fut bien constatée, l'activité antimitotique et l'action antiproliférative étaient elles aussi extrêmement réduites (d'un facteur 1000 pour le glucoside de podophyllotoxine par rapport à la podophyllotoxine). Sur le plan physicochimique, ces glucosides étaient effectivement hydrosolubles mais, revers de la médaille, cette propriété s'accompagnait d'une mauvaise absorption intestinale après administration par voie orale.

Devant ces résultats décevants, l'étape suivante du programme de recherche, désormais sous la responsabilité du chimiste Albert von Wartburg et du pharmacologue Hartmann Stähelin (1925-2011) [11], s'orienta vers la synthèse et l'évaluation biologique du β-glucoside de podophyllotoxine (*PG* comme *Podophyllotoxin Glucoside*), modifié sur le reste glucosyle par réaction avec un aldéhyde, le benzaldéhyde (pour plus de détails, et en particulier pour les structures chimiques des principaux hétérosides cités, *Cf.* ***Pour aller plus loin « 4 »***). La modification apportée avait un double but : d'une part, réduire le caractère hydrophile de l'hétéroside [12], et par voie de conséquence, augmenter sa biodisponibilité par voie orale ; d'autre part, diminuer sa fragilité en supprimant la possibilité d'hydrolyse enzymatique par les β-glucosidases.

Le véritable point de bascule de ces recherches (le moment où, à l'insu du magicien lui-même, le lapin est déjà en train de se préparer à sortir du chapeau !) réside dans la décision d'effectuer cette réaction avec le benzaldéhyde, non seulement sur le glucoside de podophyllotoxine pur, mais aussi sur du glucoside de podophyllotoxine brut contenant en faibles quantités les autres hétérosides du podophylle. En effet, le dérivé de réaction avec le benzaldéhyde, que nous appellerons *BPG* (comme

---

[11] Ce pharmacologue suisse joua également un rôle important dans la découverte de la ciclosporine (*Cf. la bibliographie du chapitre sur le fingolimod, référence : The controversial early history of cyclosporin*).

[12] Par suppression de deux des quatre groupes OH du glucosyle, engagés dans la réaction avec le benzaldéhyde.

Benzylidene Podophyllotoxin Glucoside) ne possédait pas le même profil biologique selon qu'il avait été préparé à partir de *PG* pur ou brut :

- *in vitro*, le *BPG* brut était un antiprolifératif plus puissant que le *BPG* pur ;

- *in vivo,* le *BPG* brut était efficace vis-à-vis de la leucémie L1210 de la souris (prolongement de la durée de vie) contrairement au *BPG* pur dénué de toute activité.

Sans vouloir tirer de ces constatations un quelconque *Éloge de l'impureté* (en chimie bien sûr !), il paraissait évident que le *BPG* brut contenait en faible quantité un ou plusieurs composés inconnus responsables de cette activité antileucémique *in vivo*. Des purifications successives minutieuses du *BPG* brut, permirent d'isoler les impuretés les plus abondantes... et de constater malheureusement qu'elles étaient inactives *in vivo* sur la leucémie L1210. Les efforts des chercheurs lancés « à la poursuite du facteur antileucémique », finirent par être récompensés quelques années plus tard, en 1964, avec l'isolement et l'identification de la molécule responsable [13] que l'on appellera *DEBPG* et qui diffère du *BPG* sur deux points symbolisés par les lettres *D* et *E* :

- *D* comme *Demethyl* car le groupe méthoxyle (OMe) en position 4' est remplacé par un groupe hydroxyle (OH) ;

- *E comme Epi* car la liaison qui relie la partie sucrée au carbone 4 de la génine est désormais β (au-dessus du plan moyen de la molécule) et non α (en dessous du plan moyen de la molécule) comme dans la podophyllotoxine.

Si l'étude *in vivo* sur la leucémie L1210 de la Souris confirma bien l'activité du composé *DEBPG*, l'étude *in vitro* réserva une surprise de

---

[13] Présente dans le *BPG* brut à une teneur d'environ 0,25% ! Pour mesurer le travail qu'a représenté la « traque » de ce produit, il faut rappeler qu'au début des années 1960, les plaques de chromatographie sur couche mince prêtes à l'emploi (*pre-coated TLC plates*) arrivaient seulement sur le marché et que la chromatographie en phase liquide à haute performance (CLHP = HPLC en anglais) n'existait évidemment pas encore...

taille à Stähelin et son équipe : ce *DEBPG* était bien un puissant antiprolifératif mais il n'était pas antimitotique [14] (absence de cellules bloquées en métaphase comme avec la podophyllotoxine). Il agissait donc selon un tout autre mécanisme, en amont dans le cycle cellulaire, en ne laissant pas aux cellules la possibilité d'entrer en mitose.

Une étude plus poussée de ce composé nécessitait forcément son obtention à plus grande échelle. Même si son précurseur naturel, que nous appellerons *DEPG* (*Demethyl Epipodophyllotoxin Glucoside*) fut identifié en très faible quantité dans le rhizome de *P. emodi*, son extraction, comme matière première d'hémisynthèse du *DEBPG*, ne pouvait être envisagée. C'est donc à partir de la podophyllotoxine, matière première abondante, que von Wartburg et son équipe décidèrent et réussirent à préparer ce *DEPG* dont une première hémisynthèse fut décrite en 1969. Avec ce glucoside à disposition en quantité importante, des analogues du *DEBPG* furent préparés en remplaçant le benzaldéhyde par différents aldéhydes. Deux d'entre eux, le thiophène-2-carboxaldéhyde (un composé soufré) et l'acétaldéhyde, conduisirent respectivement aux composés aux noms de code VM 26 et VP 16213 (ou plus simplement VP 16) qui furent sélectionnés au vu des premiers résultats de l'évaluation biologique. Le VM 26 (DCI téniposide) et le VP 16213 (DCI étoposide) furent développés à partir de la fin des années 1960 et au cours de toute la décennie suivante, d'abord par Sandoz qui réalisa les premiers essais cliniques, puis, sous licence à partir de 1978, par le laboratoire américain Bristol-Myers.

L'étude du mécanisme d'action de ces hétérosides dérivés de la 4'-déméthyl-4-épipodophyllotoxine, conduite sur le *DEBPG*, le téniposide et l'étoposide, montra au cours des années 1970 que ces composés agissaient par blocage du cycle cellulaire à la fin de la phase S et en début de phase G_2 et que cet arrêt s'expliquait par des cassures irréversibles de l'ADN. Il fallut cependant attendre les années 1980 pour que Byron Long et Anil Minocha rapportent en 1983 que ces cassures d'ADN étaient

---

[14] À très forte concentration, donc très supérieure à celles utilisées pour mesurer cet effet antiprolifératif, quelques rares cellules bloquées en mitose étaient toutefois observées, témoignant de la persistance d'une très faible activité de poison du fuseau.

consécutives à l'effet inhibiteur de la topoisomérase II, enzyme nécessaire à la réplication de l'ADN (pour plus de détails sur le mécanisme d'action et sur les relations structure-activité de ces dérivés d'épipodophyllotoxine, *Cf. Pour aller plus loin « 5 »*).

Près de trente ans auront donc été nécessaires pour arriver à comprendre le « tour de magie » des chercheurs de Sandoz qui, en transformant des antimitotiques en inhibiteurs de topoisomérase II, réussirent à leur façon à faire sortir un lapin d'un chapeau !

Ceci n'est pas un chapeau et ceci n'est pas un lapin

Place actuelle des podophylles en thérapeutique

Si la podophylline a aujourd'hui disparu des pharmacopées en raison de sa toxicité par voie générale [15], elle conserve une grande importance en tant que matière première d'extraction de la podophyllotoxine utilisée en thérapeutique par elle-même, mais surtout pour la préparation de dérivés hémisynthétiques.

La podophyllotoxine

Sa seule indication en thérapeutique est le traitement, par voie locale, des condylomes acuminés externes de surface inférieure à 4 cm^2, en alternative aux autres thérapeutiques (cryothérapie, méthodes chirurgicales...). Elle est utilisée en France depuis 1990 (Condyline®), en solution alcoolique à 0,5%, en remplacement des anciennes préparations à base de podophylline [16]. En raison des propriétés antimitotiques de la podophyllotoxine, la grossesse et l'allaitement sont des contre-indications absolues. Pour cette raison, il est nécessaire de s'assurer, chez toute femme en âge de procréer, de l'absence de grossesse avant le début du traitement et de prescrire une méthode efficace de contraception pendant toute sa durée.

Le téniposide

Mis sur le marché en France au milieu des années 1970 (Vehem Sandoz®) et retiré en 1998, il était indiqué, par voie IV, dans le traitement de lymphomes (hodgkiniens et non hodgkiniens) et de cancers de l'ovaire, de la vessie et du sein. Sous le nom de spécialité Vumon®, il est resté commercialisé plus longtemps dans un certain nombre d'autres pays (Canada, USA...), dans la seule indication du traitement de la leucémie

---

[15] Il est amusant de constater que le *Podophyllum* (parties souterraines séchées) qui figurait dans la 1re édition de la pharmacopée américaine en a été retiré en 1942, l'année même où paraissait le premier article si déterminant de Kaplan.

[16] Notons que la résine de podophylle figure toujours sur la Liste modèle des médicaments essentiels de l'OMS (21e édition 2019) pour son utilisation par voie locale (catégorie *Medicines affecting skin differentiation and proliferation*).

aiguë lymphoblastique réfractaire de l'enfant. Il ne semble plus être utilisé en 2020.

L'étoposide

Commercialisé en France en 1991 [17] sous le nom de spécialité Vépéside® et inscrit sur la Liste modèle des médicaments essentiels de l'OMS (21e édition 2019), l'étoposide est aujourd'hui disponible dans une spécialité utilisée par voie orale (Celltop® capsules molles) et dans de nombreuses spécialités à administration parentérale (perfusion IV). Ses indications thérapeutiques, presque toujours dans le cadre d'une polychimiothérapie, sont multiples : cancers du testicule, de l'ovaire, du poumon à petites cellules, lymphomes hodgkinien et non hodgkinien, leucémie aiguë myéloïde. Sa toxicité, surtout hématologique (neutropénie, thrombopénie) et digestive (nausées, vomissements), se manifeste aussi au niveau neurologique (étourdissements) et cutané (alopécie, pigmentation, prurit). Enfin, l'étoposide peut entraîner la survenue d'une leucémie aiguë secondaire au traitement.

Le phosphate d'étoposide

Sur le marché depuis 1998 (Etopophos®), cet ester phosphorique d'étoposide est un dérivé plus hydrosoluble que l'étoposide permettant la préparation de perfusions IV plus concentrées et donc plus courtes, ce qui est un avantage pour le malade. Hydrolysé rapidement par les phosphatases sériques, c'est une prodrogue d'étoposide dont il possède les mêmes indications thérapeutiques.

Pour conclure

En raison de la place importante prise par l'étoposide en chimiothérapie anticancéreuse, les recherches se sont depuis quarante ans multipliées pour tenter de trouver de nouvelles épipodophyllotoxines à

---

[17] L'étoposide avait obtenu l'autorisation de mise sur le marché aux USA beaucoup plus tôt, en 1983. Hartmann Stähelin faisait d'ailleurs remarquer que l'approbation par la FDA avait été donnée très exactement le même jour de novembre 1983 à l'étoposide et à la ciclosporine, les deux médicaments à la découverte desquels il avait activement contribué !

spectre d'activité plus large et donc à plus grande efficacité clinique. Les autres améliorations recherchées par rapport au profil thérapeutique de l'étoposide étaient aussi :

- une augmentation de l'hydrosolubilité (pour faciliter l'administration par perfusion IV) ;
- une diminution de la sensibilité aux différents mécanismes de résistance que la cellule cancéreuse met en place pour échapper au traitement [18] ;
- une baisse de la toxicité, en particulier du risque d'apparition de leucémie secondaire au traitement.

De très nombreux analogues structuraux de l'étoposide mais aussi, de façon plus générale, de l'épipodophyllotoxine et de la podophyllotoxine, ont donc été synthétisés [19]. Malgré des premières études *in vitro* parfois très prometteuses, aucun de ces dérivés n'a jusqu'à présent abouti à un nouveau médicament.

Je voudrais terminer ce chapitre par quelques mots sur la picropodophyllotoxine, ce lignane, sans doute *artefact*, formé à partir de la podophyllotoxine par ouverture en milieu alcalin puis refermeture du cycle lactone avec épimérisation du carbone C-2. Quasiment dénuée d'activité antimitotique, la picropodophyllotoxine avait très tôt été considérée comme inactive et parfaitement inintéressante (c'est d'ailleurs

---

[18] Ces mécanismes de résistance passent souvent par la surexpression de pompes membranaires qui, en expulsant l'anticancéreux de la cellule, diminuent sa concentration et l'empêchent d'agir. La plus connue est la glycoprotéine P (ou *Pgp* comme *Permeability glycoprotein*) impliquée dans le phénomène de *MDR* (*MultiDrug Resistance*) par lequel une cellule cancéreuse devient résistante à différents agents anticancéreux.

[19] Les plus nombreux de ces analogues sont azotés et diffèrent de l'étoposide uniquement par le remplacement de la chaîne sucrée oxygénée en 4β par une fonction aminée ou arylaminée. Parmi ces analogues, on peut citer le F14512, toujours en développement par le laboratoire Pierre Fabre, dans lequel la chaîne azotée fixée en 4β est une polyamine dont la raison de la présence est de faciliter l'entrée de la molécule dans la cellule cancéreuse (cette dernière surexprimant un système de transport prenant en charge les polyamines, le *Polyamine Transport System PTS*).

la raison pour laquelle elle est souvent appelée picropodophylline, certains considérant que le suffixe toxine n'est pas justifié dans le nom d'un composé biologiquement inactif). De façon surprenante (une surprise de plus !), une équipe suédoise découvrit en 2004 que ce lignane était un inhibiteur sélectif, compétitif et réversible du récepteur d'un facteur de croissance, l'*IGF-1* (*Insulin like Growth Factor-1*), une hormone peptidique dont on sait que son taux trop élevé peut favoriser l'apparition de certains cancers. De nombreuses études ayant alors effectivement montré que la picropodophyllotoxine pouvait supprimer la prolifération de cellules cancéreuses et induire l'apoptose, elle bénéficie depuis août 2017 du statut de médicament orphelin en Europe dans le traitement de gliomes (tumeurs cérébrales).

Voir ainsi ce lignane, l'intrus, le mouton noir de la bande, le composé qui ne sert à rien, et qu'il faut surtout éviter de former au cours de l'extraction de la plante, être étudié en tant que médicament anticancéreux potentiel, 135 ans après sa découverte par Podwyssotzki, me semble réjouissant et donne un petit côté *happy end* à ce chapitre !

Note de l'auteur

Le nom très imagé de *crête de coq* donné aux condylomes acuminés aura eu l'intérêt de me faire penser à l'autre crête de coq, la vraie (!), celle qui orne la tête de notre emblème national, et qui pendant longtemps a représenté la principale source pour l'obtention de l'acide hyaluronique.

Écrire un livre sur les médicaments, y parler de crête de coq et s'en tenir juste à des verrues génitales, c'était impossible. Je ne veux pas de problèmes avec le syndicat des gallinacés ! Dans le dernier chapitre de ce livre, consacré aux médicaments d'origine animale, je parlerai donc de l'acide hyaluronique et du coq mais aussi, entre autres, du bœuf, du porc, de crustacés... et des principes actifs thérapeutiques qu'ils servent à préparer, directement ou indirectement. Tout un menu ! En espérant juste que le lecteur ne le trouvera pas trop indigeste.

LA PODOPHYLLOTOXINE ET SES DÉRIVÉS
Pour aller plus loin

Pour aller plus loin « 1 »

La famille chimique des lignanes renferme plus de 3000 représentants naturels résultant d'une condensation initiale entre deux unités phénylpropaniques (C_6-C_3) insaturées de formule générale :

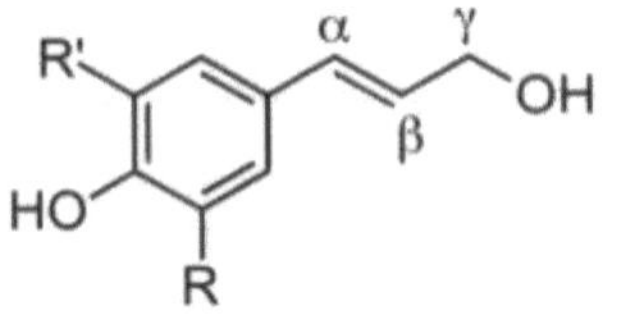

$$\text{R et R' = H, OH ou OMe}$$

La fonction phénol en *para* est indispensable car son oxydation par perte d'un électron engendre sur chaque unité un radical permettant la réaction de dimérisation selon un mécanisme de couplage radicalaire. On distingue les lignanes *stricto sensu* dans lesquels ce couplage radicalaire initial se fait entre les carbones β des deux unités et les néolignanes où il se fait entre le carbone β d'une unité et un autre atome de la seconde unité. Cette diversité dans la nature du couplage initial, mais aussi les très nombreuses réactions ultérieures pouvant se produire, expliquent la grande variété de squelettes rencontrés dans les lignanes. Si, sur le plan de l'intérêt thérapeutique, la podophyllotoxine et ses dérivés hémisynthétiques sont actuellement les seuls lignanes principes actifs de médicaments [1], de nombreux lignanes, à potentialités intéressantes dans des domaines pharmacologiques très variés, sont en cours d'étude.

---

[1] Les flavanolignanes du fruit du chardon-Marie (*Silybum marianum*, Astéracées), principes actifs de spécialités indiquées dans les troubles digestifs fonctionnels d'origine hépatique, ne sont pas des lignanes au sens défini ci-dessus. Sur l'intérêt biologique des lignanes, *Cf. Bruneton J., Pharmacognosie, Phytochimie, Plantes médicinales 5e édition, pages 396-399.*

Pour aller plus loin « 2 »

La podophyllotoxine et presque tous les autre lignanes de ces podophylles possèdent un squelette d'aryltétrahydronaphtalène (dont la structure générale dans le schéma ci-contre souligne les deux unités phénylpropaniques d'origine figurées en gras). Outre les trois cycles de ce squelette, la podophyllotoxine possède deux cycles oxygénés supplémentaires, dont un correspondant à une fonction γ-lactonique dont nous reparlerons un peu plus loin. La podophyllotoxine est donc un composé polyoxygéné comprenant notamment en C-4α [2] une fonction alcool secondaire et trois groupes méthoxyle aromatique en positions 3', 4', 5'. L'autre caractéristique importante de la molécule est la présence de quatre carbones asymétriques contigus en positions 1, 2, 3 et 4 dont les configurations interviennent étroitement dans l'activité biologique. Ainsi, le cycle γ-lactone, fusionné en *trans* [3] avec le cyclohexène voisin, s'ouvre facilement en milieu même légèrement alcalin, pour conduire, après refermeture, non pas à la podophyllotoxine initiale mais à la picropodophyllotoxine, son épimère en 2 dont le cycle γ-lactone est fusionné en *cis* avec le cyclohexène. Cette fusion *cis* dans la picropodophyllotoxine apporte en effet une plus grande stabilité chimique (molécule moins tendue), mais abolit quasiment l'activité antimitotique. Nous verrons ultérieurement que l'épimérisation de la fonction alcool en 4β, conduisant à la série de la 4-épipodophyllotoxine, a été capitale dans la mise au point des anticancéreux utilisés en thérapeutique.

---

[2] La nomenclature α, appliquée à un atome ou un groupe fonctionnel porté par un carbone asymétrique, signifie qu'il se situe dans l'espace sous le plan moyen de la molécule ; la liaison qui le lie au carbone asymétrique est dessinée en pointillés. À l'inverse la nomenclature β, avec une liaison dessinée en gras, désigne un atome ou un groupe fonctionnel porté par un carbone asymétrique et qui se situe dans l'espace au-dessus du plan moyen de la molécule. (*NB Cette nomenclature n'a aucun rapport avec le nom des α- et β-peltatines*).

[3] La fusion des deux cycles est dite *trans* car les deux liaisons 2-12 et 3-11 sont respectivement α et β, donc de part et d'autre du plan moyen des deux cycles fusionnés. Dans la picropodophyllotoxine, elle est bien *cis* (les deux liaisons 2-12 et 3-11 sont β).

squelette du lignane
(cyclolignane)

podophyllotoxine

4'-déméthylpodophyllotoxine

picrodophyllotoxine

R = H   α-peltatine
R = Me   β-peltatine

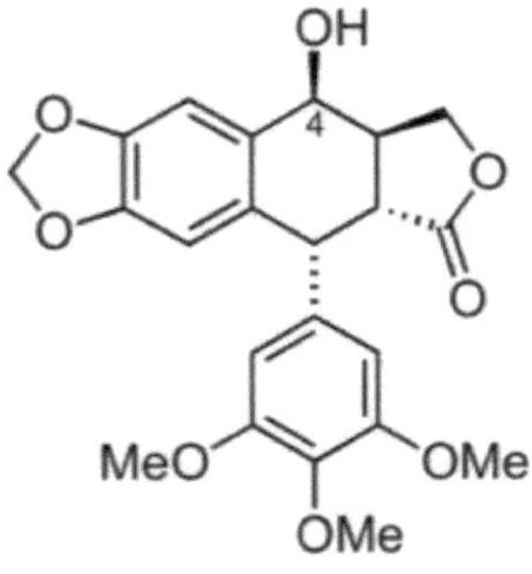

4-épipodophyllotoxine

Pour aller plus loin « 3 »

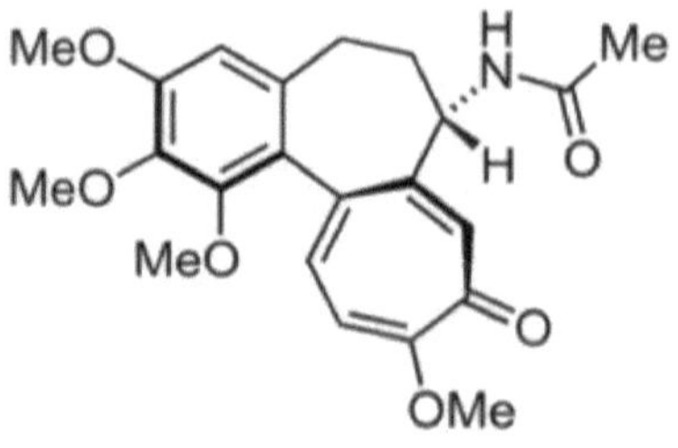

colchicine

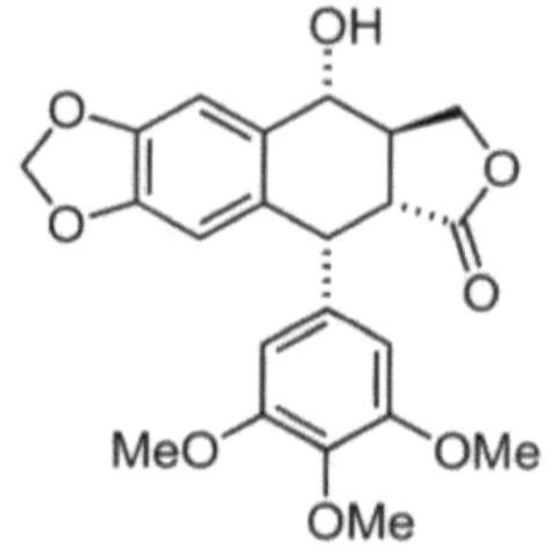

podophyllotoxine

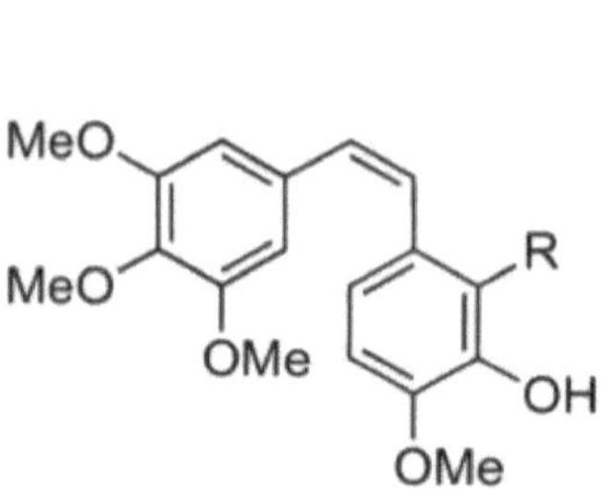

R = H combrétastatine A-4
R = OH combrétastatine A-1

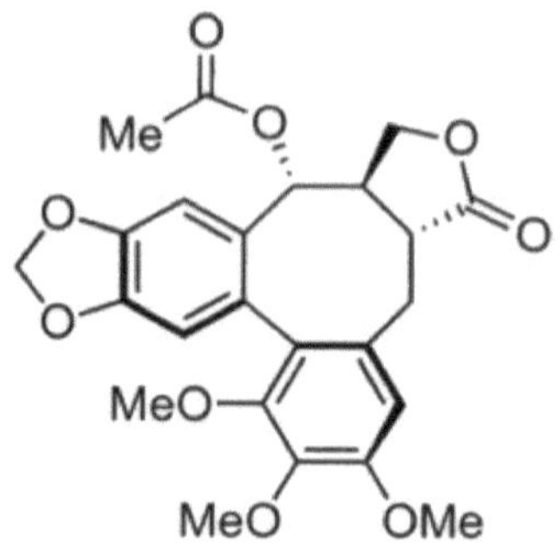

stéganacine

Outre la colchicine et la podophyllotoxine présentées en détail dans ce livre, la stéganacine, un lignane isolé en 1973 d'un arbre africain *Steganotaenia araliacea* (Apiacées) et les combrétastatines A-1 et A-4, des *cis*-stibènes extraits d'un arbuste sud-africain *Combretum caffrum* (Combrétacées) et décrits respectivement en 1987 et 1989, sont de puissants antimitotiques par inhibition d'assemblage de la tubuline après liaison à cette dernière sur le même site que la colchicine. La comparaison entre ces molécules naturelles appartenant pourtant à trois groupes phytochimiques différents (alcaloïdes, lignanes, stilbènes) montre des similitudes structurales évidentes, en particulier la présence d'un motif triméthoxyphényl à trois groupes méthoxyle contigus relié directement ou via un ou deux carbones à un second noyau aromatique (benzénique ou tropolone) polyoxygéné.

Sur le plan thérapeutique, aucune de ces molécules naturelles n'est pour l'heure utilisée en cancérologie. Des prodrogues de combrétastatines, le phosphate de combrétastatine A-4 (DCI fosbrétabuline) et le diphosphate de combrétatstatine A-1 (code OXi4503) font cependant l'objet depuis plusieurs années, sous forme de dérivés hydrosolubles, d'essais cliniques dans plusieurs indications en oncologie.

Pour aller plus loin « 4 »

Le β-glucoside de podophyllotoxine (*PG*) a été isolé et décrit en 1954 par Stoll et coll. (attention : ne pas confondre la configuration β de la liaison entre le carbone 1" du sucre et l'O avec celle en α de la liaison du carbone 4 du lignane avec ce même O). Le composé *BPG* est un acétal, résultat de la réaction très classique d'un aldéhyde (ici le benzaldéhyde) avec deux groupes OH (ici en 4" et 6") du sucre. La modification du reste glucosyle conduit à une molécule moins hydrophile et qui résiste à l'hydrolyse enzymatique.

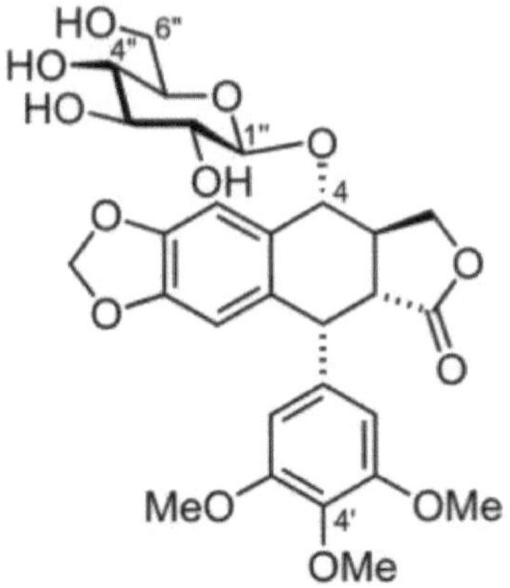

glucoside de
podophyllotoxine
PG (naturel)

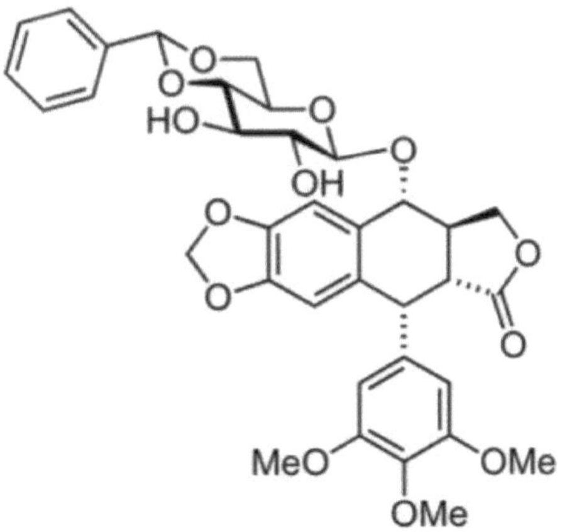

benzylidène glucoside de
podophyllotoxine
BPG

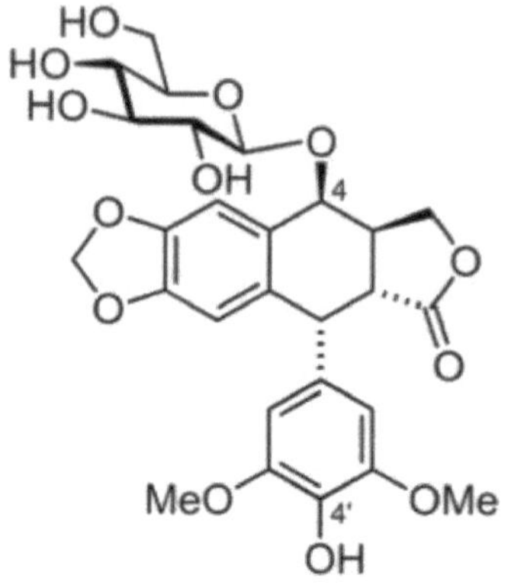

glucoside de 4'-O-déméthyl
-4-épipodophyllotoxine
DEPG (naturel)

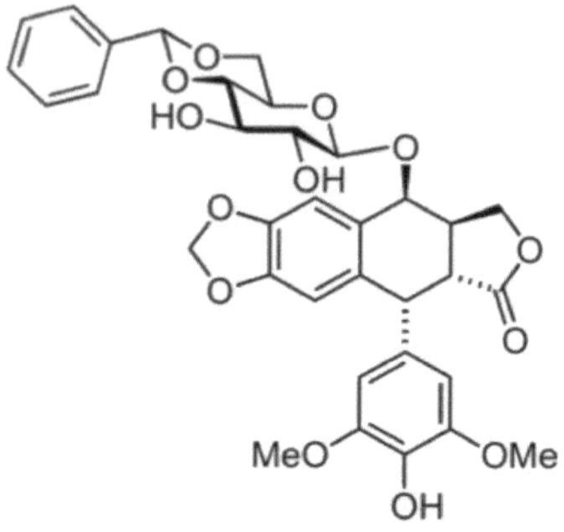

benzylidène glucoside de
4'-O-déméthyl-4-épipodophyllotoxine
DEBPG

Le composé *DEBPG*, isolé en très faible quantité du *BPG* brut et responsable de l'action antileucémique vis-à-vis de la leucémie L1210 de la Souris, diffère du composé *BPG* sur deux points :
- une déméthylation du groupe méthoxyle en 4' ;
- une chaîne sucrée fixée en 4β et non plus en 4α.

Ces deux modifications n'ayant pu se produire dans les conditions de la réaction d'acétalisation avec le benzaldéhyde, les chercheurs suisses pensèrent que le composé *DEBPG* avait dû se former à partir de son précurseur direct *DEPG*, qui devait déjà être présent à l'état de traces dans le glucoside de podophyllotoxine brut. Cette hypothèse se vérifia puisque le *DEPG* fut identifié en très faibles quantités dans le rhizome de *P. emodi*.

Dans la synthèse du *DEPG* à partir de la podophyllotoxine, l'étape clé correspondait à l'inversion de la configuration en 4 pour générer la série épipodophyllotoxine. Pour ce faire, les chimistes suisses mirent au point une méthode de création de la liaison osidique avec l'OH en 4α qui se faisait avec inversion de la configuration, réalisant ainsi en une même étape, la fixation du sucre et l'épimérisation de la position 4.

Le composé *DEPG* étant désormais disponible en quantités suffisantes, sa réaction avec différents aldéhydes permit de synthétiser une série d'acétals. Après évaluation biologique, deux composés furent retenus : le VM 26 et le VP 16213 qui allaient devenir respectivement le téniposide et l'étoposide.

téniposide

R = H   étoposide

$$R = \overset{O}{\underset{OH}{\overset{\|}{P}}}-OH$$ phosphate d'étoposide

Pour aller plus loin « 5 »

Sur le cycle cellulaire

La division cellulaire se fait selon un cycle comprenant quatre phases successives :

- la phase G_1 (pour *Gap* = intervalle) ou phase de croissance 1, au cours de laquelle la cellule augmente sa taille, son stock de protéines et ses divers organites (mitochondries, ribosomes, etc.) ;

- la phase S (ADN *Synthesis*) correspondant au doublement de la quantité d'ADN ou réplication. À l'issue de cette phase, chaque chromosome se présente sous forme de deux chromatides filles attachées au niveau du centromère ;

- la phase G_2 ou phase de croissance 2, souvent assez courte, est une phase de préparation à la mitose ;

- la phase M (pour **Mitose**) au cours de laquelle la cellule mère se divise en deux cellules filles.

Les trois premières phases du cycle cellulaire (G_1, S, G_2) constituent l'interphase et la phase M, la phase de division cellulaire proprement dite.

Sur les topoisomérases

Les dérivés de la 4-épipodophyllotoxine comme l'étoposide, le téniposide et le composé *DEBPG* agissent en fin de phase S et en début de phase G_2, en provoquant des cassures de l'ADN qui entraînent l'arrêt du cycle cellulaire avant la mitose. Il a fallu de nombreuses années pour relier ces cassures à une action inhibitrice des topoisomérases II.

Les topoisomérases et leurs fonctions ont été présentées précédemment [4]. Je rappellerai juste que la topoisomérase II agit (coupure puis religation) sur les deux brins d'ADN à la fois, à la différence de la topoisomérase I qui n'agit que sur un seul brin. L'expression *inhibition de topoisomérases* est un peu réductrice, l'action s'expliquant plutôt par une liaison de l'*inhibiteur* avec la topoisomérase déjà engagée dans un complexe binaire réversible avec l'ADN. Cette liaison transforme le complexe binaire en un complexe ternaire *inhibiteur*-topoisomérase-ADN, beaucoup plus stable. L'absence de dissociation du complexe empêche alors la libération de la topoisomérase et donc sa fonction de religation du ou des brins, entraînant les fragmentations irréversibles de l'ADN.

Sur les relations structure-activité

Quatre différences structurales distinguent les inhibiteurs de topoisomérase II (étoposide, téniposide, *DEBPG*), de la podophyllotoxine, antimitotique :

- la présence en 4' d'un groupe hydroxyle OH au lieu d'un groupe méthoxyle OMe ;

---

[4] *Cf. Lewin G., Drôles d'histoires de médicaments d'origine naturelle,, chapitre La camptothécine et ses dérivés, pages 37-49.*

- l'épimérisation d'α en β de la liaison entre le carbone 4 et l'oxygène ;

- l'engagement de l'OH (libre et en 4α dans la podophyllotoxine) dans un groupe *O*-glucosylé en 4β ;

- l'acétalisation de ce glucosyle par réaction des OH 4" et 6" avec un aldéhyde.

L'activité inhibitrice de topoisomérase II des autres analogues structuraux isolés par les chercheurs de Sandoz au cours du travail de découverte de l'étoposide et du téniposide, s'étant toujours révélée bien plus faible, les quatre modifications rappelées ci-dessus furent considérées comme indispensables à une forte activité. Cependant, les nombreuses synthèses ultérieures d'analogues de l'étoposide, dépourvus d'une chaîne *O*-sucrée en 4 et cependant inhibiteurs de topoisomérases II, prouvèrent que la partie sucrée n'était nullement indispensable.

La caractéristique structurale nécessaire à cette inhibition et que l'on retrouve désormais dans tous les analogues synthétisés et inhibiteurs de topoisomérase II est donc un squelette de 4'-*O*-déméthyl-4-épipodophyllotoxine dans lequel la substitution en 4 (quel que soit l'atome fixé) possède la configuration 4β.

BIBLIOGRAPHIE

Ivy A. C., Roback, R. A. et Stein J. F. *Quart. Bull. Northwestern Univ. M. School* **1942**, *16*, 298-301.
Do the ingredients of Carter's Little Liver Pills cause the gall bladder to contract, and stimulate the flow of bile by the liver ?

Kaplan I.W. *New Orleans M. & S. J.* **1942**, *94*, 388-390.
Condylomata acuminata.

Culp O.S. et Kaplan I.W. *Ann. Surg.* **1944**, *120*, 251-256.
Condylomata acuminata. Two hundred cases treated with podophyllin.

Culp O.S, Magid M.A. et Kaplan I.W. *J. Urol.* **1944**, *51*, 655-659.
Condylomata acuminata. Two hundred cases treated with podophyllin.

Ivy A. C., Roth J. A. et Gutmann M. S. *Gastroenterology* **1945**, *5*, 27-33.
Do aloes and podophyllum (Carter's Little Liver Pills) increase the flow of bile into the duodenum ?

King L.S. et Sullivan M. *Science* **1946**, *104*, 244-245.
The similarity of the effect of podophyllin and colchicine and their use in the treatment of condylomata acuminata.

Sullivan M. et King L.S. *Arch. Derm. Syphilol.* **1947**, *56*, 30-47
Effects of resin of podophyllum on normal skin, condylomata acuminata and verrucae vulgares.

Schrecker A.W. et Hartwell J.L. *J. Am. Chem. Soc.* **1953**, *75*, 5916-5924.
Components od podophyllin. XII. The configuration of podophyllotoxin.

Kelly M.G. et Hartwell J.L. *J Natl. Cancer Inst.* **1954**, *14*, 967-1010.
The biological effects and the chemical composition of podophyllin. A review.

Schrecker A.W. et Hartwell J.L. *J. Org. Chem.* **1956**, *21*, 381-382.
Components od podophyllin. XX. The absolute configuration of podophyllotoxin and related lignans.

Hartwell J.L. et Schrecker A.W. *Fortschr. Chem. Org. Naturst.* **1958**, *15*, 83-166.
The chemistry of *Podophyllum*.

Miller R.A. *Int. J. Dermatol.* **1985**, *24*, 491-498.
Podophyllin.

Stähelin H. et von Wartburg A. *Prog. Drug Res.* **1989**, *33*, 169-266.
From podophyllotoxin glucoside to etoposide.

Stähelin H. et von Wartburg A. *Cancer Res.* **1991**, *51*, 5-15.
The chemical and biological route from podophyllotoxin glucoside to etoposide : ninth Cain Memorial award lecture.

Sackett D.L. *Pharmac. Ther.* **1993**, *59*, 163-228.
Podophyllotoxin, steganacin and combretastatin : natural products that bind at the colchicine site of tubulin.

Imbert T.F. *Biochimie* **1998**, *80*, 207-222.
Discovery of podophyllotoxins.

Vasilcanu D., Girnita A., Girnita L., Vasilca R., Axelson M. et Larsson O. *Oncogene* **2004**, *23*, 7854-7862.
The cyclolignan PPP induces activation loop-specific inhibition of tyrosine phosphorylation of the insulin-like growth factor-1 receptor. Link to the

Bailly C. *Chem. Rev.* **2012**, *112*, 3611-3640.
Contemporary challenges in the design of topoisomerase II inhibitors for cancer chemotherapy.

D'yakonov V.A., Dzhemileva L.U. et Dzhemilev U.M. *Studies in Natural Products Chemistry* **2017**, *54*, 21-86.
Advances in the chemistry of natural and semisynthetic topoisomerase I/II inhibitors.

Karatoprak S.G., Akkol E.K., Genç Y., Bardakcı H., Yücel Ç. et Sobarzo-Sánchez E. *Molecules* **2020**, *25*, 2560 (33 p.).
Combretastatins : an overview of structure, probable mechanisms of action and potential applications.

Xiao J., Gao M., Sun Z., Diao Q., Wang P. et Gao F. *Eur. J. Med. Chem.* **2020**, *208*, 112830 (24 p.).
Recent advances of podophyllotoxin/epipodophyllotoxin hybrids in anticancer activity, mode of action and structure-activity relationship : an update (2010-2020).

LES MÉDICAMENTS D'ORIGINE ANIMALE

ANIMAL ON EST MAL

Pour commencer...

L'exergue ci-dessus, qui reprend le titre d'une des premières chansons de Gérard Manset, me permet, en dehors de l'hommage que je rends en passant à ce chanteur aussi secret qu'atypique, d'exprimer la difficulté que je ressens en commençant ce chapitre, à savoir : de quoi vais-je exactement parler, tant le sujet est vaste et pourrait faire remonter à la nuit des temps. Décidant de rester dans la continuité des autres chapitres de ce livre et du précédent, je m'en tiendrai donc presque toujours aux médicaments d'origine animale à principes actifs chimiquement bien définis [1]. Vous n'y trouverez donc aucune composition à base de venin de serpent ou de bave de crapaud, en mélange avec de la racine de mandragore cueillie, c'est très important, un soir de pleine lune au pied d'un gibet ! Plus sérieusement et pour revenir au temps présent, il n'y sera pas non plus question de tous les nombreux principes actifs issus du génie génétique dont la préparation fait appel à certaines lignées cellulaires animales (cellules d'Ovaires de Hamster Chinois dites cellules CHO ; cellules de reins [*Kidney* en anglais] de Bébé Hamster dites cellules BHK) à ADN recombinant [2] ; pas plus que de certains anticorps monoclonaux dont la mise au point fait intervenir des fragments d'anticorps de Souris.

---

[1] À l'exception de ceux à base de poudre de pancréas.

[2] *Cf. Lewin G., Drôles d'histoires de médicaments d'origine naturelle, chapitre Introduction sur les principes actifs d'origine naturelle, pages 17-18.*

Après avoir précisé de quels principes actifs je ne parlerai pas dans ce chapitre, voici ceux qui seront présentés, et qui seront rangés en deux catégories distinctes :

- la première, la plus « traditionnelle », correspondant à des substances dont l'obtention industrielle utilise toujours (de façon exclusive ou seulement en partie) une matière première animale ;

- la seconde, regroupant des molécules découvertes directement ou indirectement par extraction, purification, puis identification à partir d'une source animale mais dont la production industrielle, en tant que principes actifs de médicaments, se fait désormais sans recours à l'animal.

PRINCIPES ACTIFS PRÉPARÉS EN PARTANT D'UNE MATIÈRE PREMIÈRE ANIMALE

Ces principes actifs dont le nombre s'est beaucoup réduit il y a une vingtaine d'années (nous expliquerons pourquoi) sont, pour certains d'entre eux, les héritiers de l'opothérapie, une thérapeutique basée sur l'emploi de glandes, tissus et organes animaux, sous forme d'extraits (secs ou liquides). L'opothérapie, technique de soins lancée en 1889 par Charles-Édouard Brown-Séquard (1817-1894) [3], reposait sur l'idée de pallier l'absence ou l'insuffisance d'action d'une glande (thyroïde, ovaire, testicule) par l'administration au malade d'un extrait de cette même glande (mais d'origine animale), en traitement de substitution en quelque sorte. Cette thérapeutique, initialement centrée sur l'utilisation de glandes, puis élargie à celle de différents organes, connut un vrai succès dans le traitement de l'insuffisance thyroïdienne, mais s'avéra le plus souvent inefficace (au-delà de la suggestion que l'on n'appelait pas encore effet placebo). Les raisons de ces échecs étaient multiples : outre la cause des maladies, souvent bien plus complexe qu'une simple « insuffisance » de fonctionnement qui serait améliorée par un apport de substitution, on pense bien sûr à la nature même du médicament d'opothérapie (sa composition souvent très inconstante selon l'origine de la matière première, la qualité de la récolte et de la conservation, le mode

---

[3] Médecin d'origine franco-américaine qui fut professeur à la faculté de médecine de Paris, membre du Collège de France et de l'Académie des Sciences.

de préparation des extraits ; son devenir dans l'organisme qu'on n'appelait pas encore pharmacocinétique, etc.). Les médicaments d'opothérapie connurent un grand succès qui culmina aux alentours de la 1re guerre mondiale. Malgré la concurrence croissante représentée par l'isolement de nombreux principes actifs de ces glandes et organes (hormones, enzymes) et leur utilisation thérapeutique à l'état purifié, l'opothérapie maintiendra, avec succès, un certain nombre de spécialités pharmaceutiques [4] jusqu'aux années 1980, soit à peu près pendant un siècle. Entre-temps, les laboratoires pharmaceutiques s'en donnèrent à cœur joie, comme le montre cette réclame (qu'on n'appelait pas encore pub !) d'un médicament d'opothérapie de 1898 [5].

---

[4] Par exemple l'antiasthénique Surelen®, en ampoules buvables, à base d'extrait total de glandes cortico-surrénales (Madeleine de Proust de l'auteur qui se souvient en avoir vendu comme des petits pains, en officine dans les années 70 !).

[5] Ce nom de médicament évoquant à la fois la glande et l'action de glander (dans son sens familier) me semble parfaitement adapté à son indication contre des « paresses » endocriniennes !

La peau de chagrin

La majorité des substances actives effectivement obtenues à partir d'une matière première animale provenait d'organes du tube digestif d'animaux de boucherie (bovins, porcins) qui étaient prélevés à l'abattoir. À l'exception notable des héparines, toujours très utilisées et obtenues à partir d'une source animale, beaucoup des autres principes actifs ainsi préparés ont disparu des spécialités pharmaceutiques il y a environ 20 ans, remplacés pour certains par leurs analogues recombinants obtenus par génie génétique (insulines, glucagon) ou, pour d'autres, victimes collatérales de la maladie de la vache folle (trypsine et α-chymotrypsine pures ou en mélange dans des complexes enzymatiques pancréatiques ; pepsine).

Insulines [6] et glucagon

Ces deux hormones pancréatiques, de nature protidique, ont une action opposée sur la glycémie, l'insuline étant hypoglycémiante et le glucagon hyperglycémiant. Traitement indispensable du diabète de type 1 (= diabète insulinodépendant) et de formes de diabète de type 2 (= non insulinodépendant) mal contrôlées par les hypoglycémiants oraux, l'insuline utilisée en thérapeutique était, depuis sa découverte en 1921 jusqu'à 1982, exclusivement d'origine bovine et porcine. À côté de ces insulines animales de structures chimiques différant de celle de l'insuline humaine (sur un seul acide aminé pour l'insuline de porc, sur trois acides aminés pour celle de bœuf), apparut à partir de 1982 l'insuline de séquence humaine, préparée par génie génétique en utilisant la technique de l'ADN recombinant. Si insulines animales et recombinantes coexistèrent sur le marché jusqu'en 1999, l'arrêt de la commercialisation des insulines animales coïncida avec l'entrée dans le nouveau millénaire, arrêt sans doute précipité par la crise de la vache folle dont nous parlerons tout à l'heure.

Le glucagon, polypeptide linéaire de 29 acides aminés, fut jusqu'en 1997 un principe actif d'origine animale (bovine et porcine), son

---

[6] Pour un récit beaucoup plus détaillé de l'histoire des insulines, *Cf. Lewin G., Drôles d'histoires de médicaments d'origine naturelle,, chapitre Les insulines, pages 113-130.*

extraction se faisant conjointement à celle de l'insuline à partir de pancréas d'animaux de boucherie. Bien que, contrairement à l'insuline, sa structure (séquence en acides aminés) soit la même chez l'Homme, le Bœuf et le Porc, le glucagon d'origine animale fut tout de même remplacé à partir de 1997 par un glucagon « biogénétique » produit par une souche de levure de bière (*Saccharomyces cerevisiae*) recombinante. Cette substitution répondait à la fois à des considérations de sécurité sanitaire (crise de la vache folle) et économiques (alignement du mode de production du glucagon sur celui des insulines, très majoritairement recombinantes). La principale indication thérapeutique du glucagon est le traitement des hypoglycémies sévères survenant chez des diabétiques sous insulinothérapie (pour plus de détails sur le glucagon, *Cf. Pour aller plus loin « 1 »*).

Trypsine, alpha-chymotrypsine, poudre de pancréas, pepsine

L'arrêt de commercialisation de nombre de spécialités contenant ces principes actifs s'étant produit à la suite de la maladie de la vache folle, il me semble nécessaire de revenir d'abord brièvement sur cette crise sanitaire apparue à la fin du siècle dernier.

La maladie de la vache folle, apparue en Grande Bretagne en 1986, s'étendit à d'autres pays dont la France et sévit surtout jusqu'en 2002. Due à un agent infectieux non conventionnel, la protéine prion, cette maladie, officiellement nommée encéphalopathie spongiforme bovine ou ESB, se répandit chez les bovins en raison notamment de l'incorporation à leur alimentation de farines animales préparées à partir de carcasses d'animaux contaminées. Cette maladie, qui entraîna la mort dans le monde de centaines de milliers d'animaux (entre ceux effectivement morts de la maladie et ceux abattus par mesure de précaution), se révéla transmissible à l'Homme par l'ingestion de viande contaminée, occasionnant une dégénérescence mortelle du système nerveux central, la maladie de Creutzfeldt-Jakob.

Si l'industrie agro-alimentaire fut touchée au premier chef, le secteur pharmaceutique fut également concerné, ce qui obligea les autorités sanitaires à reconsidérer la présence des produits d'origine animale dans les médicaments (qu'ils y soient présents à titre de principe actif ou comme excipient). Ainsi, une directive européenne de 2001 précisa les précautions à prendre pour minimiser le risque de transmission de la maladie par les médicaments (en insistant sur l'espèce animale utilisée, l'origine géographique des animaux, leur âge et la nature de l'organe, le cerveau et la moelle épinière étant de loin les tissus les plus à risque). Bien que tous les animaux de boucherie ne soient pas touchés par cette maladie, et que les différents organes animaux ne soient pas tous à risque, une suspicion généralisée et le principe de précaution (contre les risques infectieux en général) entraînèrent, comme nous allons le voir, le retrait du marché de nombreux médicaments contenant des principes actifs d'origine animale lorsqu'ils n'étaient pas jugés indispensables (rapport bénéfice/risque défavorable).

Des différents organes, le pancréas des animaux de boucherie fut particulièrement concerné, aussi bien par les molécules de sa fonction endocrine (hormones : insuline et glucagon) que par celles de sa fonction exocrine (enzymes du suc pancréatique) [7]. Si la crise de la vache folle accéléra certainement l'abandon des insulines animales (et comme on l'a vu, également du glucagon animal) et donc le passage au « tout recombinant », elle entraîna, chez les médicaments à base d'enzymes pancréatiques, un grand ménage qui se traduisit par la disparition en quelques années de nombre de spécialités pharmaceutiques. La sécrétion pancréatique, qui se déverse dans le duodénum et joue un rôle de premier plan dans la digestion, est constituée notamment d'un complexe enzymatique assurant l'hydrolyse des glucides (amylases), lipides (lipases) et protides (protéases : la trypsine et l'alpha-chymotrypsine), *Cf.* ***Pour aller plus loin « 2 »***. Avant la crise de la vache folle, les médicaments sur le marché à base d'enzymes pancréatiques contenaient :

- soit de la poudre de pancréas, seule ou en mélange avec d'autres constituants dont la pepsine, une protéase d'origine gastrique et obtenue, elle aussi, à partir d'animaux de boucherie. Ces médicaments étaient indiqués, d'une part dans le traitement de l'insuffisance pancréatique exocrine, d'autre part dans le traitement d'appoint des troubles dyspeptiques (= troubles de la digestion) ;

---

[7] Rappelons que la fonction endocrine du pancréas correspond à la sécrétion d'hormones dans le sang et la fonction exocrine à celle du suc pancréatique dans l'intestin.

- soit de la trypsine et/ou de l'alpha-chymotrypsine. Les indications, en rapport avec l'effet anti-inflammatoire de ces enzymes, étaient le traitement d'œdèmes post-traumatiques ou post-opératoires par voie orale et par voie locale (cutanée).

En vertu du principe de précaution et surtout de la réévaluation du rapport bénéfice/risque, presque tous ces médicaments disparurent dans les premières années du nouveau millénaire à l'exception des seules spécialités indiquées dans l'insuffisance pancréatique exocrine majeure de l'adulte et de l'enfant (mucoviscidose, pancréatite chronique), le risque viral mineur potentiel des extraits pancréatiques porcins apparaissant très inférieur au bénéfice thérapeutique de ces médicaments.

Ne pouvant me résoudre à conclure ainsi sur ces médicaments, j'ai souhaité leur rendre un petit hommage à la manière de Jane Birkin :

Ex-pharm des nineties
(musique de Serge Gainsbourg)

Ex-pharm des nineties
D'avant la vache folle
Où sont donc tes médocs from animal ?
Ex-pharm des nineties
Des antalgiques l'idole
S'appelait pas encore le tramadol.
Disparues la trypsine
Et sa cousine
L'alphachymo de chez Choay
Hey, hey, hey,
Idem la pepsine
Le glucagon,
Les insulines,
D'bœuf et d'cochon
Hon, hon, hon,
Disparus les complexes pancréatiques
Épatants pour les hépatiques...[8]

---

[8] L'indication officielle ne mentionnait bien sûr pas le terme *hépatiques* qui n'est là que pour mon plaisir de l'associer à *épatants* !

Le dernier des mohicans : l'héparine

De toutes les substances actives préparées à partir d'animaux de boucherie, l'héparine fait figure de survivante solide et vigoureuse (bien qu'un peu en perte de vitesse), puisqu'elle est toujours fabriquée, en très grosses quantités et de façon exclusive, à partir d'intestins de porc. L'héparine est un polymère de nature glucidique (c'est un polysaccharide ou polyoside), plus précisément un **glycosaminoglycane** (acronyme GAG, *Cf. Pour aller plus loin « 3 »*). Je parle d'héparine au singulier, mais il faudrait en parler au pluriel puisque les héparines se divisent en deux familles :

- d'une part, les « héparines non fractionnées » (HNF) constituées d'héparines naturelles purifiées ;

- d'autre part et surtout, les « héparines de basse masse moléculaire » improprement mais classiquement dénommées « héparines de bas poids moléculaire » (HBPM), produites par dépolymérisation ménagée des HNF.

Ces deux familles constituent une classe thérapeutique absolument majeure de médicaments antithrombotiques, c'est à dire qui s'opposent à la formation anormale de caillots (= thromboses) obstruant les vaisseaux sanguins.

Je résumerai dans cette partie du chapitre l'histoire de cette substance à peu près centenaire en insistant particulièrement sur la période 1916-1936 qui couvre les grandes étapes de la découverte de l'héparine et son introduction en chirurgie et en médecine. Le lecteur pourra constater qu'il s'agit bien d'une drôle d'histoire mais, assurément pas d'une histoire drôle ! Plus de détails, chimiques, pharmacologiques et thérapeutiques sur les héparines seront donnés dans la seconde partie, *Cf. Pour aller plus loin « 3 »*.

Naissance et jeunesse

Il y aurait bien des manières de présenter les débuts de l'héparine, comme par exemple :

- la façon *tweet* (nombre de signes réduit) : *l'héparine a été découverte par McLean et Howell il y a un siècle aux États-Unis.*

Cette formulation, très concise, ne reflète évidemment pas la complexité de l'histoire ;

- la façon *Remise des Césars : sont nominés (par ordre d'apparition en scène) McLean, Howell, Holt, Best, Charles, Jorpes, Scott, Murray et Crafoord. Et le César est attribué à : tout le monde !* Cette récompense collective symboliserait assez bien les apports scientifiques et médicaux successifs dont seul l'ensemble a permis la mise à disposition des malades de ce médicament majeur ;

- la façon *Churchill « Blood, toil, tears and sweat » : du sang, du labeur, des larmes et de la sueur.* Du sang, il y en a forcément partout dans cette histoire, tout le temps, du début à la fin, ce qui est on ne peut plus normal pour une substance anticoagulante ! Du labeur et de la sueur, il en a fallu beaucoup aux différents protagonistes précédemment cités pour faire aboutir cette découverte. Et les larmes ? Ce sont sans doute, celles de McLean, le premier acteur de la chaîne, des larmes de tristesse, de colère, de ressentiment, vis-à-vis, entre autres, de lui-même qui a dû longtemps ruminer le fait d'avoir quitté le laboratoire de son patron, Howell, juste après sa découverte inattendue : celle de l'action anticoagulante d'un extrait de foie qui, s'il ne contenait peut-être pas l'héparine elle-même, fut le point de départ de tout ce qui suivit et des progrès thérapeutiques qui en découlèrent.

J'ai choisi finalement de raconter cette histoire fort complexe sur le mode chronologique, au présent, en essayant de rester le plus factuel possible et, encore une fois, en insistant surtout sur la période 1916 à 1936, cette dernière année marquant l'arrivée réelle de l'héparine en chirurgie et en médecine.

1916 : Jay McLean (1890-1957), étudiant en deuxième année de médecine à l'université Johns Hopkins de Baltimore travaille sous la direction du physiologiste William Henry Howell (1860-1945), grand spécialiste de la coagulation. Son sujet d'étude porte sur la pureté de préparations de céphaline, un phospholipide (plus précisément un phosphoglycéride) favorisant la coagulation, ainsi nommée car isolée à l'origine à partir de cerveau de Chien. Une fois ce travail terminé, McLean extrait du foie de Chien un mélange de composés liposolubles, là encore des phosphoglycérides, dont il constate qu'il provoque des hémorragies sur les animaux auxquels il est administré, signe d'une action cette fois anticoagulante. À la fin de l'année, McLean quitte l'université de Baltimore pour celle de Philadelphie où il continue ses recherches sur la céphaline.

1918 : Le travail sur les anticoagulants poursuivi par Howell avec un nouvel étudiant en médecine, Luther Emmett Holt (1895-1974), aboutit à l'isolement d'un nouvel anticoagulant, apparemment distinct de celui isolé par McLean, auquel Howell donne le nom d'héparine (*heparin* en anglais, du grec *hepar* qui désigne le foie)[9].

1922 : Howell présente dans un congrès un procédé d'isolement de l'héparine par extraction aqueuse.

1926 : Howell, toujours dans un congrès, affine ses résultats de 1922 et précise que l'anticoagulant hydrosoluble présenté quatre ans plus tôt est un polysaccharide contenant de l'acide glucuronique. Le nom héparine est conservé pour désigner ce composé dont Howell précise qu'il est différent des deux anticoagulants isolés en 1916 par McLean et 1918 par Holt. Cette héparine hydrosoluble est commercialisée par un laboratoire pharmaceutique local de Baltimore, mais elle induit de nombreux effets indésirables (maux de tête, fièvre, nausées). Howell qui prendra sa retraite en 1931 ne travaillera plus sur l'héparine.

1929 : Charles Herbert Best (1899-1978), médecin américano-canadien et l'un des découvreurs de l'insuline, lance dans son laboratoire Connaught de l'université de Toronto un ambitieux programme de recherche autour de l'héparine dans le but de la purifier afin d'en réduire les effets secondaires et de démontrer ses propriétés antithrombotiques (de prévention de la formation du thrombus). Le travail aboutit effectivement, quatre années plus tard, à une série de trois articles cosignés par deux collaborateurs de Best, Arthur F. Charles (1905-1972) et David A. Scott (1892-1971) : y sont décrits à la fois un rendement

---

[9] Selon les articles que j'ai consultés, cette première « héparine » de 1918 est présentée comme liposoluble ou comme hydrosoluble ! Par contre, elle est toujours décrite comme contenant du phosphore, un élément qui s'avérera absent dans la véritable héparine.

amélioré d'extraction et un procédé de purification de l'héparine ainsi que le recours possible à d'autres matières premières (muscles et poumons).

1929 : Erik Jorpes (1894-1973), biochimiste suédois, visite le laboratoire de Best à Toronto et, à son retour en Suède à l'institut Karolinska de Stockholm, se lance lui aussi dans l'étude de l'héparine dont il établit en 1935 la structure chimique et dont il prouve qu'elle est produite physiologiquement par les mastocytes, une catégorie de globules blancs présents dans les tissus conjonctifs.

1936-1937 : Deux spécialistes de chirurgie vasculaire, le canadien Gordon Murray (1894-1976) de l'hôpital de Toronto et, dans une moindre mesure, le suédois Clarence Crafoord (1899-1984) introduisent avec succès l'usage de l'héparine en chirurgie vasculaire et en prévention et traitement des thromboses veineuses.

L'épilogue de ces vingt premières années de l'histoire de l'héparine débute dans les années 1940 avec le démarrage d'une campagne lancée par Jay McLean, malheureux de ne pas apparaître dans l'histoire de la découverte de cette substance à la place qu'il estime mériter. Il faut dire qu'à cette époque, la communauté biomédicale ne reconnaît qu'Howell comme seul découvreur de l'héparine. Cette campagne, discrète au départ, ne prendra vraiment de l'ampleur qu'après la mort de Howell en 1945. Elle se traduira notamment de la part de McLean par des séries de conférences données et de nombreuses lettres envoyées à la communauté scientifique, en particulier à Best. Tous ces arguments et toutes ces explications pour plaider sa cause finiront par aboutir..., mais après la mort de McLean. En 1963, six ans après son décès, une plaque de bronze est apposée à l'entrée du département de pharmacologie de l'université Johns Hopkins, avec le texte suivant (traduction française) :
Jay McLean 1890-1957. En reconnaissance de sa contribution majeure à la découverte de l'héparine en 1916, en tant qu'étudiant en médecine de deuxième année, en collaboration avec le Professeur William H. Howell.

Quelle que soit la nature chimique du ou des composés responsables de l'action anticoagulante de la fraction obtenue par McLean en 1916, il est probable que la constatation par ce dernier de cet effet anticoagulant au lieu de l'effet procoagulant attendu, a dû influencer la suite des travaux de Howell et l'orienter ainsi vers la recherche d'anticoagulants qui allait aboutir à la découverte de l'héparine. En ce sens, McLean a été certainement un catalyseur de la découverte de Howell, catalyseur au sens chimique du terme, [10] mais peut-on en faire pour autant le codécouvreur de l'héparine ? De toute évidence, tout le monde ne le pensait pas lorsqu'au milieu des années 2000, la plaque de bronze de l'université Johns Hopkins a été enlevée, une décision influencée par la controverse existant encore sur le mérite ou pas de McLean dans cette découverte ! [11]

Âge adulte, troisième âge, quatrième âge... et toujours en activité !

Suite aux travaux de Best, Charles et Scott au Canada et de Jorpes en Suède, les laboratoires Connaught et Vitrum AB, respectivement canadien et suédois, lancent dès la fin des années 1930 la production industrielle d'héparine purifiée (dès 1936, Charles et Scott ont obtenu l'héparinate de sodium cristallisé). Sous la houlette de deux chimistes, Edith Taylor et Peter Moloney, le laboratoire Connaught améliore considérablement les conditions de production de l'héparine (qualité et coûts), changeant successivement la nature de la matière première (passages successifs au foie puis aux poumons de Bœuf, et enfin à l'intestin de Porc). Les progrès apportés par l'arrivée de l'héparine sont manifestes en chirurgie vasculaire et thoracique bien sûr mais aussi abdominale et urologique, ainsi que dans l'hémodialyse, et le seront plus tard dans les transplantations d'organes. Ce succès grandissant de l'héparine attise l'intérêt d'autres laboratoires pharmaceutiques et entraîne, au début des années 1950, le retrait de la compétition de Connaught, le laboratoire historique, qui arrête sa production.

La fin des années 1970 est une période importante de l'histoire de l'héparine qui se décline désormais au pluriel avec l'arrivée des héparines

---

[10] À la différence qu'un catalyseur chimique est retrouvé intact à la fin de la réaction. Ce qui n'a visiblement pas été le cas de McLean quand on réalise l'influence qu'a eue cette année 1916 sur la suite de son existence, en particulier des années 1940 jusqu'à sa mort.

[11] La lectrice ou le lecteur qui souhaiterait en savoir plus sur la découverte de l'héparine et la controverse qui s'y rattache trouvera plus d'élements dans les articles que j'ai consultés et qui sont signalés ainsi * dans la bibliographie.

à bas poids moléculaire (HBPM) [12]. Obtenues par fractionnement de l'héparine, elles vont rapidement supplanter (sauf cas particuliers) l'héparine classique en raison notamment de propriétés pharmacocinétiques améliorées et d'une surveillance biologique allégée.

Avec la crise de la vache folle, l'intestin de Porc (plus précisément la muqueuse intestinale) est devenu la matière première industrielle d'obtention de toutes les héparines. Le marché absolument énorme de cette classe thérapeutique rend l'industrie pharmaceutique fortement dépendante de la Chine, un pays qui abat environ 700 millions de porcs par an, et qui se retrouve donc de loin le premier producteur mondial d'héparine brute. Dépendante sur le plan quantitatif (l'approvisionnement doit être suffisant), l'industrie pharmaceutique l'est aussi sur le plan qualitatif puisque l'héparine brute est la matière première à partir de laquelle sont fabriqués (en Europe ou aux États-Unis par exemple) les principes actifs de toutes les héparines, HNF et HBPM. Ainsi, toute contamination (volontaire ou involontaire) de l'héparine brute par un agent chimique ou biologique indésirable, en amont donc de la chaîne de fabrication, a de très forts risques de se répercuter en aval sur la qualité des produits finis, c'est-à-dire les médicaments à base d'héparine. La crainte théorique d'un tel problème sanitaire se concrétise malheureusement début 2008 avec l'apparition aux États-Unis surtout, mais aussi en Allemagne et au Japon, de quelques milliers de cas de chocs allergiques, dont plus de 80 ayant entraîné la mort aux États-Unis de malades traités par une héparine d'un laboratoire américain. Le médicament est rapidement retiré de la vente et une enquête minutieuse prouve que ces accidents et ces morts sont dus à la présence d'un polymère de structure voisine de celle de l'héparine, la chondroïtine hypersulfatée. Ce composé est en effet trouvé dans le médicament en quantité importante, ce qui signe une addition frauduleuse, et les investigations montrent qu'il avait été ajouté en Chine très en amont dans le processus de fabrication. La raison de cette fraude était économique, la chondroïtine hypersulfatée étant un produit peu coûteux obtenu à partir

---

[12] Il faut souligner le rôle très important de Jean Choay (1923-1993), pharmacien industriel français, dans la mise au point de l'héparine calcique puis des HBPM.

de la chondroïtine sulfate, elle-même extraite de cartilages de porc [13] dans des usines chinoises dont certaines sont également productrices d'héparine. Cette affaire a un grand retentissement et des mesures sont alors prises par les autorités réglementaires (FDA aux États-Unis, EMA en Europe) pour renforcer considérablement les contrôles et la traçabilité des médicaments à base d'héparines. Le problème ne concerne d'ailleurs plus tant la présence indésirable de chondroïtine hypersulfatée, [14] que celles d'héparines autres que porcine (bovine, ovine, caprine), afin d'éviter la contamination par des agents infectieux propres à ces autres espèces (on pense bien sûr à la crise de la vache folle). Malgré le renforcement considérable des contrôles analytiques et la multiplication des inspections des centres de production, des contaminations ne peuvent être exclues à l'avenir, en raison du nombre très important d'acteurs qui interviennent dans la fabrication d'héparine en Chine, ce qui rend la chaîne d'approvisionnement très complexe. [15]

En conclusion, la seule parade absolue à ces contaminations serait que la fabrication d'héparine (ou de nouveaux analogues) ne fasse plus appel à une matière première animale. Les humains auraient beaucoup à y gagner en terme de santé, les porcs chinois même pas car, héparine ou pas, ils seraient de toute façon abattus. Bien que des solutions alternatives soient à l'étude, misant sur la biotechnologie d'une part et sur des méthodes chimioenzymatiques d'autre part [16], on peut penser, malgré l'arrivée des anticoagulants oraux directs (inhibiteurs directs de la thrombine ou du facteur Xa), que l'héparine d'origine animale est une centenaire qui a encore de l'avenir !

---

[13] La chondroïtine sulfate, extraite aussi de cartilages d'autres animaux terrestres et marins, est le principe actif de médicaments antiarthrosiques (action lente et efficacité discutée). Également associée à la glucosamine dans des compléments alimentaires à visée articulaire (*Cf. la glucosamine dans la suite de ce chapitre*).

[14] Des analyses physicochimiques (électrophorèse capillaire, RMN de ^{1}H) ont été mises au point et permettent de révéler sa présence,

[15] Comme le montre très bien un schéma du dossier de l'ANSM *État des lieux sur les héparines*, juillet 2014 (*Cf. bibliographie*).

[16] *Cf. bibliographie* (Oduah *et al.,* 2016 ; Baytas et Linhardt, 2020).

Juste quelques mots pour en finir avec les quadrupèdes de la ferme...

Par souci d'exhaustivité, je souhaite mentionner l'aprotinine, un polypeptide obtenu par extraction de poumons (et aussi autrefois de pancréas) de bovins. Son action antifibrinolytique [17], par inhibition de la plasmine, lui confère des propriétés antihémorragiques. D'un rapport bénéfice-risque très contesté, les spécialités à base d'aprotinine furent retirées du marché avant que l'une d'entre elles (Trasylol®) ne soit réintroduite en 2018 dans une seule indication très restreinte [18].

... Avant de passer à la basse-cour

Ce sont Monsieur et Madame *Gallus gallus domesticus*, plus connus sous les noms de coq et poule, qui nous intéressent ici en raison de leur rôle respectif dans l'obtention de l'acide hyaluronique pour Monsieur et du lysozyme pour Madame, deux molécules dont l'utilisation, surtout pour la première, déborde largement du cadre de la pharmacie.

L'acide hyaluronique

L'acide hyaluronique (ou hyaluronane) est un polysaccharide de la classe des glycosaminoglycanes, comme l'héparine donc, mais de composition chimique beaucoup plus simple car très régulière. Il est en effet constitué d'une chaîne linéaire formée par l'alternance régulière de deux dérivés du glucose, l'acide glucuronique et la *N*-acétyl-glucosamine (*Cf. Pour aller plus loin « 4 »*). C'est un des principaux constituants de la matrice extracellulaire [19], trouvé en particulier dans les tissus conjonctifs,

---

[17] La fibrinolyse est un phénomène naturel de dissolution des caillots sanguins qui clôture le processus de la coagulation. Elle s'explique par destruction de la fibrine, constituant du caillot, par une enzyme, la plasmine.

[18] À titre préventif pour la réduction des saignements et des besoins transfusionnels chez les patients adultes à haut risque de saignement majeur bénéficiant d'un pontage aorto-coronarien isolé sous circulation extracorporelle.

[19] Ce réseau tridimensionnel sert de support et de « ciment », assurant l'adhérence entre elles des cellules d'un même tissu.

les cartilages articulaires et les liquides biologiques, par exemple l'humeur vitrée (substance gélatineuse présente dans l'œil entre le cristallin et la rétine) et le liquide synovial (= synovie) au niveau de l'articulation. De masse moléculaire élevée (jusqu'à plusieurs millions de daltons), il augmente la viscosité des milieux qui en renferment, jouant un rôle essentiel dans l'absorption des chocs au niveau du derme et de l'épiderme ainsi que dans la lubrification et la protection des articulations.

Découvert en 1934 dans l'humeur vitrée bovine par Karl Meyer et John Palmer, biochimistes à l'université Columbia (États-Unis), l'acide hyaluronique fut industriellement obtenu jusqu'aux années 1980 à partir de matières premières animales : le liquide synovial et l'humeur vitrée de bovins, mais surtout la crête de coq qui, avec une concentration d'environ 8 mg/g, est à ce jour la source animale connue la plus riche en acide hyaluronique. Si la crête de coq est encore utilisée aujourd'hui, elle est largement supplantée par la fermentation bactérienne (genre *Streptococcus*) qui constitue la source industrielle majoritaire d'acide hyaluronique, permettant de le produire à un rendement de 6 à 7 g /litre de milieu de fermentation (***Cf. Pour aller plus loin « 5 »***).

Ce livre traitant des médicaments, je commencerai la présentation des emplois de l'acide hyaluronique par ceux en rapport avec la thérapeutique, même s'ils sont dérisoires, économiquement parlant, par rapport à ceux touchant la cosmétologie. En thérapeutique donc, l'acide hyaluronique de haut poids moléculaire (sous forme de son sel de sodium) est présent dans des produits ayant le statut de médicament (pour un seul d'entre eux, Hyalgan®) ou de dispositif médical (pour tous les nombreux autres). Tous sont utilisés en injection intra-articulaire dans le traitement symptomatique de l'arthrose du genou douloureuse, après échec des antalgiques (paracétamol) et échec ou intolérance aux AINS ; leur effet antalgique est au mieux modeste, au prix de possibles réactions locales (douleur, gonflements, épanchements dans le genou) et d'effets indésirables rares potentiellement plus graves (réactions de type allergique). En raison d'un service rendu jugé insuffisant, les produits à base d'acide hyaluronique pour injection intra-articulaire, quel que soit leur statut, ne sont aujourd'hui plus pris en charge par la Sécurité sociale. L'acide hyaluronique est également utilisé dans des dispositifs médicaux à visée ophtalmologique, sous forme de solutions viscoélastiques, notamment pour la lubrification des lentilles de contact et en traitement symptomatique, en deuxième intention, de la sécheresse oculaire avec kératite ou kératoconjonctivite (inflammation de la cornée seule ou de la cornée et de la conjonctive). En cosmétologie, l'acide hyaluronique, est utilisé pour son très grand pouvoir de rétention d'eau et donc ses propriétés filmogènes hydrophiles (= formation d'un film hydraté à la surface de la peau). Il est aussi indiqué (sous forme de hyaluronate de sodium) pour le comblement des ridules et des rides, mais n'entre plus alors dans le domaine cosmétique, car son emploi nécessite une injection.

Dans ces emplois non pharmaceutiques, l'acide hyaluronique est toujours seulement de source fermentaire. C'est sans doute une bonne chose pour les firmes de cosmétologie qui ne se privent pas ainsi de leur clientèle végane (certaines le font remarquer sur leur page internet...), mais surtout pour les coqs et leur crête tant la demande mondiale en acide hyaluronique a explosé dans ce secteur depuis quelques années.

Traduction langue coq-français : *Touchez plus à ma crête, déjà que vous avez osé donner son nom à d'horribles verrues génitales (Cf.* chapitre *La podophyllotoxine et ses dérivés).*

Le lysozyme

C'est Alexander Fleming, le futur découvreur de la pénicilline, qui mit à jour l'existence du lysozyme dans le mucus nasal et, pour être précis, dans son propre mucus nasal ! En 1922, Fleming rapporta en effet dans un article intitulé « *On a remarkable bacteriolytic element found in tissues and secretions* » la présence d'une substance capable de lyser (dégrader) certaines bactéries. Comme il lui trouva des propriétés rappelant celles des ferments, il la dénomma lysozyme. Le lysozyme fut également identifié chez l'Homme dans les larmes, la salive et le lait maternel, où son pouvoir antibactérien participe au maintien de l'asepsie. Également présent chez différents animaux, vertébrés et invertébrés, et dans le latex de différentes plantes, le lysozyme possède toujours une structure de polypeptide dont la séquence en acides aminés varie d'une espèce à l'autre.

La source industrielle d'extraction du lysozyme est le blanc d'œuf de poule où il se présente, avec une teneur de l'ordre de 0,5%, sous la forme d'un polypeptide monocaténaire (= à une chaîne) de 129 acides aminés (masse moléculaire environ 15 000 daltons). Le lysozyme est une enzyme qui possède une action bactériostatique résultant de l'hydrolyse du peptidoglycane [20] de la paroi bactérienne des bactéries à Gram positif ; les bactéries à Gram négatif ne sont pas attaquées, car protégées par une couche externe de lipopolysaccharides. Cette activité antibactérienne, très modeste et uniquement locale, le fait utiliser dans deux secteurs :

- l'industrie agro-alimentaire où, sous le code E1105, le chlorhydrate de lysozyme est un additif autorisé comme conservateur de certains aliments (par exemple fromages râpés, bières non pasteurisées, certains spiritueux) ;

---

[20] Le peptidoglycane, polymère de nature glucidique et peptidique, est un constituant fondamental de la paroi bactérienne. Il est la cible des antibiotiques β-lactames (pénicillines, céphalosporines), mais aussi des antibiotiques glycopeptides (vancomycine, teicoplanine, dalbavancine) et de la fosfomycine qui agissent en perturbant sa synthèse. L'action du lysozyme est tout à fait différente, dégradant le peptidoglycane par hydrolyse de la partie glucidique.
Pour la présentation de la coloration de Gram : *Cf. Lewin G., Drôles d'histoires de médicaments d'origine naturelle,, chapitre Les rifamycines, pages 155-156.*

- la pharmacie où le lysozyme est associé, le plus souvent à un antiseptique, dans des spécialités indiquées par voie locale (comprimés à sucer ou sublinguaux) dans le traitement d'appoint d'affections de la muqueuse buccale et de l'oropharynx : Cantalène®, Glossithiase®, Hexalyse®, Lyso 6®, Lysopaïne®.

Concernant l'origine du nom de cette dernière spécialité, je préciserai qu'elle s'explique par une contraction des noms lysozyme et papaïne [21], les deux principes actifs de la composition originelle. Il apparaît du coup cocasse de constater que ce nom commercial a été conservé pour désigner une gamme de spécialités pharmaceutiques dont la composition a pourtant évolué puisque :

- depuis 2005, la papaïne a disparu de la composition ;

- et qu'aujourd'hui, certaines d'entre elles ne contiennent même pas de lysozyme non plus. [22]

Un autre excellent exemple de conservation d'un nom commercial de médicament en dépit du changement radical de sa composition fut fourni par la spécialité d'usage local Locabiotal®, aujourd'hui disparue. [23]

La politique de certains laboratoires pharmaceutiques, conservant un nom commercial jugé porteur sans tenir compte du changement de principe actif, fait penser à celle de l'industrie automobile où certains

---

[21] Une protéase extraite de la papaye, fruit du papayer *Carica papaya*.

[22] La gamme Lysopaïne® renferme des spécialités dont les unes contiennent deux principes actifs, le chlorhydrate de lysozyme et le chlorure de cétylpyridinium, un antiseptique local, et les autres un seul principe actif, le chlorhydrate d'ambroxol, présenté comme un anesthésique local.

[23] De 1963 à 2005, Locabiotal® fut un médicament indiqué dans le traitement local (buccal et nasal) d'appoint antibactérien des voies aériennes supérieures ; il contenait de la fusafungine, un mélange de constituants antibiotiques produits par fermentation d'un champignon, possédant une activité antibactérienne locale. De 2005 à 2016, le même Locabiotal® devint une spécialité de phytothérapie à base d'huile essentielle de menthe poivrée, traditionnellement utilisée dans les états congestifs des voies aériennes supérieures (en cas de nez bouché, de rhume) et comme antalgique dans les affections de la cavité buccale et/ou du pharynx.

modèles de voiture gardent le même nom au fil des ans bien que leur carrosserie change complètement. Mais au moins avec les voitures, il reste quatre roues et un volant pour assurer la continuité !

Les deux exemples de la Lysopaïne® et du Locabiotal® sont ou ont été sources de confusion pour le patient et sans doute aussi pour le médecin. Un contre-exemple où le changement de composition chimique s'accompagna, par la force des choses, d'un changement de nom de spécialité est raconté plus loin (***Cf. Pour aller plus loin « 6 »***).

Et en dessert, le plateau de fruits de mer !

C'est en effet avec la **glucosamine**, une molécule obtenue industriellement à partir de différents crustacés marins, que se terminera cette première partie du chapitre. La glucosamine est un sucre aminé, très proche analogue du D-glucose dans lequel l'hydroxyle (OH) en 2 est substitué par un groupe amino (NH_2). Ce sucre aminé (on dit également osamine) existe à l'état naturel, en particulier sous la forme de son dérivé *N*-acétylé qui est l'unité de base, la « brique » unique de la chitine, principal constituant de l'exosquelette des insectes, arthropodes et crustacés (***Cf. Pour aller plus loin « 7 »***). Les déchets de fruits de mer (crevettes, homards, crabes) constituent donc très majoritairement la matière première d'obtention de la glucosamine dont la formation résulte de l'hydrolyse complète, en milieu acide fort, de la chitine (au niveau des liaisons entre les unités de base et aussi de la fonction *N*-acétylée). [24]

Ce sont les observations d'un effet de la glucosamine :

- stimulant *in vitro* la synthèse de protéoglycanes et de collagène qu'elle protège également de la dégradation par certaines protéases [25] ;

---

[24] De la glucosamine « verte » est également disponible sur le marché, fabriquée par fermentation de champignons (*Aspergillus niger*) et de céréales, à l'intention de consommateurs (végans, religieux, allergiques aux crustacés) s'interdisant tout produit dérivé de ces animaux.

[25] Les protéoglycanes sont des molécules composées de nombreuses chaînes de glycosaminoglycanes combinées à un « cœur » protéique constitué d'une seule

- et bénéfique sur des modèles d'inflammation et d'arthrite expérimentale en pharmacologie animale,

qui ont conduit à l'utiliser chez l'Homme dans le traitement de l'arthrose.

Bien que son efficacité réelle au-delà de celle d'un placebo n'ait pour certains jamais été démontrée et que, dans le meilleur des cas, son action anti-inflammatoire ne soit que lente (ne convenant donc pas aux douleurs aiguës), la glucosamine connaît un certain succès. Elle est utilisée, par voie orale, pour soulager les symptômes de l'arthrose légère à modérée du genou chez l'adulte ; elle est disponible sur le marché, sous forme salifiée (sulfate ou chlorhydrate) dans des produits vendus :

- sous statut de médicament (Dolenio®, Flexea®, Osaflexan®, Structoflex®, Voltaflex®[26], tous déremboursés depuis 2015, en raison d'un service médical rendu jugé insuffisant par la Commission de la transparence) ;

- ou comme complément alimentaire ; la glucosamine y est alors fréquemment associée à la chondroïtine sulfate.

Suite au signalement d'effets indésirables parfois sérieux (hépatites, troubles digestifs, perturbation de la coagulation, hyperglycémie...), l'Anses a publié en mars 2019 un avis déconseillant ces produits chez certaines populations spécifiques à risque (diabétiques ou pré-diabétiques, asthmatiques, personnes traitées par AVK [antivitamine K, une classe d'anticoagulants], femmes enceintes ou allaitantes, personnes allergiques aux crustacés...).

---

chaîne polypeptidique. Le collagène correspond à une très grande famille de protéines dont certaines sont présentes préférentiellement dans l'os et le cartilage.

[26] On peut noter que Voltaflex® est une spécialité du laboratoire Novartis qui commercialise aussi, depuis très longtemps, la spécialité Voltarène®, un AINS (anti-inflammatoire non stéroïdien) à base de diclofénac. Que les noms de ces deux médicaments, tous les deux utilisés dans l'arthrose du genou, aient plus qu'un air de ressemblance et que leurs conditionnements soient d'aspect vraiment très voisin ne peut qu'être le fruit de malheureuses coïncidences... Que le lecteur se fasse une idée par lui-même, en consultant la banque d'images de son moteur de recherche favori !

PRINCIPES ACTIFS PRÉPARÉS SANS PASSER PAR UNE MATIÈRE PREMIÈRE ANIMALE

Cette seconde catégorie de principes actifs d'origine animale se divise elle-même en deux sous-classes :

- celle des molécules isolées d'un animal et utilisées par elles-mêmes en thérapeutique, MAIS en les préparant à l'échelle industrielle sans avoir recours à la matière animale ;

- celle des molécules isolées d'un animal, non utilisées par elles-mêmes en thérapeutique, MAIS qui ont servi de modèle au pharmacochimiste pour la découverte d'analogues (souvent de structure plus simple) préparés là encore sans avoir recours à la matière animale.

Molécules naturelles d'origine animale devenues elles-mêmes des principes actifs

Quatre molécules illustreront principalement cette catégorie : la calcitonine de saumon, la trabectédine, l'exénatide et le ziconotide, les deux dernières ayant déjà fait l'objet d'une présentation précédemment [27].

La calcitonine

La calcitonine est une hormone hypocalcémiante (= diminue la concentration sanguine de l'ion calcium) sécrétée, chez l'Homme et les mammifères, par les cellules C de la thyroïde (cellules distinctes de celles produisant les hormones iodées thyroïdiennes). Elle est également présente, notamment chez les poissons où elle est produite par de petites glandes appelées corps ultimobranchiaux. Découverte en 1961 chez le Chien par un scientifique canadien Douglas Harold Copp (1915-1998), la calcitonine est un polypeptide monocaténaire de 32 acides aminés dont la structure et l'intensité de l'activité hypocalcémiante varient d'une espèce animale à l'autre : ainsi, les calcitonines humaine et de saumon diffèrent

---

[27] *Cf. Lewin G., Drôles d'histoires de médicaments d'origine naturelle, chapitres L'exénatide, pages 89-100 et Le ziconotide, pages 227-238.*

sur 13 des 32 acides aminés, la seconde étant beaucoup plus hypocalcémiante que la calcitonine humaine.

La calcitonine est hypocalcémiante par deux mécanismes complémentaires :

- le premier, le plus important, au niveau osseux où elle s'oppose à la résorption (= la destruction) de l'os, par inhibition des ostéoclastes, [28] et donc à la libération du calcium osseux dans le sang ;

- le second, au niveau rénal où elle favorise l'excrétion urinaire du calcium (= effet hypercalciurant) par inhibition de la réabsorption tubulaire du calcium.

On peut noter que cet effet hypocalcémiant de la calcitonine s'oppose à celui de la parathormone (= PTH), hormone hypercalcémiante sécrétée par les glandes parathyroïdes.

Ces propriétés pharmacologiques, ainsi qu'une certaine activité antalgique sur des douleurs osseuses firent introduire la calcitonine en thérapeutique dès les années 1970, indiquée notamment dans le traitement préventif de la perte osseuse post-ménopausique. Cette indication, qui touchait forcément un grand nombre de femmes, expliqua le succès de la calcitonine qui devint temporairement l'hormone polypeptidique la plus prescrite après l'insuline. Il fallut donc répondre à la demande en calcitonine, qui fut obtenue d'abord par extraction à partir de thyroïdes de Porc, puis par synthèse chimique, selon la séquence humaine et de saumon. De ces trois calcitonines, seule la calcitonine de saumon (donc de synthèse), reste aujourd'hui sur le marché, la calcitonine d'extraction ayant été retirée au cours des années 1990, et la calcitonine de séquence humaine, il y a une dizaine d'années. [29]

---

[28] Les ostéoclastes sont les cellules qui résorbent l'os et les ostéoblastes celles qui le forment.

[29] Le retrait de la calcitonine d'extraction est certainement en rapport avec le discrédit des médicaments d'origine animale lié à la crise de la vache folle. Celui de la calcitonine humaine, pourtant non antigénique, est sans doute dû à son pouvoir hypocalcémiant plus faible que celui de la calcitonine de saumon.

La calcitonine n'ayant pas démontré la preuve de son efficacité dans les troubles de la ménopause (ni dans le traitement préventif de la perte osseuse, ni dans les douleurs dues à un tassement vertébral), ces indications ont été depuis longtemps abandonnées. Subsistent aujourd'hui (par voie parentérale IM, SC, IV) :

- la prévention de la perte osseuse aiguë liée à une immobilisation soudaine, notamment chez les patients avec des fractures ostéoporotiques récentes ;

- le traitement de la Maladie de Paget, [30] uniquement chez des patients pour lesquels les traitements alternatifs ont été inefficaces ou ne peuvent être utilisés, par exemple en raison d'une insuffisance rénale sévère ;

- le traitement de l'hypercalcémie d'origine maligne.

Depuis 2013, la durée du traitement dans toutes ces indications doit être limitée à la période la plus courte et à la dose efficace la plus faible suite à l'observation d'un risque (légèrement) accru de cancers de différents types par utilisation au long cours de la calcitonine.

Nous voyons donc que l'âge d'or pour les laboratoires pharmaceutiques vendant la calcitonine a bel et bien disparu avec la fin de son utilisation en traitement prolongé préventif de l'ostéoporose. En 1994, D.H. Copp, le découvreur de cette hormone, pouvait écrire, ce qui ne serait absolument plus d'actualité aujourd'hui :

World sales of calcitonin in 1992 exceeded US$ 900 millions, of which 85% was for osteoporosis.

Ce qui, en usant d'un très mauvais calembour dont je prie le lecteur de bien vouloir m'excuser, aurait pu s'énoncer ainsi :

Qui vend la calcitonine de saumon a l'oseille.

---

[30] La maladie de Paget ou ostéite déformante est une maladie caractérisée par une hyperactivité ostéoclastique, donc une accélération de la résorption osseuse, suivie d'une hyperactivité ostéoblastique, donc de reconstitution de l'os. Ces deux hyperactivités entraînent un remaniement osseux anarchique avec douleurs et déformations.

La trabectédine

Cette molécule a été décrite en 1990 sous le nom d'ectéinascidine 743 (nom de code ET-743) par Kenneth L. Rinehart (1929-2005), professeur américain de chimie à l'université de l'Illinois, qui fut un des pionniers dans la recherche et l'isolement de nouvelles molécules d'origine marine. Grâce à l'amélioration des techniques de plongée et de récolte d'organismes marins d'une part, et aux énormes progrès en chimie analytique et de détermination de structure d'autre part, l'isolement et l'identification de nouvelles molécules souvent fort complexes ont connu ces dernières dizaines d'années et encore aujourd'hui un développement très important. C'est en effet par centaines, voire milliers que de nouvelles molécules sont décrites annuellement, isolées d'organismes marins très divers : bactéries, champignons, algues, éponges, cnidaires (méduses, coraux...), mollusques, tuniciers. Cette dernière catégorie, les tuniciers, dont est issue la trabectédine, regroupe des animaux marins, fixés ou pélagiques [31], qui sont caractérisés par une enveloppe externe, la tunique, formée d'un composé cellulosique. Les tuniciers occupent une position unique dans l'évolution entre Vertébrés et Invertébrés car leur larve est pourvue d'une corde dorsale (= ébauche de colonne vertébrale) typique, mais celle-ci disparaît chez l'adulte.

C'est donc à partir d'un tunicier récolté au large des Antilles, *Ecteinascidia turbinata* (Perophoridées), que fut découverte la trabectédine [32], un alcaloïde dont la structure chimique extrêmement complexe fut déterminée par Rinehart et la première synthèse totale réalisée par le groupe d'Elias James Corey, chimiste américain, prix Nobel de chimie 1990. Ses importantes propriétés cytotoxiques observées *in vitro* et son mécanisme original d'action antitumorale suscitèrent l'intérêt pour ce produit dont le développement fut assuré par la firme espagnole Pharma Mar (pour la structure chimique et le mécanisme d'action de la trabectédine, *Cf. Pour aller plus loin « 8 »*). Comme pour tout composé naturel rare et de structure complexe se posa très vite le

---

[31] Vivant en pleine eau, généralement loin du fond et pouvant se déplacer.

[32] Il a été démontré depuis que la trabectédine n'est pas biosynthétisée par le tunicier lui-même, mais par une bactérie qu'il héberge et qui vit en symbiose.

problème de sa préparation à une échelle industrielle, la synthèse totale n'étant, économiquement parlant, pas imaginable. Des essais de culture du tunicier furent lancés, mais sans résultats probants, en raison des rendements très faibles en trabectédine isolée (il aurait fallu 5 tonnes de tuniciers pour obtenir la quantité de trabectédine nécessaire, environ 5 grammes, à un essai clinique !).

L'extraction à partir de la source naturelle et la synthèse totale étant toutes deux inenvisageables, le salut vint, une fois encore pour un composé naturel, de l'hémisynthèse. La matière première choisie s'appelait la cyanosafracine B, facile à obtenir à l'échelle du kilogramme par fermentation d'une bactérie, *Pseudomonas fluorescens* [33]. En une bonne dizaine d'étapes, les chimistes de Pharma Mar mirent au point un procédé d'obtention hémisynthétique de la trabectédine, permettant de lancer des études cliniques et d'envisager sa commercialisation, qui fut effective en 2007, sous le nom de spécialité Yondelis®.

Administrée par voie IV, la trabectédine est indiquée, avec le statut de médicament orphelin :

- chez les adultes atteints de sarcome des tissus mous évolué [34], après échec de traitements à base d'anthracyclines et d'ifosfamide ou chez les patients ne pouvant pas recevoir ces médicaments ;

- chez les patientes atteintes de cancer des ovaires récidivant sensible au platine, en association avec la doxorubicine liposomale pégylée.

Un analogue non naturel de la trabectédine, la lurbinectédine, également préparé par hémisynthèse à partir de la cyanosafracine B, est approuvé aux États-Unis depuis 2020 et est sous ATU (Autorisation Temporaire d'Utilisation) en France depuis 2019, indiqué dans le cancer du poumon à petites cellules, métastasé et résistant à un sel de platine ; il

---

[33] Une équipe japonaise avait décrit en 1983 l'obtention de deux antibiotiques antitumoraux, les safracines A et B, par culture de cette bactérie. L'équipe de Pharma Mar optimisa le procédé de fermentation et l'adapta à l'obtention du dérivé cyano de la safracine B.

[34] Principalement des liposarcomes et léiomyosarcomes.

est également utilisé (médicament orphelin) dans le cancer de l'ovaire résistant à un sel de platine ou récidivant, et enfin en essais cliniques dans différents autres cancers.

La conclusion actuelle de ce très beau travail de chimie des molécules marines est néanmoins décevante dans la mesure où, avec le recul, la trabectédine a vu, dans ses deux indications, son efficacité clinique fortement réévaluée à la baisse et désormais jugée faible par la Commission de la transparence. Tout chimiste des produits naturels souhaiterait que l'excellence d'un travail de ce type s'accompagne de résultats thérapeutiques à la hauteur, mais ce n'est malheureusement pas forcément le cas.

Avant d'en finir, je souhaite dire quelques mots sur la **plitidepsine** (= déhydrodidemnine B), un autre principe actif naturel issu d'un tunicier méditerranéen, *Aplidium albicans* (Polyclinidées). Sa structure, sans rapport avec celle de la trabectédine, est celle d'un depsipeptide [35] cyclique, ce qui la rattache à la famille des didemnines déjà isolées de tuniciers par Rinehart *et al.* (***Cf. Pour aller plus loin « 9 »***). La plitidepsine possède une puissante activité cytotoxique s'exerçant sur divers types de cellules de leucémies et de tumeurs solides ; elle provoque une induction de l'apoptose en intervenant sur plusieurs voies de signalisation, bloque le cycle cellulaire en phases G1 et G2 et manifeste aussi un effet anti-angiogénique *in vivo*. Pharma Mar qui la développe (sous le nom d'Aplidin®) et la prépare par synthèse chimique totale, a obtenu pour la plitidepsine depuis 2004 un statut de médicament orphelin en Europe et aux États-Unis dans certains leucémies et le myélome multiple. Dans cette dernière indication, une demande d'AMM européenne a été rejetée par l'EMA à deux reprises (2017 et 2018) en raison d'un rapport bénéfice/risque jugé défavorable.

L'exénatide et le ziconotide

L'exénatide est un antidiabétique isolé d'un gros lézard américain, et le ziconotide un très puissant antalgique découvert dans un mollusque venimeux de la mer des Philippines. Ces deux molécules naturelles, de

---

[35] Un depsipeptide est un peptide dans lequel une ou plusieurs des liaisons amide (-CONH-) sont remplacées par des liaisons ester (-COO-).

nature peptidique, sont préparées par synthèse chimique, et leur histoire a déjà été racontée précedemment (*Cf. note au bas de la page 250*).

Molécules non naturelles mais conçues à partir d'une molécule d'origine animale ayant servi de modèle

Cette dernière partie sera exclusivement aquatique, illustrée par trois espèces animales dont :

- deux sont marines, *Dolabella auricularia* ou lièvre de mer, un mollusque de l'océan Indien, et *Halichondria okadai*, une éponge de l'océan Pacifique. Toutes deux produisent des molécules antitumorales, respectivement les dolastatines et les halichondrines ;

- et la troisième vit en eau douce, *Hirudo medicinalis*, la sangsue médicinale, une espèce européenne dont l'habitat naturel est assez largement répandu sur le continent et pas uniquement cantonné, comme son nom pourrait le faire croire, au fin fond des Carpates en Transylvanie ! La sangsue doit sa place ici à la présence d'hirudine, un peptide anticoagulant, dans sa salive.

Si les dolastatines, les halichondrines et l'hirudine n'ont aucun emploi thérapeutique par elles-mêmes, ces molécules ont néanmoins joué un rôle essentiel dans la découverte de principes actifs utilisés en thérapeutique, et dont les structures chimiques sont étroitement dérivées de celles de ces molécules naturelles.

La dolastatine 10, à l'origine des monométhylauristatines E et F

Je ne reprendrai pas non plus la présentation détaillée de la famille des dolastatines, des peptides antitumoraux qui ont déjà fait l'objet d'un chapitre dans mon précédent livre [36]. Je me contenterai donc juste d'une mise à jour, bienvenue, puisque ce sont désormais quatre principes actifs dérivés d'une dolastatine, la dolostatine 10, contre un seul précédemment signalé, qui sont sur le marché.

---

[36] *Cf. Lewin G., Drôles d'histoires de médicaments d'origine naturelle, chapitres Les dolastatines, pages 63-78.*

Parmi les analogues simplifiés de la dolastatine 10 préparés par synthèse totale, les deux molécules qui furent retenues sont la monométhylauristatine E (MMAE) et la monométhylauristatine F (MMAF). Trop toxiques, elles ne sont pas utilisées telles quelles en thérapeutique, mais toujours couplées à un anticorps monoclonal par l'intermédiaire d'un groupement espaceur. formant ainsi un composé appelé immunoconjugué (conjugué anticorps-médicament : *antibody-drug conjugate = ADC*). Après fixation de l'immunoconjugué sur l'antigène ciblé par l'anticorps monoclonal, endocytose [37] puis élimination du groupe espaceur, l'agent cytotoxique (la MMAE ou la MMAF) est libéré directement au sein des cellules cancéreuses ciblées, dans le but de diminuer sa toxicité générale.

La MMAE et la MMAF étant de puissants antimitotiques par inhibition de l'assemblage des tubulines en microtubules, ces quatre immunoconjugués sont tous indiqués en cancérologie. Le lecteur intéressé trouvera dans la seconde partie (*Cf. Pour aller plus loin « 10 »*) les structures (MMAE, MMAF et immunoconjugués correspondants) ainsi que les indications thérapeutiques précises.

La classe des anticancéreux dérivés des dolastatines est encore amenée à s'étendre puisque des analogues d'une autre dolastatine naturelle, la dolastatine 15, sont en cours d'étude.

L'halichondrine B, à l'origine de l'éribuline

Le couple halichondrine B / éribuline, molécule naturelle / molécule de synthèse, constitue la parfaite illustration d'une démarche classique en chimie des médicaments d'origine naturelle : partir d'une molécule naturelle pharmacologiquement intéressante et prise comme modèle et, si sa structure est complexe, s'en s'inspirer pour imaginer et synthétiser des molécules simplifiées, en conservant la partie de la structure nécessaire à l'activité (c'est-à-dire le pharmacophore) et en abandonnant tous les

---

[37] L'endocytose est la captation de molécules, de particules solides ou de liquides, et internalisation par la cellule qui les introduit dans son cytoplasme sous forme de vacuole ou de gouttelette. Le mécanisme de l'endocytose diffère en fonction de la taille et du type de matériau absorbé.

éléments structuraux inutiles. En d'autres termes : séparer le bon grain de l'ivraie !

L'halichondrine B est l'un des composés d'une série de molécules, les halichondrines, isolées en 1985 par le groupe de Daisuke Uemura, de l'université japonaise de Shizuoka, à partir d'une éponge, *Halichondra okadai*, récoltée sur la côte Pacifique du Japon au sud de Tokyo. Par la suite, plusieurs halichondrines furent retrouvées dans d'autres éponges, de genres différents, provenant des océans Pacifique et Indien. Cette multiplicité de sources pourrait s'expliquer par le fait que les halichondrines ne seraient pas produites par les éponges elles-mêmes, mais par les micro-organismes symbiotiques qu'elles hébergent.

La structure chimique de l'halichondrine B, une molécule constituée uniquement de carbone, d'hydrogène et d'oxygène, est extrêmement complexe et l'on peut la résumer, en simplifiant beaucoup, en disant qu'elle est constituée de deux parties, une partie macrolide [38] reliée à un partie polycyclique comprenant sept cycles, tous à fonction éther (***Cf. Pour aller plus loin « 11 »***).

Sur le plan de l'activité biologique, si l'équipe de Uemura décrivit l'importante activité antitumorale, c'est le NCI (*National Cancer Institute*) qui en démontra le mécanisme qui repose sur l'altération de la dynamique des microtubules, bloquant ainsi la division cellulaire, mais selon un mode différent de celui observé avec d'autres antimitotiques tels que les vinca alcaloïdes et les taxanes.

Deux voies d'obtention de l'halichondrine B à plus grande échelle furent alors explorées, toujours en collaboration avec le NCI :

- d'une part, son extraction à partir d'éponges sauvages, mais aussi d'une éponge du genre *Lissodendoryx*, élevée par aquaculture ; ces deux approches se firent au large des côtes de la Nouvelle-Zélande en collaboration avec des scientifiques de ce pays ;

- d'autre part, sa synthèse totale, un véritable défi, puisque la molécule compte 32 carbones asymétriques. La prouesse chimique fut menée à son terme, avec la description en 1992 de

---

[38] Pour la définition du terme macrolide, *Cf. pages 13-14.*

la première synthèse totale de l'halichondrine B par l'équipe de Yoshito Kishi de l'université d'Harvard.

Si, comme on pouvait s'y attendre, aucune de ces deux voies d'approche ne fut retenue, le travail de Kishi eut le grand mérite de démontrer que des intermédiaires de synthèse, ne possédant que la seule partie macrolide, donc de structure bien moins complexe, conservaient l'activité antitumorale. Cette observation capitale fut le point de départ d'une collaboration avec la filiale américaine du laboratoire pharmaceutique japonais Esai, qui allait aboutir à la découverte de l'éribuline (DCI). Les deux modifications structurales majeures que présente l'éribuline par rapport à l'halichondrine B sont les suivantes :

- le macrolide est devenu une macrocétone, ce qui signifie que le chaînon oxygéné de la partie macrolide a été remplacé par un chaînon carboné (CH_2). Cette modification augmente la stabilité *in vivo* de la molécule puisqu'une fonction lactone est facilement hydrolysable, mais pas une fonction cétone ;

- la partie heptacyclique polyéthérée a disparu, remplacée par un monocycle oxygéné porteur d'une courte chaîne aminée. La présence de cette dernière fonction apporte la possibilité de salification et donc d'accès à des composés hydrosolubles, plus faciles à utiliser en thérapeutique par voie parentérale.

L'éribuline, qui conservait l'activité antitumorale de l'halichondrine B, fut donc développée par le laboratoire Esai, ce qui correspondit là aussi à un très beau travail de synthèse chimique. En effet, bien que de structure considérablement simplifiée par rapport à l'halichondrine B, l'éribuline comptait encore 19 carbones asymétriques sur un total de 36 !

Commercialisée en 2010 aux États-Unis et en 2011 en Europe, sous forme salifiée (mésylate = méthanesulfonate) sous le nom de spécialité Halaven®, l'éribuline est indiquée par voie IV dans :

- le cancer du sein localement avancé ou métastatique après échec d'un traitement ayant comporté un taxane et une anthracycline ;

- le liposarcome non résécable après échec d'un traitement ayant comporté une anthracycline.

L'hirudine, à l'origine de la bivalirudine

L'hirudine est une protéine anticoagulante présente dans la salive de sangsue. Sa découverte, en 1884 par un médecin, John Berry Haycraft (1857-1922), professeur de physiologie au Mason College de Birmingham, ne dut sans doute rien au hasard mais plutôt à la logique d'un raisonnement : comment expliquer en effet, si ce n'est par des propriétés anticoagulantes de la salive, que la morsure puis l'aspiration prolongée de sang par la sangsue n'entraînent pas l'apparition de caillots ?

Avant de parler de l'hirudine elle-même, je voudrais présenter rapidement l'animal qui la produit, un étrange annélide qui fait vraiment partie de l'histoire de la médecine puisque ses premières utilisations thérapeutiques remontent à l'Antiquité.

Les sangsues

La sangsue ou plutôt les sangsues sont des invertébrés au corps nu, aplati et contractile, formé d'une multitude de segments et se terminant à chaque extrémité par une ventouse (l'action coordonnée de ces deux ventouses servant à sa locomotion). Il existe environ 650 espèces de sangsue au monde, réparties en plusieurs genres dont le genre *Hirudo* auquel appartient l'espèce très majoritairement utilisée en médecine en Europe, *Hirudo medicinalis* (Hirudinées). Cette dernière, le plus souvent de couleur brun foncé à noir avec 6 fines bandes longitudinales rouges à brun, mesure environ 12 cm de long (en extension, moins des 2/3 en contraction) sur 1,5 cm de large. Sa ventouse antérieure, de forme arrondie surmonte la bouche qui contient 3 mâchoires pourvues de 100 dents chacune (de quoi faire rêver tous les Nosferatu et Dracula du monde !). Vivant surtout dans le sud et l'ouest de l'Europe, dans l'eau douce ou à proximité, [39] elle se nourrit à l'état adulte exclusivement de sang (d'amphibiens, de poissons, de mammifères). Ses repas suivent toujours le même protocole : fixation à sa proie par les ventouses, perforation de la peau à l'aide de ses dents et sécrétion de salive à la fois anesthésique (la proie ne s'aperçoit de rien) et anticoagulante (permettant

---

[39] Pour les besoins de la médecine, des sites d'élevage existent en Russie surtout, mais aussi en France, en Grande Bretagne et en Turquie.

l'écoulement et l'ingestion du sang sans entrave). Le repas d'une sangsue dure environ 30 minutes et consiste en 5 à 10 ml de sang (soit 3 à 10 fois son poids), ce qui la rassasie pour 6 à 8 mois.

Quel régime strict et quelle triste vie ! À peine deux jours de libations en tout et pour tout dans l'année et le reste du temps à jeûner !

Sangsue stricto

Il semble que les premières utilisations de sangsues en thérapeutique remontent à l'Antiquité égyptienne (des peintures murales d'environ 1600 à 1300 ans avant J.-C. représentent un médecin appliquant des sangsues sur le front d'un malade). Plus tard, différents médecins et hommes de science grecs (de Nicandre de Colophon à Galien) en font usage dans les indications les plus diverses : morsures venimeuses, maux de tête, hémorroïdes, phlébites et, de façon générale, pour « dépurer » le sang et « rééquilibrer les humeurs ». Cette dernière utilisation annonce d'ailleurs les saignées, largement pratiquées aux 17e et 18e siècles et lors desquelles la sangsue fut délaissée pour la lancette. Les sangsues connurent cependant encore un grand essor au 19ᵉ siècle grâce surtout au médecin et chirurgien français François Joseph Victor Broussais (1772-1838) qui en faisait un si grand usage, qu'il en hérita le surnom de « vampire de la médecine » qui lui fut donné par certains de ses adversaires ! Les effets indésirables induits par l'utilisation des sangsues (hémorragies persistantes et surtout infections liées à l'absence de stérilité) signèrent le déclin de cette pratique au début du 20ᵉ siècle, avant qu'elle ne trouve, en chirurgie, un regain d'intérêt à partir des années 1960. C'est en particulier en Allemagne, en France et aux États-Unis que les sangsues furent mises à contribution, par exemple après une transplantation de doigts ou de morceaux de peau, pour aider la bonne implantation du greffon en diminuant son risque de détachement par l'hyperpression due à l'accumulation de sang. S'il est en effet aisé de suturer une artère, le retour veineux, lui, est difficile à rétablir. Ainsi, en se chargeant du drainage veineux et en évitant les caillots, les sangsues permettent d'attendre que la circulation capillaire se rétablisse grâce à la formation de nouveaux vaisseaux, soit quatre à cinq jours après l'intervention.

Notons enfin qu'il exista en France de 1990 à 2013, une utilisation pharmaceutique de la sangsue sous la forme d'une spécialité avec AMM (Hirucrème®), contenant un extrait de sangsue médicinale (*H. medicinalis*) lyophilisé, revendiquant des propriétés anticoagulantes, anti-inflammatoires et anti-exsudatives. Ce médicament, utilisé sous forme de pommade, était indiqué dans le traitement des manifestations fonctionnelles de l'insuffisance veineuse chronique (jambes lourdes) et des manifestations veineuses inflammatoires aiguës (phlébites superficielles, incidents de perfusion, etc.) ainsi que dans le traitement symptomatique des manifestations douloureuses et prurigineuses de la crise hémorroïdaire.

L'hirudine et les hirudines recombinantes
C'est Fritz Markwardt (1924-2011), pharmacologue allemand, qui le premier isola en 1957 l'hirudine à partir de la sangsue et, de façon plus générale, contribua ensuite de façon majeure à l'étude de cette molécule. Ces travaux aboutirent à partir des années 1990 à son arrivée en thérapeutique (sous forme d'analogues). L'hirudine est un polypeptide monocaténaire de 65 acides aminés (masse moléculaire d'environ 7 000 daltons) comportant 3 ponts disulfure dont la structure fut complètement

déterminée dans les années 1980 [40]. Son action anticoagulante s'explique par une forte affinité pour la thrombine dont elle est un puissant inhibiteur direct et hautement spécifique. Ce mécanisme d'inhibition directe distingue l'hirudine de l'héparine dont l'action anticoagulante nécessite préalablement la fixation sur l'antithrombine.

Si les quantités d'hirudine d'extraction furent suffisantes pour assurer de façon poussée son étude sur les plans analytique, biochimique, pharmacologique, pharmacocinétique et toxicologique et lancer même de premiers essais cliniques (sur l'Homme donc), les résultats encourageants nécessitèrent alors de trouver un procédé d'obtention alternatif à l'extraction. Cette dernière n'était en effet pas envisageable à l'échelle d'une production industrielle (les sangsues sauvages, trop rares, étaient d'ailleurs placées sur la liste des espèces menacées et l'élevage de sangsues n'était pas au point). C'est le génie génétique qui apporta la solution à la fin des années 1980 avec la production d'hirudines recombinantes, de séquences chimiques très voisines de celle de l'hirudine naturelle, par fermentation de souches appropriées de colibacille (*Escherichia coli*) et de levure (*Saccharomyces cerevisiae*) génétiquement modifiées. [41]

Deux hirudines recombinantes, toutes deux préparées à l'aide d'une souche de *S. cerevisiae*, arrivèrent en thérapeutique en 1997 et furent commercialisées jusqu'en 2012 :

- la lépirudine (Refludan®), qui ne diffère d'une des hirudines naturelles (HV-2) que par les acides aminés 1 (leucine à la place de l'isoleucine) et 63 (la tyrosine n'est plus sulfatée sur l'OH phénolique). Elle fut indiquée, par voie IV, pour inhiber la

---

[40] Il existe en fait plusieurs variants (isoformes) d'hirudine naturelle, dont trois principaux : HV-1 et HV-2, à 65 AA et de structures très voisines, et un troisième, HV-3, à 66 AA et de structure plus éloignée.

[41] Rappelons que la décennie 1980 fut celle de l'arrivée sur le marché des premières molécules recombinantes : l'insuline de séquence humaine, commercialisée en 1984 aux côtés des insulines traditionnelles (porcine et bovine), fut le premier médicament recombinant au monde ; l'érythropoïétine, mise sur le marché en 1989, fut le premier médicament au monde n'existant que grâce au génie génétique, car impossible à produire industriellement autrement.

coagulation chez des patients adultes atteints d'une thrombopénie de type II induite par l'héparine (*Cf. note* [5] *page 270*) et de maladie thromboembolique nécessitant un traitement par voie parentérale ;

- la désirudine (Revasc®), qui ne diffère d'une des hirudines naturelles (HV-1) que par l'acide aminé 63 là encore désulfaté. Elle fut indiquée, par voie SC, dans la prévention des thromboses veineuses profondes après chirurgie orthopédique (prothèse de la hanche et du genou).

La bivalirudine

L'étude du mécanisme d'action des hirudines naturelles avait permis de démontrer quelles parties de la structure étaient au premier chef impliquées dans l'interaction avec la thrombine et son inhibition. C'est en se basant sur cette connaissance du mode de fixation sur la thrombine que des analogues simplifiés des hirudines (= hirulogues) furent préparés par synthèse peptidique, parmi lesquels celui qui devint la bivalirudine, un peptide monocaténaire de 20 acides aminés (***Cf. Pour aller plus loin « 12 »***).

La bivalirudine (salifiée sous forme de trifluoroacétate), sur le marché depuis 2004, est actuellement utilisée en tant qu'anticoagulant, par voie IV associée à de l'aspirine et du clopidogrel (un antiagrégant plaquettaire), chez les patients adultes subissant une intervention coronarienne percutanée (ICP),[42] notamment chez ceux atteints d'un infarctus du myocarde. Il semblerait cependant, avec le recul d'utilisation, que la bivalirudine n'apporte pas de progrès tangible dans ces indications par rapport à l'association de référence de l'aspirine et du clopidogrel avec une héparine non fractionnée.

Pour conclure

En arrivant au terme de ce long (trop long sans doute) chapitre sur les médicaments d'origine animale, j'espère n'en avoir pas oublié de très

---

[42] C'est à dire une angioplastie coronarienne avec ou sans pose d'une endoprothèse (= stent).

importants. Pour prévenir toute critique éventuelle sur l'absence impardonnable de deux d'entre eux, je me sens tenu d'expliquer pour quelles raisons j'ai volontairement laissé de côté ces fleurons de nos pharmacies, préparés l'un à partir *d'Helix pomatia* et l'autre d'*Anas barbariae*. Sans juger de l'efficacité ou pas de chacun de ces deux médicaments, la nature trop imprécise de leur principe actif m'a posé un gros problème comme je vais maintenant l'expliquer.

Helix pomatia est ce charmant gastéropode qui se promène avec sa maison sur le dos et que tout le monde connaît en français sous le nom d'escargot de Bourgogne. Son mucus (sa bave si vous préférez) contient, de l'hélicidine (une mucoglycoprotéine d'après le dictionnaire Vidal) qui est le principe actif d'un médicament portant le même nom (Hélicidine®), commercialisé en France depuis 1957 et indiqué, par voie orale en sirop, dans le traitement symptomatique des toux non productives gênantes. Une recherche bibliographique sur la banque de données *SciFinder Scholar* au mot clé hélicidine fait ressortir depuis 1950 seulement 15 références, dont 8 entre 1950 et 1954. Si les articles plus récents (1998-2001) rapportent effectivement une action pharmacologique bronchore-laxante impliquant la libération de prostaglandine E_2 et un effet antitussif sur les toux nocturnes supérieur à celui du placebo, aucune donnée supplémentaire n'est en revanche fournie sur la nature chimique du prin-cipe actif, présenté d'ailleurs non pas comme une mucoglycoprotéine mais comme un mélange de plusieurs mucoglycoprotéines. Je ne doute pas que la structure de ces mucoglycoprotéines soit particulièrement difficile à élucider (après 70 ans, toujours pas de réponse précise !) et j'en viens même à me demander s'il n'existe pas une relation, restant à démontrer, entre la vitesse de détermination de la structure d'une protéine animale et celle à laquelle se déplace l'espèce qui la sécrète ! Dans le cas qui nous intéresse, dommage qu'il s'agisse de mucoglycoprotéines de bave d'escargot et pas de bave de guépard car nous aurions alors été fixés depuis bien longtemps !

Anas barbariae est l'animal qui est la matière première d'un célèbre médicament homéopathique (Oscillococcinum®) utilisé dans le traitement des états grippaux. Son principe actif est en effet, selon le RCP (Résumé des caractéristiques du Produit) de la spécialité, un extrait fluide peptoné de foie et cœur d'*Anas barbariae* dynamisé à la 200ᵉ K. (c'est-à-dire à la 200ᵉ dilution korsakovienne). Pour le lecteur qui n'aurait pas compris la nature de ce principe actif (qui imprègne les globules à laisser fondre sous la langue ou dans un peu d'eau), voici comment il est préparé :

1) l'extrait filtré de foie et cœur est dilué au centième dans de l'eau distillée (soit 1g d'extrait dans 99 ml d'eau distillée) ;

2) le mélange est agité (un certain temps et une certaine durée), c'est ce que les homéopathes appellent la dynamisation, puis le contenu, correspondant à la dilution 1K, est jeté ;

3) en retournant le récipient pour le vider, au dessus d'un évier par exemple, le contenu n'a pas été éliminé en totalité, l'équivalent d'une ou quelques gouttes restant sur les parois ;

4) l'addition d'un nouveau volume de 99 ml d'eau distillée dans le récipient qui vient d'être vidé conduit après dynamisation à la dilution 2K qui subit le même traitement que la 1K.

Pour arriver à la 200e dilution korsakovienne, la 200K, ce cycle d'opérations est donc conduit 200 fois (je laisse le lecteur calculer la quantité pondérale d'extrait de foie et cœur présent dans la 200e dilution korsakovienne). Comme je l'ai déjà dit, je ne me prononcerai pas sur l'efficacité clinique du médicament (même si je me demande souvent, avec une angoisse indescriptible, si la 199^{e}K ou la 201^{e}K ne serait pas beaucoup plus active).

Je m'étonne par contre du nom latin de l'animal utilisé pour le préparer puisque l'espèce *Anas barbariae* n'existe tout simplement pas ! En effet, si *Anas* est bien un genre zoologique comptant une soixantaine d'espèces d'oiseaux (canards et sarcelles), aucune ne porte le nom *barbariae*. Partir du nom français supposé pour cette espèce, canard de Barbarie, n'est pas plus satisfaisant puisqu'on aboutit dans ce cas, non plus au genre *Anas*, mais au genre *Cairina* et plus précisément à l'espèce *Cairina moschata*. Même s'il est bien connu que le nom latin des matières premières et des souches homéopathiques prend souvent des libertés avec la nomenclature scientifique officielle (par exemple *China rubra* au lieu de *Cinchona succirubra* pour désigner le quinquina rouge), ce canard, plutôt « boîteux » par son nom latin, devient à mes yeux, si j'ose cette image hardie, la goutte d'eau qui fait déborder le vase... de Semion Korsakov, 1788-1853, homéopathe russe !

LES MÉDICAMENTS D'ORIGINE ANIMALE
Pour aller plus loin

Pour aller plus loin « 1 »

Le glucagon est une hormone sécrétée par les cellules alpha des îlots de Langerhans [1] du pancréas en réponse à des niveaux bas de glucose sanguin. Son action hyperglycémiante résulte d'une stimulation de la gluconéogenèse et de la glycogénolyse hépatique. Il possède par ailleurs une action inhibitrice de la tonicité et de la motilité des muscles lisses du tractus gastro-intestinal. Il est indiqué par voie parentérale (IM, SC et éventuellement IV) et, depuis 2019, par voie nasale (sous forme d'une poudre) dans les hypoglycémies sévères pouvant survenir chez les diabétiques traités par l'insuline. Le glucagon est également utilisé en tant qu'inhibiteur de la motilité lors des explorations du tractus gastro-intestinal.

Pour aller plus loin « 2 »

La trypsine et l'alpha-chymotrypsine sont des protéases (= enzymes protéolytiques) d'origine pancréatique, la première de structure monocaténaire (= une seule chaîne de 223 acides aminés) et la seconde tricaténaire (= trois chaînes d'acides aminés reliées par deux ponts disulfure et représentant au total 243 acides aminés). Ces deux enzymes sont biosynthétisées par le pancréas sous forme de précurseurs inactifs, le trypsinogène et le chymotrypsinogène. Leur activité enzymatique majeure, de type endopeptidasique, est maximale à un pH légèrement alcalin (environ pH 8). Les effets indésirables de ces deux enzymes (manifestations de sensibilisation allergique) ont aussi pesé dans la

---

[1] Rappelons que l'insuline est, elle, sécrétée par les cellules bêta des îlots de Langerhans.

réévaluation des spécialités les contenant à l'état pur, entraînant des déremboursements, puis les retraits de spécialités.

La pepsine est un mélange enzymatique complexe obtenu à partir de muqueuse gastrique d'animaux de boucherie (porcins, bovins, ovins). C'est également une endopeptidase, mais dont l'activité optimale se situe cette fois-ci à pH acide (environ pH 2).

La poudre de pancréas est une préparation enzymatique complexe constituée de pancréas préalablement délipidés et dans lesquels les hormones (insuline, glucagon) ont été détruites par les enzymes. Préparée avant la crise de la vache folle à partir de pancréas bovins, porcins et ovins, son origine est depuis exclusivement porcine [2]. La suppression en 2002 par l'Afsapps [3] de toutes les spécialités hormis celles traitant les insuffisances pancréatiques exocrines majeures ne visait donc plus à prévenir le risque de maladie de Creutzfeldt-Jakob, mais à minimiser tout autre risque infectieux, toujours théoriquement possible, même avec des pancréas de porc.

Pour aller plus loin « 3 »

L'héparine est une substance naturelle à propriété anticoagulante, physiologiquement produite par les mastocytes des mammifères, constituée d'un mélange complexe de glycosaminoglycanes [4]

---

[2] Cette poudre de pancréas de porc porte aussi les noms de pancréatine et de pancrélipase.

[3] L'Afssaps (Agence française de sécurité sanitaire des produits de santé) est devenue en 2012 l'ANSM (Agence nationale de sécurité du médicament et des produits de santé).

[4] Les glycosaminoglycanes (acronyme GAG) sont des polysaccharides (= polyosides) constitués de chaînes linéaires alternant régulièrement une hexosamine (glucosamine ou galactosamine) et un acide hexuronique (acide glucuronique, acide iduronique). Selon leur fonction biologique, on distingue les glycosaminoglycanes de structure présents dans le tissu conjonctif (acide hyaluronique, chondroïtine sulfate, kératane sulfate, dermatane sulfate) et les glycosaminoglycanes de sécrétion dont le principal est l'héparine.

hétérogènes, linéaires, sulfatés, acides, de masses moléculaires variées et élevées (en moyenne environ 15 000 Da). Les chaînes d'héparine sont formées de trois oses diversement fonctionnalisés (acide L-iduronique, acide D-glucuronique et D-glucosamine) et présentent de façon rare et aléatoire un motif pentasaccharidique particulier constituant le pharmacophore, c'est-à-dire le site de reconnaissance de l'antithrombine, une protéine plasmatique anticoagulante dont elles sont un activateur puissant. Cette activation de l'antithrombine entraîne l'inhibition par celle-ci de deux facteurs de coagulation, la thrombine = facteur IIa et, juste en amont dans la cascade de la coagulation le facteur Xa. L'héparine est donc un inhibiteur indirect de la coagulation n'agissant qu'après fixation sur l'antithrombine.

Comme il a été dit dans la première partie du chapitre, le principe actif médicamenteux dénommé héparine doit s'écrire en fait héparines au pluriel, ces dernières désignant une classe de substances antithrombotiques majeures divisée en deux grandes familles : les « héparines non fractionnées » (HNF) constituées d'héparines animales purifiées et les « héparines de bas poids moléculaire » (HBPM) de masse moyenne de l'ordre de 5 000 Da, produites par dépolymérisation ménagée, chimique ou enzymatique, des HNF. Les mécanismes respectifs d'inhibition des facteurs IIa et Xa par l'antithrombine étant distincts et fonction de la longueur des chaînes saccharidiques de l'héparine, les HNF inhibent les facteurs IIa et Xa de façon sensiblement équivalente alors que les HBPM inhibent préférentiellement le facteur Xa (dans un rapport de 2 à 4 par rapport au facteur IIa).

Administrées exclusivement par voie parentérale, les HNF et HBPM sont très largement utilisées dans la prévention et le traitement des maladies thromboemboliques :

- les HNF sont utilisées par voie SC (héparine calcique, Calciparine®) et IV (héparine sodique, Héparine Choay®, Héparine Roche®) principalement dans le traitement curatif en phase aiguë des thromboses veineuses profondes constituées, des embolies pulmonaires, de l'infarctus du myocarde, de l'angor instable et des embolies artérielles extra-cérébrales ; dans le traitement préventif des accidents thromboemboliques veineux (héparine calcique) et artériels (héparine sodique) ;

- les HBPM sont utilisées par voie SC, principalement dans le traitement préventif de la maladie thromboembolique veineuse et dans le traitement curatif des thromboses veineuses profondes constituées, des embolies pulmonaires, de l'angor instable et de l'infarctus du myocarde à la phase aiguë (les indications diffèrent en fonction des HBPM et des posologies utilisées). Les HBPM actuellement utilisées sont la daltéparine (DCI daltéparine sodique, Fragmine®), l'énoxaparine (DCI énoxaparine sodique, Lovenox®), la nadroparine (DCI nadroparine calcique, Fraxiparine®) et la tinzaparine (DCI tinzaparine sodique, Innohep®).

À partir des années 1980, les HBPM ont largement supplanté les HNF (propriétés pharmacocinétiques améliorées : meilleure biodisponibilité, vitesse d'élimination plus lente permettant une seule administration par jour ; faible variation interindividuelle allégeant la surveillance biologique des traitements).

Les HNF conservent cependant des indications, notamment chez les insuffisants rénaux, car elles sont faiblement éliminées par voie rénale contrairement aux HBPM pour lesquelles une adaptation posologique est alors nécessaire en cas d'insuffisance rénale. Enfin, le risque hémorragique demeure avec les deux familles d'héparines ainsi que celui de thrombopénie (chute des plaquettes sanguines), quoique réduit avec les HBPM par rapport aux HNF [5].

Notons enfin que le pentasaccharide, le pharmacophore des héparines se liant à l'antithrombine, a été synthétisé chimiquement et est devenu depuis 2002 un médicament utilisé, par voie SC, dans des indications voisines de celles des HBPM (DCI, fondaparinux, Arixtra®). Ce médicament qui présentait l'avantage de ne plus dépendre d'une source animale pour son obtention, était supposé également, par son mode d'action (inhibition du seul facteur Xa), diminuer le risque

---

[5] Les précautions d'emploi de l'héparinothérapie sont surtout en rapport avec le risque hémorragique et celui d'une éventuelle thrombocytopénie induite par l'héparine (TIH) : la plus fréquente, de type I, permet la poursuite du traitement ; la moins fréquente, de type II, d'origine immunoallergique, est plus grave et nécessite la suspension et le remplacement du traitement.

hémorragique. Avec le recul d'utilisation, le fondaparinux, de prix supérieur à celui des HBPM, ne semble cependant pas se démarquer de façon nette de ces dernières en termes d'efficacité et de risques hémorragiques.

Pour aller plus loin « 4 »

L'acide hyaluronique est constitué d'une longue chaîne résultant de la polymérisation d'un disaccharide (= dioside) dénommé acide hyalobiuronique. Ce dernier, qui est donc l'unité de base de l'acide hyaluronique, est formé par l'union en β-1-3 d'une molécule d'acide β-D-glucuronique avec une molécule de *N*-acétyl-β-D-glucosamine. Les unités d'acide hyalobiuronique sont reliées par des liaisons β-1-4.

acide β-D-glucuronique   *N*-acétyl-β-D-glucosamine

Le degré de polymérisation, qui conditionne la masse moléculaire (pouvant atteindre plusieurs millions de daltons) est le fruit de deux types de réactions enzymatiques :

- la polymérisation par des enzymes appelées hyaluronane synthases qui sont des glycosyltransférases ;

- la dépolymérisation par une enzyme appelée la hyaluronidase qui est une hydrolase libérant des unités d'acide hyalobiuronique.

Lorsque la hyaluronidase agit sur l'acide hyaluronique de la matrice extracellulaire, elle le dépolymérise partiellement et en diminue la

271

viscosité, favorisant la mobilité et la diffusion dans cette matrice. Pour cette raison, la hyaluronidase a été utilisée (voie IM et SC) pour favoriser la diffusion d'autres principes actifs (anesthésiques locaux, anti-inflammatoires) administrés conjointement. Elle était alors obtenue industriellement par extraction de testicules d'animaux de boucherie ou par fermentation bactérienne (certaines souches de pneumocoques). Cette indication d'aide à la diffusion de principes actifs est désormais mise à profit avec une hyaluronidase recombinante de séquence humaine (la vorhyaluronidase alfa) utilisée par voie SC conjointement, d'une part avec des anticorps monoclonaux anticancéreux, le daratumumab, le rituximab et le trastuzumab, et d'autre part avec des immunoglobulines humaines.

Pour aller plus loin « 5 »

Outre des considérations pratiques et économiques en lien direct avec la notion de productivité, le recours à la fermentation bactérienne plutôt qu'à l'extraction animale améliore sur deux points principaux la qualité de l'acide hyaluronique ainsi produit :

- masse moléculaire plus homogène. En effet, l'acide hyaluronique d'extraction animale présente une plus grande polydispersion (c'est le terme) de masse moléculaire liée à son hydrolyse partielle en cours de fabrication (au début du processus, hydrolyse enzymatique par la hyaluronidase naturellement présente dans la source animale et non encore inactivée ; par la suite, hydrolyse chimique liée aux conditions d'extraction et de purification) ;

- élimination du risque de contamination (protéines, acides nucléiques, virus) toujours possible avec un tissu animal.

En revanche, les bactéries actuellement utilisées pour la fermentation, car possédant naturellement l'équipement enzymatique nécessaire à la biosynthèse de l'acide hyaluronique, sont des espèces pathogènes du genre *Streptococcus*. Leur utilisation nécessite donc une purification extrêmement poussée et coûteuse pour s'assurer de l'absence de contamination du produit fini par une toxine bactérienne. Pour cette raison, de nombreuses études visent à fabriquer des organismes recombinants (ayant ainsi acquis la capacité de biosynthèse de l'acide hyaluronique) à partir de bactéries non pathogènes, de levures ou de cellules végétales. Cette voie de recherche a déjà montré des résultats intéressants, mais seulement à l'échelle du laboratoire. Enfin une autre approche, par synthèse chimio-enzymatique, est à l'étude et a déjà donné lieu à une application industrielle.

Pour aller plus loin « 6 »

Il existait en France une spécialité pharmaceutique, dénommée Magnésie bismurée®, contenant notamment de l'hydroxyde de magnésium et du bismuth (sous forme salifiée), qui était indiquée contre les aigreurs d'estomac (*« avec Magnésie bismurée digestion assurée »*). Cette spécialité était très ancienne, je ne connais pas son âge, mais en tout cas déjà suffisamment connue en 1934 pour faire partie de la recette de la confiture de nouilles dans une sketch de l'humoriste Pierre Dac ! (http://www.youtube.com/watch?feature=player_detailpage&v=1smCL5i QFQk).

Suite à la description d'un certain nombre d'encéphalopathies au bismuth dans les années 1970, les sels de bismuth, très utilisés à l'époque dans le traitement de l'ulcère de l'estomac, furent retirés à la fin des années 1970 de la composition des spécialités qui en contenaient, dont la Magnésie bismurée® qui devint très logiquement (grammaticalement parlant !) la Magnésie abismurée®.[6] Le laboratoire Whitehall, qui commercialisait ce médicament, avait en effet trouvé normal, pour ne pas dire plus honnête, d'aligner le nom de spécialité sur la nouvelle composition (une attitude nettement plus respectueuse du consommateur que celle du laboratoire de la Lysopaïne® ; autres temps, autres mœurs !). Malheureusement pour le laboratoire Whitehall, une enquête réalisée auprès du public lui apprit que le A privatif de Abismurée n'avait pas été compris et que les personnes interrogées pensaient qu'il y avait toujours du bismuth dans la spécialité ! Pour cette raison, le laboratoire changea à

---

[6] Signalons cependant la réapparition en 2012 du bismuth dans une spécialité antiulcéreuse gastrique (Pylera®), associé à deux anti-infectieux, la tétracycline et le métronidazole.

nouveau le nom de la spécialité qui devint en 1994 MAB®, devenue depuis MAB Ballonnements®.

Il se trouve que ce nom commercial en trois lettres est très exactement celui de l'acronyme anglais qui désigne les anticorps monoclonaux (*Monoclonal AntiBody*), une classe de principes actifs très moderne et en pleine expansion. L'histoire ne dit pas si cette homonymie parfaite est un frein ou au contraire un stimulant pour les ventes de cet antiacide !

Pour aller plus loin « 7 »

La chitine est un polysaccharide linéaire homogène (car constitué de la répétition d'un seul et même sucre) composé d'unités de *N*-acétylglucosamine reliées par des liaisons $\beta 1 \rightarrow 4$. Par hydrolyse en milieu acide fort, la glucosamine est obtenue, résultat d'une double hydrolyse de la liaison osidique (entre chaque unité de sucre) et de la liaison amide.

Par hydrolyse de la chitine en milieu alcalin fort ou par voie enzymatique, seule la fonction *N*-acétyle est alors hydrolysée, conduisant à un composé appelé chitosane. Il n'y a en fait pas une structure unique de chitosane mais une multitude de structures. En effet, selon les conditions expérimentales de l'hydrolyse, le chitosane obtenu peut être dénué de toute fonction *N*-acétyle résiduelle ou en conserver encore un certain nombre. Dans ce cas, elles sont localisées sur la molécule de chitosane de façon aléatoire et leur nombre s'exprime par le degré de désacétylation (%DD, généralement compris entre 60 et 100% dans les chitosanes commerciaux).

Le chitosane a de nombreuses utilisations industrielles, variables selon le degré résiduel d'acétylation (pharmaceutique, diététique, cosmétique, environnementale, papetière, textile…). Il est également employé comme complément alimentaire pour aider à la perte de poids (limitation de l'absorption intestinale des graisses).

Pour aller plus loin « 8 »

La trabectédine (ou ectéinascidine 743, nom de code ET-743) est un alcaloïde naturel d'*Ecteinascidia turbinata*, de structure complexe comportant notamment trois tétrahydroisoquinoléines imbriquées.

La lurbinectédine, molécule non naturelle, se distingue de la trabectédine (*Cf. schéma*) par le remplacement d'une des trois isoquinoléines (en vert) par un motif tétrahydro-β-carboline (en rouge). [7]

La trabectédine et la lurbinectédine sont produites industriellement par hémisynthèse à partir de la même matière première, la cyanosafracine B. Leur mécanisme d'action antitumorale s'explique par une fixation covalente dans le petit sillon de l'ADN, interférence avec la machinerie de réparation de l'ADN par excision de nucléotides couplée à la transcription, puis induction de ce fait de coupures double brin de l'ADN et blocage du cycle cellulaire en phase G2. Leur toxicité est élevée.

Pour aller plus loin « 9 »

plitidepsine

Il est à noter que la plitidepsine (= déhydrodidemnine B) diffère seulement de la didemnine B (abandonnée car trop toxique) par la présence (extrémité sud-est de la molécule) d'un groupe pyruvyl (CO-CO-CH$_3$) au lieu d'un lactyle (CO-CHOH-CH$_3$).

---

[7] La lurbinectédine n'est pas présente dans le tunicier, mais est un très proche analogue d'ET-736, un autre alcaloïde naturel du même tunicier, dans lequel le groupe OMe de la partie tétrahydro-β-carboline (en rouge) est absent.

Pour aller plus loin « 10 »

Les trois immunoconjugués à base de MMAE sont le brentuximab védotine, le polatuzumab védotine et l'enfortumab védotine. Dans ces trois DCI, védotine désigne une entité chimique constituée de la MMAE et d'un ensemble structural (comprenant notamment un motif dipeptidique valine-citrulline) permettant la liaison de la MMAE à un anticorps monoclonal au niveau du cycle maléimide (cycle pentagonal azoté à l'extrémité de l'espaceur). Après entrée dans la cellule, le véritable principe actif, la MMAE, est libéré.

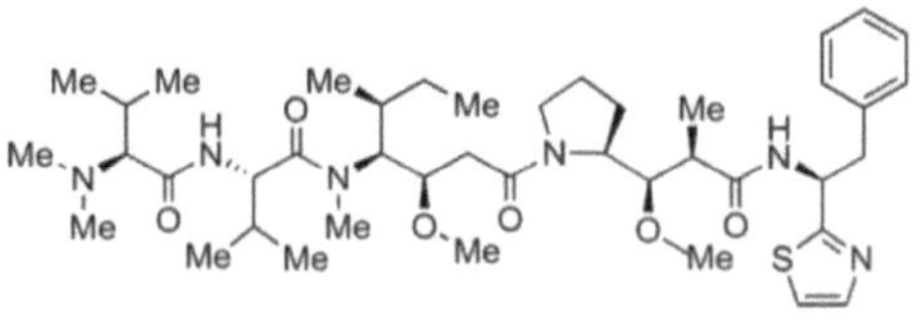

dolastatine 10

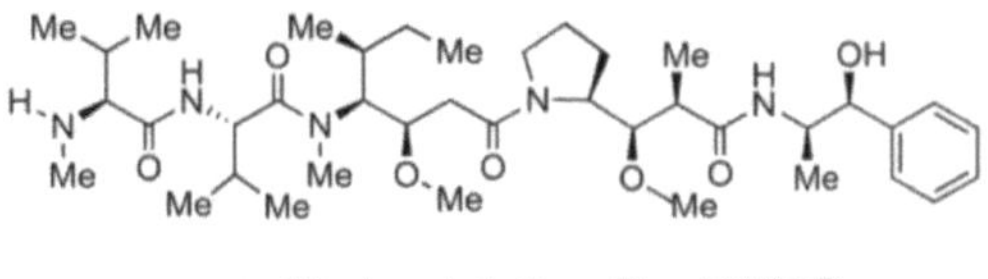

monométhylauristatine E = MMAE

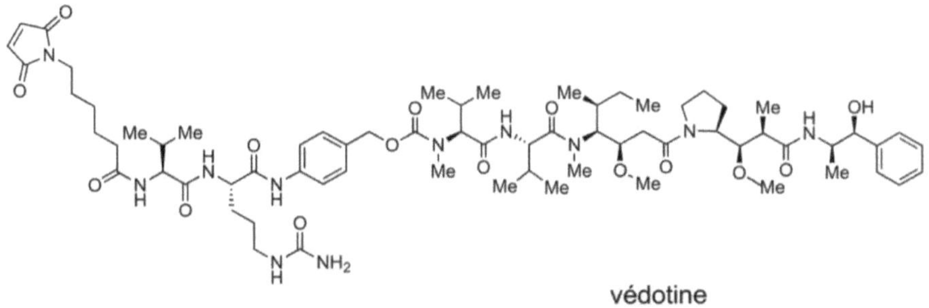

védotine

Le **brentuximab védotine** (Adcetris®) cible par son anticorps monoclonal les lymphocytes tumoraux exprimant l'antigène CD30. Autorisé en Europe depuis 2012, il n'est donc réservé qu'au traitement des seuls lymphomes CD30 positifs, mais avec des indications qui se sont progressivement étendues depuis l'obtention de l'AMM :

- lymphome hodgkinien CD30 positif récidivant ou réfractaire, et en cas de risque accru de récidive ou de progression après une greffe autologue de cellules souches ; lymphome hodgkinien CD30 positif de stade IV non traité précédemment, en association avec le cyclophosphamide, la doxorubicine et la dacarbazine ;

- lymphome anaplasique systémique à grandes cellules récidivant ou réfractaire ; lymphome anaplasique systémique à grandes cellules non traité précédemment, en association avec le cyclophosphamide, la doxorubicine et la prednisone ;

- lymphome cutané à cellules T CD30 positif, après au moins un traitement systémique préalable.

Le **polatuzumab védotine** (Polivy®) cible par son anticorps monoclonal une protéine (CD79b) modérément ou fortement exprimée à la surface des lymphocytes B. En janvier 2020, il a obtenu une AMM dans le traitement du lymphome diffus à grandes cellules B, réfractaire ou en rechute, chez des patients adultes non éligibles à une greffe de cellules souches hématopoïétiques, en association avec la bendamustine et le rituximab.

L'**enfortumab védotine** (Padcev®), non encore commercialisé en France, a été approuvé en décembre 2019 par la FDA aux États-Unis pour le traitement de patients souffrant d'un cancer urothélial (cancer le plus fréquent des voies urinaires) localement avancé ou métastatique ; dans cet immunoconjugué, l'anticorps monoclonal cible la nectine-4, une protéine exprimée sur de nombreuses tumeurs solides, tout particulièrement les cancers de la vessie.

Les immunoconjugués à base de MMAF possèdent tous une entité chimique dénommée mafodotine, constituée de MMAF liée à un bras espaceur (de structure maléimidocaproïque, plus réduit que dans la védotine), et qui assure la fixation sur l'anticorps monoclonal. Selon un protocole assez proche de celui décrit avec la MMAE, c'est cette fois la MMAF, le véritable principe actif, qui est libérée dans la cellule. Plusieurs immunoconjugués comportant la mafodotine sont en cours d'évaluation clinique plus ou moins avancée, un seul d'entre eux, le bélantamab mafodotine (DCI), ayant été jusqu'alors approuvé (en août 2020, aux États-Unis et en Europe).

Le **bélantamab mafodotine** (Blenrep®) qui cible par son anticorps monoclonal l'antigène de maturation des cellules (lymphocytes) B (BCMA pour *B-Cell Maturation Antigen*), est indiqué dans le traitement, en monothérapie, du myélome multiple chez des patients adultes ayant reçu au moins quatre traitements antérieurs et dont la maladie est réfractaire à au moins un inhibiteur de protéasome, un agent immunomodulateur et un anticorps monoclonal anti-CD38, la maladie étant en progression lors du dernier traitement.

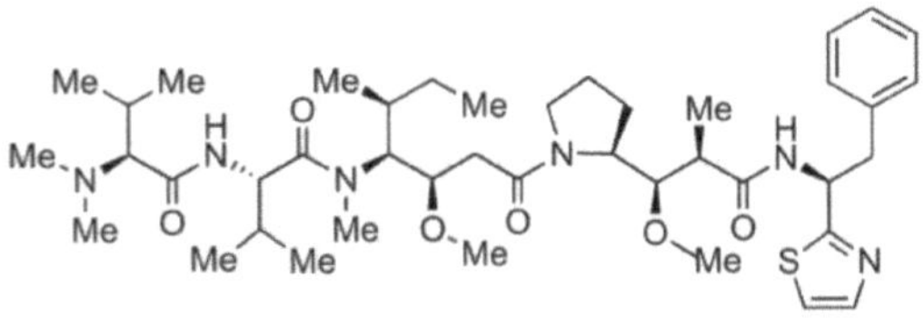

dolastatine 10

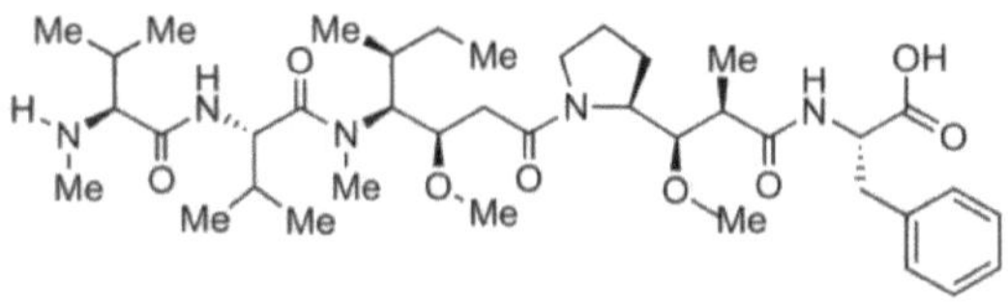

monométhylauristatine F = MMAF

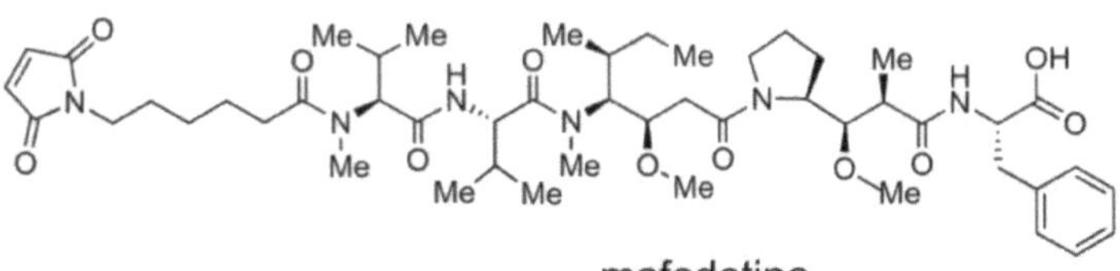

mafodotine

Pour aller plus loin « 11 »

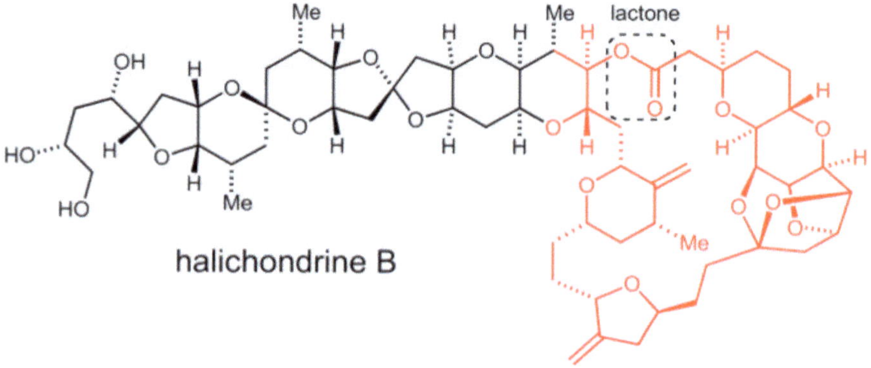

halichondrine B

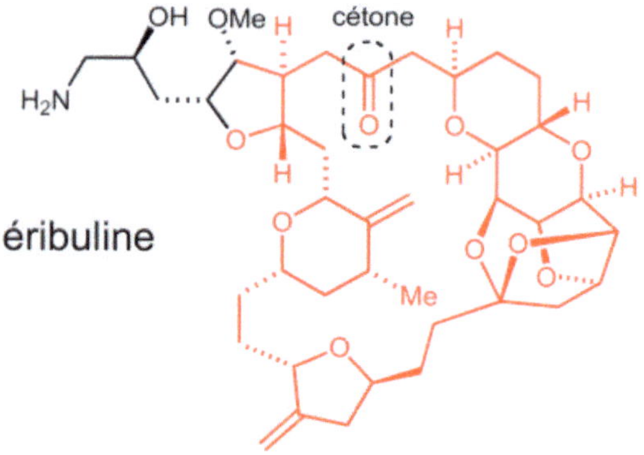

éribuline

Cette comparaison des deux molécules montre clairement que la partie macrolide (en rouge) de l'halichondrine B se retrouve quasiment intacte dans la structure de l'éribuline, à l'exception d'un seul atome d'oxygène remplacé par un groupe méthylène, substituant ainsi une fonction cétone plus stable à la fonction lactone.

Pour aller plus loin « 12 »

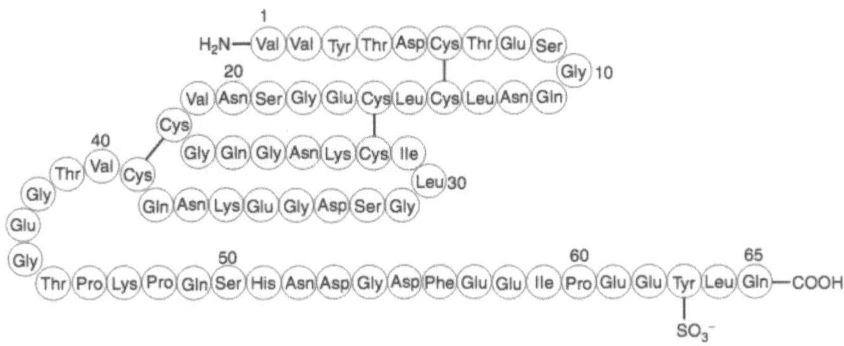

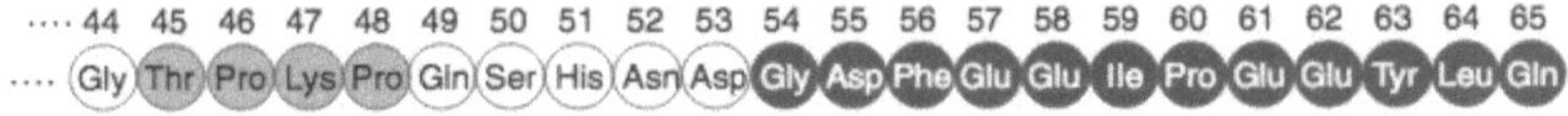

D'après Günther A. et Ruppert C. in *Encyclopedia of respiratory medicine*, 2006, 115-128. Anticoagulants.

La figure ci-dessus représente, de haut en bas, une hirudine naturelle (la présence de la valine en positions 1 et 2 montre qu'il s'agit du variant HV-1), sa séquence entre les positions 44 et 65 (extrémité *C*-terminale), et enfin la structure primaire de la bivalirudine à 20 acides aminés.[8] Les séquences d'acides aminés en gris foncé et en gris clair sont fortement impliquées dans la fixation sur la thrombine : la séquence en gris foncé (très anionique en raison de la présence de nombreux acides aminés acides) se fixe sur un exosite de la thrombine et celle en gris clair (avec un acide aminé basique, lysine ou arginine, entre deux prolines) se fixe près du site catalytique.

---

[8] L'hydroxyle phénolique de la tyrosine en 63 dans l'hirudine naturelle est sulfaté, et celui de la tyrosine en 19 dans la bivalirudine est libre.

BIBLIOGRAPHIE

Généralités
Marchand A. Thèse de Doctorat du Conservatoire National des Arts et Métiers, 4 décembre **2014**.
Opothérapie : émergence et développement d'une technique thérapeutique (France, 1889-1940).

Enzymes et hormones pancréatiques
Thomsen J., Kristiansen K. et Brunfeldt K *FEBS Letters* **1972**, *21*, 315-319.
The amino acid sequence of human glucagon.

Afssaps (Agence nationale de sécurité du médicament et des produits de santé), 11 juillet **2002**.
Spécialités pharmaceutiques contenant de la poudre de pancréas d'origine porcine.

Afssaps (Agence nationale de sécurité du médicament et des produits de santé), juillet **2002**.
Questions/Réponses : Informations sur la sécurité virale des médicaments contenant des extraits de poudres de pancréas d'origine animale.

Les héparines
Marcum J.A. *J. Hist. Med. Allied Sci.* **2000**, *55,* 17-66.*
The origin of the dispute over the discovery of heparin.

Ricci S. et Agus G. *Acta phlebologica* **2006**, *7,* 91-97.*
One hundred years since the discovery of heparin, not so long ago. The story of a loser.

Wardrop D. et Keeling D. *Br. J. Haematol.* **2008**, *141,* 757-763.*
The story of the discovery of heparin and warfarin.

Beauverd Y., Boehlen F., Fontana P. et Louis-Simonet M. *Rev. Med. Suisse* **2011**, *7,* 2014-2017.
Surveillance biologique des héparines et du fondaparinux.

UFC-Que Choisir, novembre **2011**.
Agir au niveau international pour garantir la sécurité sanitaire de l'héparine.

ANSM (Agence nationale de sécurité du médicament et des produits de santé), 15 juillet **2014**.
État des lieux sur les héparines.

Oduah E.I., Robert J. Linhardt R.J. et Sharfstein S.T. *Pharmaceuticals* **2016**, *9*, 38-49.
Heparin : Past, present, and future.

Tremblay J.F. *Chem. Eng. News* **2016**, *94* (40), 30-34.
Making heparin safe.

Subramanian S. *Indian J. Vasc. Endovasc. Surg.* **2017**, *4*, 198-200.*
The story of heparin.

Anderson R.J. *The Pharmacologist* **2019**, *61*, 147-157.*
The discovery and development of heparin.

Ong C.S., Marcum J.A., Zehr K.J. et Cameron D.E. *Ann.Thorac. Surg.* **2019**, *108*, 955-958.*
A century of heparin.

Baytas S.N. et Linhardt R.J. *Drug Discov. Today* **2020**, *25*, 2095-2109.
Advances in the preparation and synthesis of heparin and related products.

L'acide hyaluronique
Shiedlin A., Bigelow R., Christopher W., Arbabi S., Yang L., Maier R.V., Wainwright N., Childs A. et Miller R.J. *Biomacromolecules* **2004**, *5*, 2122-2127.
Evaluation of hyaluronan from different sources : *Streptococcus zooepidemicus*, rooster comb, bovine vitreous, and human umbilical cord.

Necas J., Bartosikova L., Brauner P. et Kolar J. *Veterinarni Medicina* **2008**, *8*, 397-411.
Hyaluronic acid (hyaluronan) : a review.

Afssaps (Agence nationale de sécurité du médicament et des produits de santé), février **2012**.
Campagne d'inspections 2009-2011. Produits injectables de comblement des rides.

Boeriu C.G., Springer J., Kooy F.K., van den Broek L.A.M. et Eggink G. *Int. J. Carbohydr. Chem.* **2013**, article ID 624967 (15 p.).
Production methods for hyaluronan.

de Oliveira J.D., Carvalho L.S., Gomes A.M.V., Queiroz L.R., Magalhaes B.S.et Parachin N.S. *Microb. Cell Fact.*, **2016**, *15*, 119 (19 p.)
Genetic basis for hyper production of hyaluronic acid in natural and engineered microorganisms.

Fallacar A., Baldini E., Manfredini S. et Vertuani S. *Polymers* **2018**, *10*, 701 (35 p.)
Hyaluronic acid in the third millennium.

Le lysozyme
Ercan D. et Demirci A. *Crit. Rev. Biotechnol.* **2016**, *36*, 1078-1088.
Recent advances for the production and recovery methods of lysozyme.

La glucosamine
Benavente M., Arias S., Moreno L. et Martinez J. *J. Pharm. Pharmacol.* **2015**, *3*, 20-26.
Production of glucosamine hydrochloride from crustacean shell.

Anses (Agence nationale de sécurité sanitaire de l'alimentation, de l'environnement et du travail), 29 mars **2019**.
Certains compléments alimentaires à visée articulaire déconseillés aux populations à risque.

La calcitonine
Copp D.H. *Bone and Mineral* **1992**, *16*, 157-159.
The discovery of calcitonin.

Copp D.H. *Clin. Invest. Med.* **1994**, *17*, 268-277.
Calcitonin : discovery, development, and clinical application.

European Medicines Agency, 13 février **2013**.
Questions et réponses relatives à l'examen des médicaments contenant de la calcitonine.

La trabectédine, la lurbinectédine et la plitidepsine
Ikeda Y., Idemoto H., Hirayama F., Yamamoto K., Iwao K., Asao T. et Munakata T. *J. Antibiot.* **1983**, *36*, 1279-1283.

Safracins, new antitumor antibiotics. I. producing organism, fermentation and isolation.

Rinehart K.L., Holt T.G., Fregeau N.L., Stroh J.G., Keifer P.A., Sun F., Li L.H. et Martin D.G. *J. Org. Chem.* **1990**, *55*, 4512-4515.
Ecteinascidins 729, 743, 745, 759A, 759B, and 770 : Potent antitumor agents from the Caribbean tunicate *Ecteinascidia turbinata*.

Cuevas C ., Pérez M., Martın M.J., Chicharro J.L., Fernandez-Rivas C., Flores M., Francesch A., Gallego P., Zarzuelo M., de la Calle F., Garcıa J., Polanco C., Rodriguez I. et Manzanares I. *Org. Lett.* **2000**, *2*, 2545-2548.
Synthesis of ecteinascidin ET-743 and phthalascidin Pt-650 from cyanosafracin B.

WO patent 03/014127 Pharma Mar S.A., 20 février **2003**.
Antitumoral analogs.

Newman D.J et Cragg G.M. *J. Nat. Prod.* **2004**, *67*, 1216-1238.
Marine natural products and related compounds in clinical and advanced preclinical trials.

Le V.H., Inal M., Williams R.M. et Tan K. *Nat Prod Rep.* **2015**, *32*, 328–347.
Ecteinascidins. A review of the chemistry, biology and clinical utility of potent tetrahydroisoquinoline antitumor antibiotics.

Alonso-Alvarez S., Pardal E., Sanchez-Nieto D., Navarro M., Caballero M.D., Mateos M.V. et Martin A. *Drug Des. Devel. Ther.* **2017**, *11*, 253-264.
Plitidepsin : design, development, and potential place in therapy.

L'halichondrine B et l'éribuline
Uemura D., Takahashi K., Yamamoto T., Katayama C., Tanaka J., Okumura Y. et Hirata Y. *J. Am. Chem. Soc.* **1985**, *107*, 4796-4798.
Norhalichondrin A : an antitumor polyether macrolide from a marine sponge.

Hirata Y. et Uemura D. *Pure & Appl. Chem.* **1986**, *58*, 701-710.
Halichondrins : antitumor polyether macrolides from a marine sponge.

Aicher T.D., Buszek K.R., Fang F.G., Forsyth C.J., Jung S.H., Kishi, Y., Matelich M.C., Scola P.M., Denice M. Spero D.M. et Yoon S.K. *J. Am. Chem. Soc.* **1992**, *114*, 3162-3164.
Total synthesis of halichondrin B and norhalichondrin B.

Hamel E. *Pharmac. Ther.* **1992**, *55*, 31-51.
Natural products which interact with tubulin in the vinca domain : maytansine, rhizoxin, phomopsin A, dolastatins 10 and 15 and halichondrin B.

Seletsky B.M., Wang Y., Hawkins L.D., Palme M.H., Habgood G.J., DiPietro L.V., Towle M.J., Salvato K.A., Wels B.F., Aalfs K.K., Kishi Y., Littlefield B.A. et Yu M.J. *Bioorg. Med. Chem. Lett.* **2004**, *14*, 5547–5550.
Structurally simplified macrolactone analogues of halichondrin B.

Zheng W., Seletsky B.M., Palme M.H., Lydon P.J., Singer L.A., Chase C.E., Lemelin C.A., Shen Y., Davies H., Tremblay L., Towle M.J., Salvato K.A., Wels B.F., Aalfs K.K., Kishi Y., Littlefield B.A. et Yu M.J. *Bioorg. Med. Chem. Lett.* **2004**, *14*, 5551–5554.
Macrocyclic ketone analogues of halichondrin B.

Yu M.J., Zheng W. et Seletsky B.M. *Nat. Prod. Rep.* **2013**, *30*, 1158–1164.
From micrograms to grams : scale-up synthesis of eribulin mesylate.

Newman D.J., Cragg G.M. et Kingston D.G.I. in *The Practice of Medicinal Chemistry* (Fourth Edition) Editors : Wermuth C., Aldous D., Raboisson P. et Rognan D. Academic Press **2015**, chapter 5, 101-139.
Natural products as pharmaceuticals and sources for lead structures.

Les hirudines
Markwardt F. *Haemostasis* **1991**, *21 (supplément 1)*, 11-26.
Past, present and future of hirudin.

Scatena R. *Exp. Opin. Invest. Drugs* **2000**, *9*, 1119-1127.
Bivalirudin : a new generation antithrombotic drug.

Salzet M. *Curr. Pharm. Des.* **2002**, *8*, 493-503.
Leech thrombin inhibitors.

Günther A. et Ruppert C. in *Encyclopedia of respiratory medicine* **2006**, 115-128.
Anticoagulants.

Danjou C.. Thèse de Doctorat en pharmacie, 30 mai **2017**, Université de Lille 2.
Utilisation des parasites en thérapeutique.

L'hélicidine
Pons F., Koenig M., Michelot R., Mayer M. et Frossard N. *Pharm. Biol.* **1998**, *36*, 13-19.
The bronchorelaxant effect of helicidine, a *Helix pomatia* extract, involves prostaglandin E_2 release.

Sergysels R. et Art G. *Current Therapeutic Research* **2001**, *62*, 35-47.
A double-masked, placebo-controlled polysomnographic study of the antitussive effects of helicidine.

BIBLIOGRAPHIE

RÉFÉRENCES GÉNÉRALES :

Livres :
- Bruneton J. *Pharmacognosie, Phytochimie, Plantes médicinales* 2016, 5e édition, Éditions Lavoisier TEC & DOC.

- Boutefnouchet S., Girard C., Hennebelle T., Poupon E. et Seguin E. *Pharmacognosie – Obtention et propriétés des substances actives médicamenteuses d'origine naturelle* 2020, Éditions Elsevier Masson.

- Lewin G. *Drôles d'histoires de médicaments d'origine naturelle* 2019, Éditions BoD (Books on Demand).

Sites internet :
- Le dictionnaire de l'Académie nationale de Pharmacie et plus particulièrement la section des définitions de Pharmacognosie, rédigées par Michel Lebœuf et par l'auteur, avec la participation d'Erwan Poupon, professeurs de pharmacognosie à la faculté de pharmacie de Châtenay-Malabry, Université Paris-Saclay :
https://dictionnaire.acadpharm.org/w/Acadpharm:Accueil
https://dictionnaire.acadpharm.org/w/Acadpharm:Pharmacognosie
en libre accès.

- ANSM (Agence nationale de sécurité du médicament et des produits de santé) :
https://ansm.sante.fr/ en libre accès.

- Thériaque (Banque de données sur les médicaments) :
http://www.theriaque.org/apps/contenu/accueil.php
réservé aux professionnels de santé, après inscription.

- La Revue Prescrire :
http://www.prescrire.org/fr/Summary.aspx
libre accès seulement aux références de tous les articles de la revue (titre, année, volume, pages) à partir d'un mot clé ; par contre le contenu des articles est réservé aux abonnés.

SOURCES DES ILLUSTRATIONS

Les structures chimiques ont été dessinées par l'auteur. Les autres illustrations, très rarement sérieuses, ont été également conçues par l'auteur, toujours avec du matériau (images, dessins, photos) libre d'accès et dont la réutilisation, même après modification, est autorisée. L'origine de ce matériau est précisée ci-dessous, classée par chapitre.

COUVERTURE
Cf. page 17.

LES ANTIBIOTIQUES MACROLIDES (de l'érythromycine à l'azithromycine)
Page 17 : Edmund Blair Leighton (1852-1922*)* : Abelard and his Pupil Heloise (1882).

LA COLCHICINE
Page 48 : Colchique d'automne, plante vénéneuse par Uschel (Uta E.) de Pixabay.
Page 58 : Rouleau articles de toilette par Shutterbug75 (Robert Owen-Wahl) de Pixabay.
Page 70 : Microtubules par Bluema (Creative Commons BY-SA 3.0) 2011.
Page 71 : Major events in mitosis par Mysid 2006, modifié par Cineays 2011.

LE FINGOLIMOD
Page 81 : Observation 28710 : *Isaria sinclairii* (Berk.) Lloyd. from Kaipara harbour, Auckland, New Zealand par Michael Wallace (Mushroom Observer) (Creative Commons BY 3.0) 2009.

LE MÉBUTATE D'INGÉNOL
Page 105 : Actinic keratoses on forehead par Future FamDoc (Creative Commons BY-SA 4.0) 2014. Buste de femme sur fond rose Picasso 1939 Yann Caradec (Creative Commons BY-SA 2.0) 2017.
Page 107 : *Euphorbia peplus* par Jan Eckstein (Creative Commons BY-SA 3.0) 2002.

Page 121 : Mancenillier par Jean & Nathalie (Creative Commons BY 2.0) 2005.

LA MORPHINE ET SES DÉRIVÉS
Page 138 : Opium pod cut to demonstrate fluid extraction par KGM007, 2006. Catwoman cosplayer par Gage Skidmore (Creative Commons BY-SA 2.0) 2017.

L'ACIDE MYCOPHÉNOLIQUE ET SES DÉRIVÉS
Page 167 : The best imported and domestic Blue Cheese/ Cook's Illustrated.com 14 juillet 2020, All about blue cheese.

LA PODOPHYLLOTOXINE ET SES DÉRIVÉS
Page 198 : Mandrake el mago Mini Card by Fournier par Mark Anderson (Creative Commons BY 2.0) 2008.
Page 200 : *Podophyllum peltatum* par Jennifer Anderson (Natural Resources Conservation Service USDA) 2002.
Page 202 : Carter's little liver pills par Boston Public Library (Creative Commons BY 2.0) 2013.
Page 211 : Graphique lapin dans le chapeau par BilliTheCat de Pixabay.

LES MÉDICAMENTS D'ORIGINE ANIMALE
Page 231 : Cette publicité provient du lien suivant : https://www.flickr.com/photos/jeromedubois/albums
Ce site, du dessinateur illustrateur Jérôme Dubois que je remercie vivement, permet de découvrir des centaines de publicités d'époque sur des médicaments des années 1930. Cette collection avait été constituée par son arrière-grand-père, le Dr Rigault médecin à Montélimar, à partir de magazines médicaux dont *Ridendo, revue gaie pour le médecin.*
Page 245 : Coq par BioPic Photos de Pixabay. Wütend symbole (symbole de colère) publicdomainvectors.org.
Page 261 : Sangsue médicinale par EllWi de Pixabay.

REMERCIEMENTS

Merci à Michel Lebœuf, ancien collègue pharmacognoste de Châtenay-Malabry, ami et compagnon d'écriture de longue date des définitions de pharmacognosie du dictionnaire de l'Académie nationale de Pharmacie. Merci pour sa si grande connaisance de la discipline dont il continue à faire bénéficier l'ensemble des pharmacognostes de France et de Navarre. Merci aussi pour sa relecture minutieuse de mon manuscrit et les propositions d'ajouts ou de modifications.

Merci à Frédérique, ma fille cadette, pour son aide toujours aussi précieuse à la préparation (maquette, mise en page, couverture) de ce livre.

Merci, encore et toujours, à Monique pour sa patience lors de la préparation de ce livre, et pour tellement plus depuis bien plus longtemps.

Merci à Véronique, ma fille aînée, et à Bruno pour ce beau mois de janvier 2021.

Merci à Internet, malgré ses réseaux sociaux et autres forums trop souvent utilisés de façon anonyme comme déversoirs de haine et de fiel sous pseudo. Car Internet est aussi, et avant tout, une source extraordinaire d'informations auxquelles il est permis d'accéder, à tout moment du jour ou de la nuit, privilège hautement appréciable surtout quand sortir une heure par jour dans un rayon de un km nécessite une attestation préalable.

Merci aussi à l'université Paris-Saclay pour ses indispensables ressources documentaires. Sans elles, ce nouvel ouvrage (comme le précédent) n'aurait pas vu le jour.

Merci encore une fois à Yann Collin pour la finalisation de la couverture.

Merci à Jean-Daniel Flaysakier pour son aide dans l'obtention d'un article sur le fingolimod, sa gentillesse et sa disponibilité.

Enfin, je suis bien obligé de reconnaître que le premier confinement en mars 2020 a joué un rôle déterminant dans le démarrage de ce livre. Comme ce confinement était directement lié à l'épidémie de Covid-19, il me faudrait, en toute logique, remercier le coronavirus. Je n'irai tout de même pas jusque là...

TABLE

Préface   7

Les antibiotiques macrolides (de l'érythromycine à l'azithromycine)   9
BONNE PIOCHE ?
Pour aller plus loin   27

La colchicine   47
JE NE SUIS PAS COMME LES AUTRES, JE SUIS MOI
Pour aller plus loin   67

Le fingolimod   77
LA CIGALE NE CHANTERA PAS CET ÉTÉ
Pour aller plus loin   91

Le mébutate d'ingénol (Picato®)   101
PICATO, PICATA, QUE SEPT ANS ET PUIS S'EN VA
Pour aller plus loin   119

La morphine et ses dérivés   131
OPIACÉ (COMPOSÉ), AU PRÉSENT ET AU FUTUR
Pour aller plus loin   149

L'acide mycophénolique et ses dérivés   163
QUESTIONS POUR UN CHAMPIGNON
Pour aller plus loin   181

La podophyllotoxine et ses dérivés   197
THE MANDRAKE FAMILY
Pour aller plus loin   217

296

Les médicaments d'origine animale   **229**
ANIMAL ON EST MAL
Pour aller plus loin   **267**

Bibliographie   **289**

Sources des illustrations   **291**

Remerciements   **293**